AMOS / LISREL®

성공적인 논문작성을 위한

Amos/Lisrel 이용

인과분석 연구방법론

김계수

Amos/Lisrel

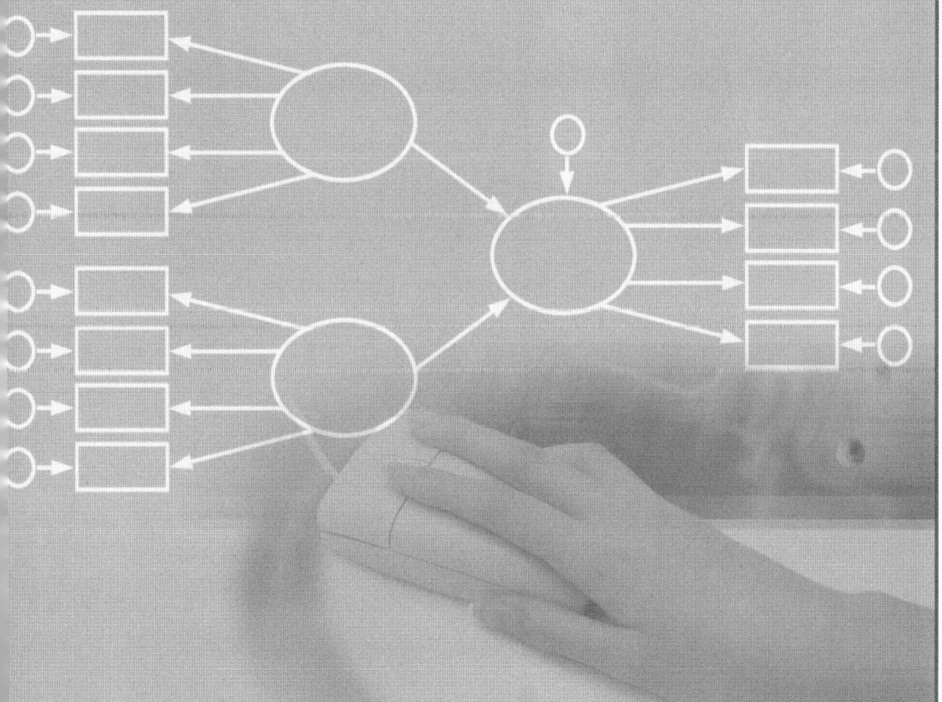

도서출판 청람

머리말

A교수님 : 요즈음 어떻게 지내시는지요?

저　　자 : 예, 여러 가지 일로 바쁘게 지내고 있습니다.

A교수님 : 아무리 바쁘더라도 구조방정식에 관한 지식과 프로그램 운용에 관해 책을 한번 쉽게 써보시는 것이 어떨까요? 이 부분에 많은 지식을 갖고 계신 것 같던데...

저　　자 : 과찬이십니다. 좋은 제안 감사합니다. 한번 고민해 보겠습니다.

본인이 가입한 학회에 참석하였을 때 한 교수님과 나눈 안부인사 내용의 일부이다. 바쁘다는 핑계로 차일피일 미루다 용기를 내어 본서를 집필합니다.

연구와 책을 쓰는 일은 매우 고된 일이지만 완성하고 나면 큰 보람을 느낄 수 있어 좋습니다. 본서에는 집필하는 과정에서 본인이 느꼈던 좌절, 불안, 창의성, 도전의식 등이 녹아 있습니다. 집필 작업을 통해서 본인의 결단력, 추진력, 정체성이 조금 더 강화될 수 있었습니다.

본서는 기본적으로 두 가지 컨셉을 가지고 집필을 시작하였습니다.

첫째, 고객들이 가장 필요로 하는 구조방정식 지식을 가급적 쉽게 전달한다.

둘째, 국내에서 주로 사용하는 Amos와 Lisrel 프로그램의 운용에 관해 쉽게 설명하고 독자들이 스스로 활용가능하도록 한다.

구조방정식모형(SEM : Structural Equation Modeling)은 변수(Variable)와 요인(Factor)의 관계, 요인과 요인의 관계를 회귀분석이나 경로분석적으로 적절하게 조합해 놓은 것으로 공분산구조방정식 또는 인과분석모형이라고도 부릅니다.

구조방정식분석 프로그램인 Amos와 Lisrel은 각각 장점을 가지고 있습니다. Amos는 사용자 중심의 그래픽 결과 산출이 우수합니다. 연구자가 사진에 연구모형을 그려 놓고 프로그램을 실행하면 프로그램은 결과물을 산출합니다. Lisrel은 구조방정식 프로그램의 원조로서 다양한 선택사항이 있습니다. Lisrel은 연구자가 구상한 연구모형을 간단한 수학식으로 나타내면 실행 후 결과물과 경로도형을 나타내 줍니다. 연구자들께서는 각자 취향에 맞는 프로그램을 취사선택하여 사용하면 좋을 것입니다. 두 프로그램 모두 결과물에는 차이가 없습니다.

연구에서는 잘할 수 있는 일을 가장 잘 하기 위해서 많은 고민과 함께 지속적인 연구실적 발표가 필요합니다. 이를 위해서는 기본(전문지식)을 토대로 분석적인 사고로 결과물을 산출해 낼 수 있는 프로그램 운용능력이 필요합니다. 이를 위해서는 백번 듣는 것 보다 직접 한번 해보는 것이 정말 중요합니다(百聞以 不與一打).

구조방정식을 이용한 성공적인 논문작성을 위해 본서를 다음과 같은 순서로 구성하였습니다.

제1편 성공적인 논문작성과 조사연구

제1장 성공적인 글쓰기와 논문작성
제2장 논문작성방법
제3장 조사연구
제4장 신뢰성분석과 타당성분석

제2편 SEM 프로그램과 기초분석

제5장 Amos 프로그램 다루기
제6장 리스렐(Lisrel) 다루기
제7장 상관분석
제8장 주성분분석
제9장 회귀분석
제10장 경로분석

제3편 구조방정식모형(SEM)분석

제11장 구조방정식모형 기초

제12장 확인요인분석
제13장 구조방정식모형분석 예제
제14장 구조방정식 심층분석
제15장 논문작성 예시

[부록] 통계도표

학계에서는 이런 말이 있습니다. "저술을 발간하지 못하면 퇴출된다(Publish or Perish)." 이는 학계에서만 통용되는 이야기가 아닌 것 같습니다. 어느 분야든 자신의 핵심역량을 밖으로 드러내 놓지 않으면 자신은 곤경에 처할 수 있습니다. 본서를 읽어 주시는 분들은 이 책을 계기로 구조방정식모형 분석능력을 배양하고 국내·외의 저명 학술지에 많은 논문을 저술할 수 있기를 진심으로 기원드립니다.

책의 평가는 순전히 본서를 읽어 주시는 독자 분들이 해주시면 됩니다. 혹 내용에 문제가 있다고 생각하시면 언제든지 연락주시면 감사하겠습니다. 늘 그래왔던 것처럼 친절한 응대로 제가 알고 있는 구조방정식 관련 지식이나 프로그램 운용에 관한 지식을 독자 여러분들과 공유하도록 하겠습니다.

이 자리를 통해 본서의 출간을 위해서 힘써 주신 도서출판 청람의 이수영 사장님께 진심으로 감사드립니다. 그리고 여러 가지로 바쁜 가운데 대학원 강의시간에 각 장을 꼼꼼하게 읽어 준 석사과정의 신종섭에게도 고마움을 전합니다.

본서가 나오기까지 대부분 시간을 책과 씨름해도 싫은 소리 한번 하지 않은 반려자 재희, 항상 웃음을 전해 주고 있는 나연, 가빈 두 딸의 후원도 큰 힘이 되었습니다.

끝으로 이 책을 읽어 주실 분들께도 진심으로 감사하다는 인사를 전해 드립니다.

2006년 1월

연구실에서 김계수 드림

차 례

Part 01 《 성공적인 논문작성과 조사연구

| 제1장 | 성공적인 글쓰기와 논문작성

| 제2장 | 논문작성방법

| 제3장 | 조사연구

Part 01

성공적인 논문작성과 조사연구

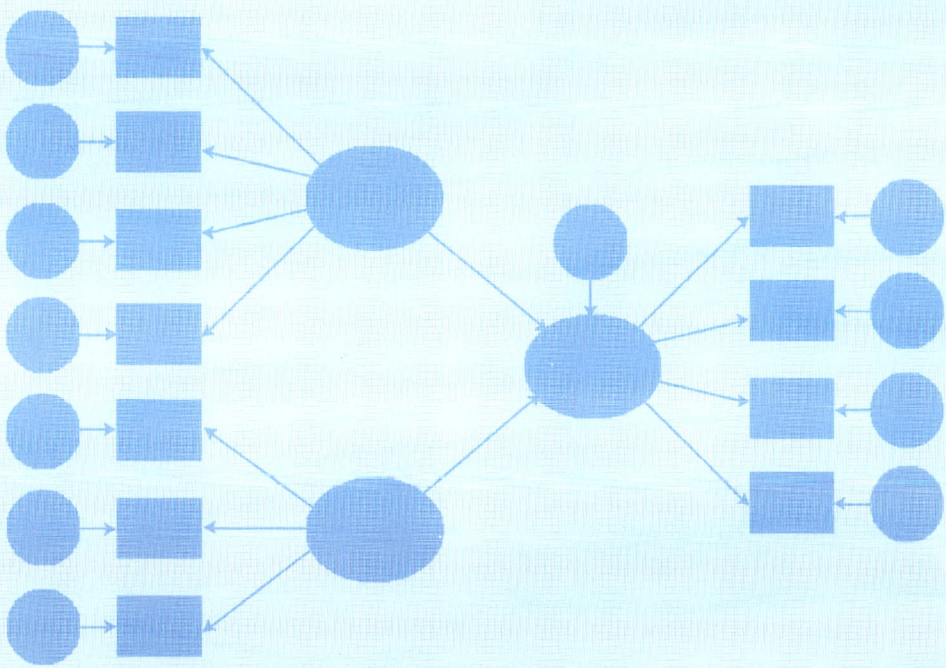

성공적인 논문작성과 조사연구

제1장 성공적인 글쓰기와 논문작성
제2장 논문작성법
제3장 조사연구
제4장 신뢰성분석과 타당성분석

끊임없는 연구

SEM 프로그램과 기초분석

제5장 Amos 프로그램 다루기
제6장 리스렐(Lisrel) 다루기
제7장 상관분석
제8장 주성분분석
제9장 회귀분석
제10장 경로분석

구조방정식모형분석

제11장 구조방정식모형 기초
제12장 확인요인분석
제13장 구조방정식모형 예제
제14장 구조방정식 심층분석

성공적인 논문작성

제15장 논문작성 예시

1 CHAPTER

성공적인 글쓰기와 논문작성

학습목표

1. 왜 글쓰기가 중요한지 확인한다.
2. 성공적인 글쓰기 방법을 이해한다.
3. 일반 글과 논문의 차이점을 이해하고 성공적인 논문작성법을 터득한다.

아무도 가지 않은 길

숲에 두 갈래 길이 있었네
나는 사람이 적게
간 길을 택하였고,
그리고 그것 때문에
모든 것이 달라졌다고.

Two roads diverged in a wood and I......
I took the one less travelled by,
And that has made all the difference.

로버트 프로스트

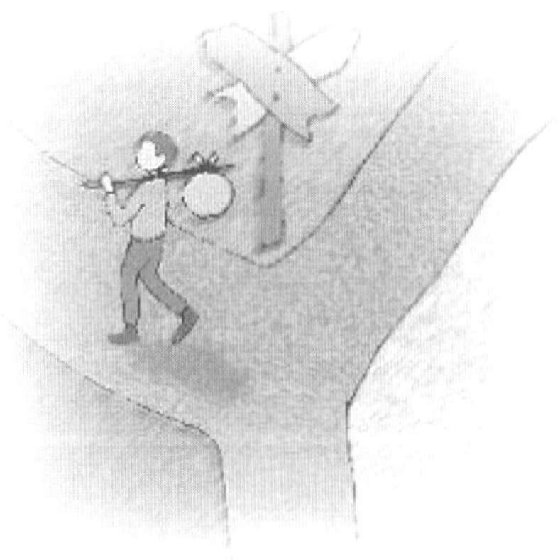

1 글쓰기의 중요성

"인간은 생각하는 갈대이다" 파스칼이 한 이야기다. 좋은 의도를 가진 생각은 대부분 좋은 결과를 가져올 수 있다. 글은 단순한 글자를 조합시켜 놓은 것이 아닌 사람의 생각, 정신, 영혼을 나타낸다. 잘된 글에는 모든 부분들을 꿰뚫고 흐르는 하나의 중심이 있다. 우리는 글을 통해서 타인과 의사소통을 하기 때문에 진실된 글은 올바른 대인관계를 형성해 주는 방법이 될 수 있다. 점차로 타인과 협력을 통한 의사소통이 중요시 되면서 개인과 조직이 목표를 달성하기 위해서는 효과적인 글쓰기가 요구된다.

저자가 대학에 입학한 신입생들에게 강조하는 것이 세 가지가 있다. **다독, 어학, 글쓰기**이다. **풍부한 독서**는 간접체험을 할 수 있는 가장 좋은 방법이다. 다양한 간접체험은 살아가는 데 큰 자산이 될 수 있다. 다양한 언어를 구사할 수 있는 능력은 빠른 변화흐름을 읽는 데 도움이 되고 생활에서 불편요소를 제거해 준다. 얼마 전 "영어를 못하는 미술가는 미술가가 아니다(An Artist who cannot speak English is no artist)"라는 개념미술 작품을 감상할 기회가 있었다. 이 작품이 암시하는 바는 세계 미술의 중심이 어디에서 생신되며, 미술가가 작품 영감을 찾기 위해서는 세계 각국의 예술가와 커뮤니케이션할 수 있는 능력이 중요함을 나타낸다고 할 수 있다.

이제 글 잘 쓰는 인재와 조직은 높은 경쟁력을 갖는 시대가 되었다. 타인과의 커뮤니케이션 능력이 중요해졌기 때문이다. 글쓰기는 개인에게는 경쟁력의 원천이고 능력 있는 글쓰기는 개인을 차별화시켜 주고 개인을 더욱 돋보이게 한다. 타인을 빠르게 이해시키고 설득할 수 있는 효과적인 글쓰기는 커뮤니케이션 시대에 필수적인 업무능력이라고 할 수 있다.

많이 깊이 읽어야 글감의 재료도 생기고 미래를 예측할 수 있으며 많은 각국의 생활상이나 정보를 얻어야 삶의 폭이 넓어진다. 다독과 정독을 통해서 지혜를 터득하고 지식을 익힐 수 있는 것이다. 옛날 우리 선현들은 책읽기를 마음의 수양과정으로 삼았다. "옛 사람의 성스러운 기운이 목구멍과 입술에 젖어들어 글을 쓸 때 옛 사람의 기운이 절로 스며들게 하기 위해서"

[그림 1-1] 지식사회에서 개인 경쟁력 요소

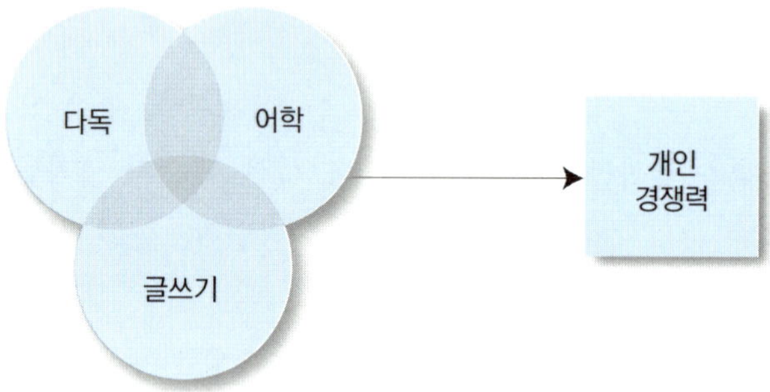

였다. 읽으면서 자연스레 이치를 깨달을 수 있도록 내용을 백 번, 천 번 이상을 읽었다는 이야기도 있다. 좋은 글감을 위한 읽기는 "왜(Why) 이런 결과를 가져 왔을까?" "어떻게(How) 그렇게 되었을까?" 등의 질문을 스스로 던져야 한다. 관심주제를 읽으면서 비교·대조·분석·비판을 하고 자신의 창의적인 아이디어를 구상하는 것도 필요하다.

변화무쌍한 환경에서 조직을 이끌어 갈 수 있는 인적자원(Human Capital)을 강조하는 사회에서 개인은 옛 선현들이 했던 방법처럼 끊임없는 책읽기를 통해서 자신의 능력을 향상시켜야 한다. 책읽기를 하지 않은 개인은 조직을 망칠 수 있다. 참된 독서는 자신을 가다듬고 지혜를 넓혀가는 끊임없는 과정이라 할 수 있다. 현재의 삶에서 다독, 어학, 그리고 글쓰기 어느 하나도 간과하면 안 되는 중요한 요소이다. 본 장이 성공적인 글쓰기와 논문작성인 만큼 성공적인 글쓰기와 논문작성에 주안점을 두면서 글을 전개해 나가기로 한다.

성공적인 글은 자신만의 독창적인 생각을 설득력 있게 제시하여 놓은 글이라고 할 수 있다. 자칫 잘 쓴 글은 문학적으로 멋있고 감성이 풍부한 글이라고 생각할 수 있는데 이것은 잘못된 생각이다. 학문이든 사업이든 우리가 하는 모든 일은 결국 글쓰기에 의해서 좌우된다. 자기의 뜻을 얼마나 정확하고 간결하게 타인에게 전달하느냐가 성공의 첫 단추이자 마무리이다. **다문(多聞)**, **다독(多讀)**, **다상량(多商量)**해야 미래를 꿰뚫어 보는 통찰력이 생기며

이를 글로 옮길 수 있다.

인터넷이 정보 품질(Information richness)과 정보 도달률(Information reach)을 높여주고 있다. 그러나 인터넷 문화는 논리를 중시해야 할 학술적인 글쓰기에 장애요인으로 작용하고 있는 것이 사실이다. 대학생들과 대학원생들에게 리포트를 내보면, 대부분의 학생들은 인터넷 정보 검색사이트를 지식의 마지막 보루로 생각하고 여기에 절대적으로 의존하여 리포트를 제출한다.

인터넷의 보급과 더불어 학생들의 글쓰기 양태를 살펴보면, 인터넷의 특징인 생략과 압축, 논리적 비약이 심해져 가고 있다. 주관적인 생각을 선정적으로 표현하는 데도 익숙하고 이를 논리적이고 설득력 있게 표현하지 못하는 경우가 종종 있다. 그래도 이모티콘(인터넷 특수문자, 그림말)을 쓰지 않는 것만으로도 다행이라고 생각할 때가 많다. 이러한 현상은 해를 거듭할수록 더 높아지고 있다. 이러다 보니 독창적인 글을 찾아보기 어렵고 남의 생각이나 주장을 정리한 글, 아니면 짜깁기한 수준에 불과한 경우가 많다. 또한 퇴고(推敲)과정을 거치지 않고 곧바로 제출하는 것이 대부분이어서 진정한 프로의식을 찾아보기 힘들어 리포트를 바로 쓰레기통에 쑤셔 넣고 싶은 생각이 들 때가 많다.

선진국의 유수대학들이 설립 초부터 글쓰기 훈련과정을 운영하여 왔고 더 유서 깊은 대학들은 글쓰기를 더욱 강조하고 있다. 그렇다면 이들 대학교들은 글쓰기를 왜 그토록 강조하는 것일까? 글쓰기는 체계적인 훈련과정을 거쳐 창의적이면서 비판적인 사고를 키울 수 있다는 데 있다. 실제 미국 명문대학들은 커리큘럼에 한 학기에 약 20권 이상의 책을 읽을 것을 요구한다. 또한 연구의 깊이와 넓이를 중요하게 생각하고 관련 주제에 대하여 학생 자신의 관점에서 보고서를 작성할 것을 권장하고 있다. 이들 대학이 다독과 체계적인 글쓰기를 중요시하는 이유는 학생 각자가 치열한 읽기와 글쓰기 과정을 거치도록 함으로써 경쟁력을 높여주려는 데 있다. 실제 학생들은 세계의 어떤 문제와 논점에 대해서도 종합적이면서 학제적인 관점에서 자신만의 조감도(Bird's eye view)를 갖고 살아갈 수 있다.

글쓰기는 리포트의 완성에 목표가 있는 것이 아니라 체계적으로 자신의 사유를 넓히고 정리하는 과정이라고 생각한다면 글쓰기 과정은 인생에서 끝까지 지속되어야 할 삶의 기본이다.

끊임없이 변화의 파고가 더해가는 요즈음, 세계를 이끌어 갈 리더로서의 판단력, 종합적인 지식을 갖춘 진정한 지식인이 되기 위해서는 다독, 어학 구사능력, 글쓰기에 관한 끊임없는 노력이 지속되어야 한다.

특히, 바람직한 글쓰기는 다른 사람이 생각하지 못한 지점에 도달해야 할 사유의 수단이며 자신이 익숙하다고 생각한 개념에 대한 의미를 지속적으로 되새기는 훈련과정이라고 정리할 수 있다. 다음은 다년간 학생들을 가르치면서 리포트 점수를 채점하는 방법을 예시한 것이다.

[표 1-1] 리포트 평가항목(예시)

	매우 불만	불만	보통	만족	매우 만족
1. 맞춤법과 구두점의 정확성	①	②	③	④	⑤
2. 정확한 낱말의 선택 여부	①	②	③	④	⑤
3. 문단의 중심문장의 명확성	①	②	③	④	⑤
4. 적절한 논거제시 여부	①	②	③	④	⑤
5. 문단들 사이의 연결성	①	②	③	④	⑤
6. 본론 글 목적달성 여부	①	②	③	④	⑤
7. 차별적이며 내용의 다양성 여부	①	②	③	④	⑤
8. 창의성, 독창성 여부	①	②	③	④	⑤

2 성공적인 글쓰기

학생들의 리포트를 받고 읽으면서 "도대체 무슨 말을 하려는 것인가?"라고 되묻는 붉은 글씨의 커멘트를 달아 놓은 경우가 한두 번이 아니다.

최근 이러한 문제점을 해결하기 위해서 각 대학에서는 경쟁적으로 글쓰기

[그림 1-2] 성공적인 글

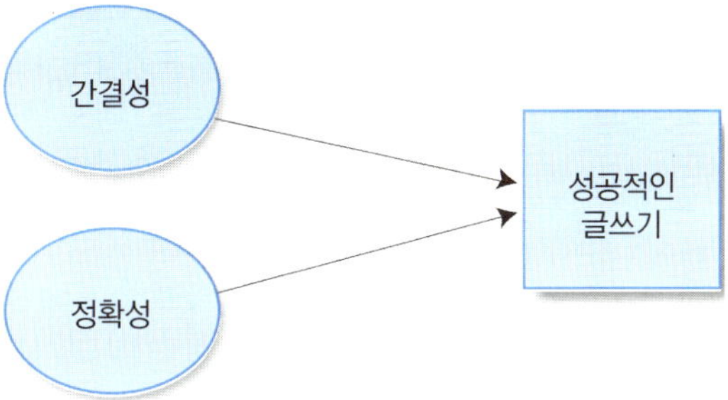

프로그램을 강화하고 있다. 잘된 글은 어떠한 특징을 보이는 것일까? 잘된 글의 특징은 간결성과 정확성에 있다.

복잡한 문제를 쉽고 간결하게 표현할 수 있는 능력은 성공의 지름길이다. 과학기술부 원자력 국장으로 근무하다 대국민 광고문안을 잘못 썼다는 이유로 좌천된 뒤 글쓰기 전문강사로 변신한 임재춘 교수는(기술 글쓰기, www.tecwriting.com) "기술이 문제가 아니라 글쓰기가 문제다"라고 하였다. 임 교수가 절실히 느꼈던 점은 이공계 대학생들이 소위 '출세'를 하려면 글쓰기를 통해서 의사소통 능력을 키워야 한다는 것, 글을 잘 쓰는 기술자가 성공한다는 것이다. 이 이야기는 이공계학생들에게만 국한되는 내용이 아니라 문과관련 학생에게도 해당된다.

좋은 글은 짧은 글이다. 짧게 글을 쓰려면 시간이 많이 걸리고 그만큼 공이 더 든다. 중요한 정보를 알기 쉽고 간결하게 압축하고, 약도를 그리듯 쓰는 것은 중요하다.

✤ 글쓰기의 일곱가지 법칙 ✤

법칙 1 : '글쓰기'는 행동이다. 생각하는 것은 글쓰기가 아니다. 글쓰기는 머리가 아닌 종이에 낱말을 늘어놓는 것이다.

법칙 2 : 열정적으로 쓰라. 차분한 사람이라도 좋아하는 일은 열정적으로 추구하게 마련이다. 열정에는 창조성이 뒤따른다.

법칙 3 : 정직하게 쓰라. 알몸을 드러내라. 독창적인 것에는 진통이 따르게 마련이다.
법칙 4 : 재미로 쓰라. 자기를 위해! 작가가 그 과정을 즐기지 못한다면 그 어떤 독자가 그 결과물을 즐기겠는가?
법칙 5 : 무조건 쓰라. 기를 꺾는 내면의 혹은 외부의 어떤 말도 무시하라. 끈질기면 항상 얻는게 있다.
법칙 6 : 다작하라. 모든 것을 이용하라. 글과 씨름을 하다보면 버릴게 아무것도 없음을 알게 된다.
법칙 7 : 몰입하라. 자신의 아이디어에 작가로서의 삶에 몰입해서 글을 쓰도록 하라. 자신을 믿을 수 있다.

출처 : 로버타 진 브라이언트(2004), 승영조 옮김, 누구나 글을 잘 쓸 수 있다, 예담.

3 성공적인 논문작성법

앞에서 글 잘 쓰는 능력은 개인의 경쟁력과 연결된다고 하였다. 글쓰기의 한 분야라고 할 수 있는 논문작성도 예외가 아니다. 자신이 알고 있는 지식을 상대방에게 빠르게 이해시키고 설득할 줄 아는 논문집필 능력은 커뮤니케이션을 강조하는 시대에 필수적인 능력이라고 할 수 있다.

문학적인 글쓰기와 달리 논문집필은 차이점을 갖고 있다. **논문**은 독자에게 사실적이면서 객관적인 정보를 전달하여야 한다. 논문은 현실감 있는 문체를 사용하여 읽는 독자들에게 정확한 정보를 전달하여야 한다. 논문작성은 독자가 이해를 수월하게 할 수 있도록 단문위주로 작성을 하고 두괄식으로 작성하는 것이 좋다. 또한 상대방이 쉽게 이해하도록 써야 한다. 다음은 일반적인 글쓰기와 최근의 논문작성법의 차이점을 비교한 내용이다.

[표 1-2] 일반 글쓰기와 논문작성과의 차이점 비교

일반 글쓰기	논문작성
독자가 불특정 다수임	독자가 목표된 특정 다수 또는 일부
대체로 주관적임	사실적이고 객관적임
은유, 비유 등의 묘사가 자유로움	직접적이고 현실적인 문체를 사용함
장문의 글이 허용됨	이해가 빠른 단문위주로 작성함
두괄식, 양괄식, 미괄식 가능	두괄식 문장을 장려함
반드시 독자를 설득시킬 필요가 없음	반드시 독자를 설득시켜야 함

일반적인 글쓰기와 마찬가지로 논문을 성공적으로 작성하기 위해서는 다음의 몇 가지를 염두해 둘 필요가 있다.

- 왜 논문을 쓰는지 분명한 목표의식을 가져야 한다. 사람들은 목적과 목표를 달성하기 위해서 논문을 쓰는 이유가 분명하여야 한다. 논문을 쓰는 목표가 불명확하면 논문을 진행하면서 직면하는 난관을 순조롭게 극복할 수 없다. 개인이 논문을 작성하는 이유는 여러 가지가 있겠지만 가치창출에 있다고 할 수 있다. **논문의 가치(value)**는 저자가 판단하는 것이 아니라 읽는 독자가 결정한다. 읽는 독자가 논문을 읽고 앎의 가치를 전달해야 한다.
- 읽는 독자가 누구인지 확인해야 한다. 논문은 읽는 독자를 반드시 고려하여야 한다. 독자를 고려하지 않고 작성하는 것은 “본인은 임의로 논문을 작성할 테니 알아서 봐라”라는 것과 다르지 않다. 논문을 읽어줄 독자가 누구인지를 확인하고 그들의 요구와 특성을 고려하여 논문을 작성하여야 한다.
- 제목에 승부를 걸어야 한다. 논문에서 차별화된 제목은 독자들에게 논문을 읽고 싶은 마음을 자극한다. 밋밋한 제목과 차별화된 제목은 차이가 많다. 감각적이면서 차별화된 제목은 읽을 독자를 강하게 논문으로 끌어당긴다. 실제 논문 제목은 독자를 유혹하여 본문을 읽게끔 하는 것

이다. 잘 씌어진 논문 제목은 짧고 강하고 독자의 호기심을 자극한다. 함축된 논문 제목은 독자가 본문을 다 읽지 않아도 어느 정도 논문 내용을 알 수 있도록 해 주어야 한다. 따라서 논문 제목은 독자의 마음을 사로잡는 깔끔하게 마련된 쇼룸 안의 브랜드가 되어야 한다.

- 반드시 대안을 제시해야 한다. 해결책을 제시하지 못하는 토론은 환영받지 못하는 것처럼, 대안 없는 논문은 '유용성 없는'이라는 꼬리표가 붙어 다니는 것과 같다. 잘된 논문은 사실 나열과 함께 독자나 실무 담당자에게 문제에 대한 해결책과 함께 합리적인 의사결정을 할 수 있는 안을 제시해야 한다.

연구를 하면서 편한 방법으로 논문을 쓰려는 것은 동·서양을 막론하고 어느 나라 학자나 비슷한 것 같다. 인간이면 누구나 쉬운 방법, 즉 책상머리에서 상상력을 동원하여 쉽게 쓰는 것을 생각할 수 있을 것이다. 그러나 세상에 공짜는 없는 법, 발로 뛰어 만든 창조적인 연구는 타인들로부터 인정을 받을 수 있고 개인으로나 국가적으로나 기여할 수 있어 보람을 느낄 수 있다. 본인의 경험을 뒤돌아보면, 논문을 작성하면서 발로 뛰면서 흘린 땀은 창의성에 비례하는 것 같다. 다음 장에서는 보다 구체적으로 논문작성방법에 대하여 알아보기로 한다.

✤ 논문쓰기 장애 극복 8가지 방법 ✤

1. 메모를 생활화한다 : 각종 논문자료를 읽고 새로운 생각이 미쳤을 때 메모를 한다.
2. 논문 작성에 불안감을 없앤다 : 소신을 갖고 자신 있게 쓰자.
3. 가장 자신 있는 주제를 선정한다.
4. 우수 논문을 분석하는 습관을 갖는다 : 우수 논문의 논지 전개과정을 요약한다.
5. 가상의 독자를 염두에 두고 글을 전개한다.
6. 논문의 주제에 대해 주변 동료에게 미리 이야기하자 : 말을 하면서 논문작성에 관한 약속 이행을 위해서 노력하자.
7. 초고가 완성되면 정독한다.
8. 투고에 앞서 다른 사람들에게 읽혀본다.

CHAPTER 2

논문작성방법

1. 논문의 정의
2. 논문의 구성요소
3. 논문작성 전 고려사항
4. 자료 찾기
5. 주석표기방법
6. 논문투고 및 발표하기

학습목표

1. 논문의 정의를 이해한다.
2. 기본적인 논문의 구성요소를 알아본다.
3. 자료 찾는 방법을 알아본다.
4. 주석표기방법을 확인한다.
5. 논문투고 및 발표방법을 터득한다.

옥(玉)은 쪼지 않으면 그릇이 되지 못하고
사람은 배우지 않으면 도리를 알지 못한다.
도리를 알지 못하면 사람이 될 수 없으니
명색이 선비이면서 학문을 하지 않는 자들은
금수(禽獸) 되기를 꺼리지 않는다.

홍석윤과 이율곡의 대화 중

1 논문의 정의

1.1 논문의 정의

대학 교수들 사이에서 오가는 이야기가 있다. "도태되지 않으려면 논문을 작성하라(Publish or Perish)." 논문을 잘 쓸 수 있는 능력은 하나의 은혜라고 할 수 있다. 갖은 노력 끝에 완성된 논문이 잘못 작성되어 세상에 출판되기도 전에 사장되는 경우가 비일비재하다. 그러므로 논문을 잘 쓰는 것은 관련 분야에 좋은 정보를 전파하기 위한 기본 수단이 될 수 있다.

우리는 학교도서관, 교수연구실, 연구기관의 서재에 놓여 있는 많은 논문을 보게 된다. 학생들이나 연구원들이 많이 이용하는 사회과학도서관이나 국회도서관에서 논문을 찾다보면 어느 논문은 사람들이 자주 탐색한 흔적이 있는가 하면, 어떤 논문은 먼지를 먹고 있는 것을 보게 된다. 이 두 논문 사이의 차이점은 무엇일까? 먼저 논문의 정의와 체계적인 논문작성에 대하여 알아보는 것에서 해답을 찾을 수 있을 듯하다.

사전적인 의미에서 논문의 정의를 살펴보면 "의견을 논술한 글(treatise)," "연구한 내용과 결과를 발표하는 글(thesis)"이라고 정의되어 있다. 논문은 연구를 통해서 타당한 논리를 바탕으로 해서 자기주장을 뒷받침할 수 있는 자료를 제시하고 분석·해석하여 결과 및 대응방안을 제시해 놓은 글이라고 할 수 있다. 논문 발표는 학술지에 문서(paper)로 발표하는 방법, 학술대회에서 포스터(poster)·구두로 발표하는 방법이 있다.

아무리 좋은 정보를 가지고 있다고 하더라도 타인에게 의사를 전달하는 방법이 서투르다면 그 효과는 반감되고 말 것이다. 따라서 논문으로 인정받기 위해서는 논문의 독창성, 객관성, 공평성, 치밀성, 정확성, 윤리성 등이 있어야 한다. 독창성은 연구 방법이나 연구 결과가 새로운 사실을 포함하고 이 사실이 사회에 공헌할 수 있는 경우가 해당된다. 객관성은 연구방법, 결과, 해석, 주장, 결론의 전개에서 논문의 기술이 제3자의 입장에서 이루어져야 하는 것을 나타낸다.

공평성은 객관성과 비슷한 개념으로 본인의 논문이 한쪽만을 편드는 내용이 되어서는 안 된다는 뜻이다. 치밀성은 논문 작성이 미리 계획된 절차에 따라 체계적으로 작성되어야 한다는 것을 말한다. 정확성이란 논문작성 과정에서 문장선택이 정확하여야 하며 작성방법이 관련 학교나 학회에서 정한 방법에 따르는 것을 말한다. 윤리성이란 논문 작성이 사회적으로 옳고 그름을 판단할 수 있는 근거에 의해서 작성되어야 함을 나타낸다. 이외에도 논문을 작성하는 데 있어서 글의 표현방법이 과학적이고 체계적이며 논증적인 서술방법이 있어야 한다.

[그림 2-1] 인정받는 논문

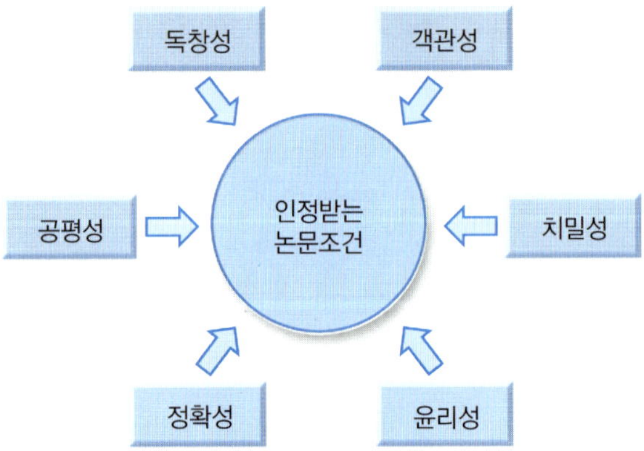

이러한 조건이 지켜지지 않을 경우 투고 논문이 심사과정에서 게재 불가 판정을 받거나 수정요구 의견을 받게 되는 주된 원인이 될 수 있다. 곧잘 논문 평가 요청을 받는 저자도 투고자 입장이 될 때가 많다. 논문을 심사할 때 보면 설득력 있는 논리로 논문이 작성된 경우에 통과 가능성이 높았던 것 같다.

다음의 예는 국내의 교육인적자원부 산하 학술진흥재단에서 연구지원과제 중 선도연구과제에 대한 선정기준이다. 이를 보고 자신의 연구계획서와 논문은 어떻게 쓰여져야 할 것인지 고민해 볼 수 있는 계기가 되었으면 한다.

[표 2-1] 연구계획서 심사기준

구분	심사항목	측정지표	심사내용
연구 주제 (50)	독창성 (30)	연구주제의 독창성	• 지금까지 연구되지 않았던 주제인가? • 새로운 지식 또는 이해를 창출하는가? • 새로운 해석이나 적용을 가능하게 하는가?
		연구방법의 독창성	• 독창적인 연구 방법론을 모색하는가? • 새로운 자료수집 방법(도구)을 시도하는가? • 새로운 분석 기법을 활용하는가?
	학문발전 공헌도 (20)	학문적 가치	• 기존의 이론을 발전시키는가? • 기존의 연구 방법론을 발전시키는가?
		학문의 균형발전	• 희귀한 학문분야의 연구활성화에 기여하는가? • 소외된 학문분야의 연구활성화에 기여하는가?
		학문의 파급효과	• 많은 후속 연구를 파생할 수 있는가? • 학문적 담론을 활성화하는가? • 연구 결과가 교육에 환류될 가능성이 높은가?
연구 계획 (50)	연구내용 및 방법 (25)	연구내용의 적절성	• 연구내용 범위가 적절한가? • 연구되어야 할 핵심적인 내용들을 포괄하는가? • 포함된 내용들은 연구목적 달성에 필수적인 것들인가?
		연구방법의 타당성	• 연구문제 해결에 적합한 접근방법인가? • 자료수집 방법은 적절한가? • 자료분석(실험 또는 이론계산) 및 결과해석 방법은 적절한가?
		실행계획의 구체성	• 연구 추진과정이 체계적으로 계획되어 있는가? • 자료수집, 분석, 해석 방법과 도구가 구체적으로 기술되어 있는가?
	선행연구 (10)	선행연구의 검토	• 중요한 선행연구들이 정확하고 치밀하게 분석되었는가?
		인용 및 참고문헌	• 참고문헌이 정확하게 제시되어 있는가?
	연구역량 (10)	연구실적	• 연구과제를 수행할 수 있는 연구업적이 축적되어 있는가?
		연구능력	• 연구과제를 수행할 수 있는 학문적 전문성이 있는가? • 대표논문이 연구과제를 수행할 수 있는 질적 수준에 도달하는가?
	연구비 적정성 (5)	연구목표 대비 연구비 규모	

1.2 논문의 유형

일반적으로 논문은 경험논문, 고찰논문, 이론논문 등의 3가지로 구분할 수 있다.

- 경험논문(또는 실증논문 : Empirical Article) : 대표적인 조사연구보고서 유형으로서 가설에 대한 실증적 검정을 거쳐 결론을 도출하는 형태로 일반적으로 학위논문들이 이런 유형이다. 이 유형의 특징으로는 조사과정의 일련의 단계들이 반영되어 뚜렷한 구분으로 나누어져 있다.
- 고찰논문(Review Article) : 이미 발표된 논문이나 연구에 대한 비평적 평가를 하는 논문의 유형이다. 기존에 발표된 자료들을 수집하고 정리하고 평가함으로써, 연구자가 현재 진행중인 연구의 문제를 명백히 정의할 수 있게 해준다. 고찰논문의 특징은 문제를 정의하거나 명백히 해주고 기존의 연구조사들을 요약해 주며 문헌들에 있어 관련성, 모순점, 차이점, 그리고 비일관성 등을 확인시켜 준다. 문제를 해결하기 위해서 다음 단계를 제시하기도 한다.
- 이론논문(Theoretical Article) : 이것은 가설검증적인 실증논문과는 달리 가설도출적인 새로운 이론을 제시하는 유형의 논문이다. 다시 말해서 연구자가 이론을 제시하거나 발전시키기 위해 기존의 조사연구 문헌을 정리·작성한 논문이다.

2 논문의 구성요소

논문의 구성요소로서 정형화된 틀은 없다. 그러나 일반적으로 논문의 구성요소 또는 연구단계를 나타내면 다음과 같다.

- 문제제기(Research Question on Research Problem) : 연구목적의 도출, 즉 연구를 통해 밝히고자 하는 내용으로서 변수들 간에 어떠한 관계가 존재하는가에 대한 의문을 제기하는 서론 부분에 해당된다. 글을 작성

하는 방식은 일반적인 내용에서 전문적인 영역으로 글을 전개하는 역삼각형 방식을 채택하는 것이 바람직하다.

[그림 2-2] 서론 전개방식

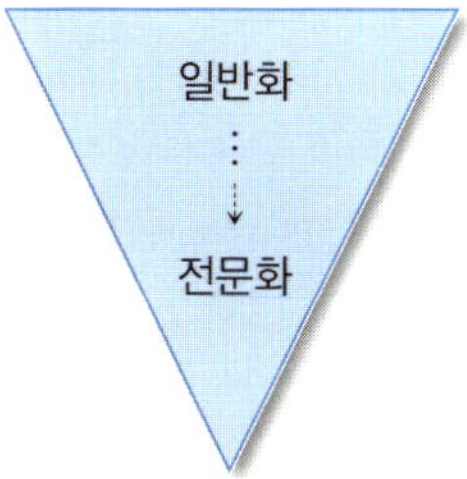

- **문헌조사(Literature Survey)** : 연구를 시작하기 전 기존의 연구논문이나 보고서를 살펴봄으로써 자기 연구와 겹치지 않나 파악할 수 있어 자기 연구의 공헌도를 높일 수 있다.
- **문제정의(Definition of Research Problem)** : 제기된 연구문제를 정의하기 위해서 변수들 간의 관계를 도식화한 개념적 틀(conceptual framework)을 도출할 수 있다.
- **가설(Hypothesis) 도출** : 최소한 두 개 이상의 변수들 간의 관계를 설명하는 것으로 변수를 정의하고 관계성을 정립하는 경우를 말한다. 여기서 가설이란 잠정적인 진술을 나타낸다.
- **조사설계(Research Design) 설정** : 내적 타당성과 외적 타당성을 증진시키기 위한 조사설계를 한다. 여기서 내적 타당성이란 연구가 의도한 대로 내부적으로 잘 진행이 되느냐를 나타내고, 외적 타당성이란 연구결과가 외부상황을 잘 설명하고 또 적용시킬 수 있느냐를 나타낸다. 연구조사 설계 설정단계에서는 다음과 같은 항목이 포함되어야 한다.
  - 연구방법 설정
  - 대상선택 : 모집단, 표본, 표본추출방법
  - 변수의 통제와 조작

- 변수측정기준 설정 : 척도
- 변수측정방법 설정

- **자료수집의 방법 및 절차 결정** : 자료수집과정을 상세하게 서술할 필요가 있다.
- **분석방법 선택** : 연구자가 자신 있는 분석방법을 위주로 분석하고 자신의 논리를 규명할 수 있도록 하여야 한다.
- **연구 집행** : 자료수집 및 통계처리를 실행하는 단계를 말한다.
- **결과분석 및 결론 도출** : 연구결과를 요약하고 독자들의 연구계획에도 도움을 줄 수 있어야 한다.
- **연구한계 및 제언** : 이 부분에서 논문의 논리적인 약점을 분명하게 밝히는 것이 중요하다. 이러한 자세는 해당 학문발전에도 기여하게 된다. 또한 독자들은 저자가 생각이 깊고 정직한 사람이라는 인상을 받을 수 있다.

일반적으로 전문 학술지나 프로시딩 논문 등에서 발표하는 논문의 경우는 페이지 분량(학위논문 : 30~200페이지; 프로시딩 : 6~10페이지 정도) 등의 제한으로 일반적으로 앞의 논문구성 요소의 내용을 줄인다. 논문의 일반적인 형식을 나타내면 다음과 같다.

= 논문목차 =

Ⅰ. 도입
Ⅱ. 기존문헌고찰 및 기존연구
Ⅲ. 연구모형 및 연구가설
Ⅳ. 연구방법
Ⅴ. 결과분석
Ⅵ. 결과해석
Ⅶ. 한계점 및 제안사항

3 논문작성 전 고려사항

학위를 준비하는 대학원생이나 학자들은 관련분야의 연구에서 중요한 발견을 하고 연구 결과가 저명한 학술지에 게재되기를 소망할 것이다. 우수한 논문을 작성하기 위해서는 다음과 같은 것을 고려해야 한다. 논문 완성일자를 언제로 할 것인가? 이는 직장을 갖거나 승진을 앞둔 연구자라면 소위 전략적으로 정해야 한다. 단독저자로 할 것인가 아니면 공동저자로 할 것인가? 단독저자로 할 경우는 인정점수 비율이 높아질 것이나 공동저자로 할 경우 논문이 질적으로 우수할 수 있다는 외형적인 평가를 받을 수 있다. 작성된 원고를 어느 학술지에 투고할 것인가? 국제 저명학술지나 국내 전문학술지(예 : 학술진흥재단 등재지)에 투고하면 심사기간이 좀 더딜 수 있고 심사절차가 엄격한 만큼 연구자와 관련 있는 기관마다 다르겠지만 인정 환산율이 매우 높다.

IMF 이후로 논문심사가 더욱 강화되었다는 것이 교수님들의 일반적인 의견이다. 사회선반적인 흐름이 선의의 경쟁을 자극하고 지식의 중요성을 강조하기 때문일 것이다. 각 학회는 우수한 논문을 수록하여 등재지 평가를 받기 위해서 고심하고 있다. 이러한 흐름을 따라가기 위해서 연구자가 어차피 작성할 논문이라면 사회에서 보다 인정해 주는 학술지에 투고하도록 한 단계 높은 목표를 정하고 논문 집필을 시작할 것을 권하고 싶다. 큰 목표는 큰 성과를 가져오는 것인 법, 설사 논문 심사과정에서 논문이 채택되지 않았다고 하더라도 자신의 문제점을 발견할 수 있는 계기가 된다. 논문 투고자는 등재지 이상의 학회지에 논문을 투고하고 나서 엄격한 논문심사 과정에서 많은 것을 새롭게 배울 수 있을 것이다.

논문작성에서 양을 지나치게 고려하다 보면 즉, 편수에 치중할 경우 질적인 논문 편수가 적어질 가능성이 많다. 최근 전반적인 추세로 볼 때 양적인 논문작성보다는 질적인 논문을 높게 평가하는 흐름이다. 예를 들어, 한국학술진흥재단(www.krf.or.kr)의 학술비 연구지원 프로그램을 보면 이를 확인할 수 있을 것이다.

다음은 신규임용과 승진에 적용하는 A대학의 논문 평가와 학술지 평가 분류기준을 나타낸다.

- **국제 저명 학술지** : 국내외의 전문 학술단체, 대학 또는 연구소가 정기적으로 간행하며 논문 게재 당시에 국제적인 학술잡지 평가기관(ISI : Institute of Scientific Information)에서 간행하는 학술잡지 색인 SCI (Science Citation Index), AHCI(Arts and Humanities Citation Index), 또는 SSCI(Social Science Citation Index) 등에 등재된 학술지를 말한다.
- **국제 전문 학술지(등재)** : 국내외의 전문 학술단체, 대학 또는 연구소가 정기적으로 간행하며 논문게재 당시에 국제적인 학술잡지 평가기관에서 간행하는 학술잡지 총목록에 등재된 학술지 중 국제 저명 학술지에 포함되지 않는 것을 말한다.
- **국제 전문 학술지(미등재)** : 1~3년 이상의 전문 학술지 간행 실적을 가진 외국의 전문 학술단체가 연 2회 이상 정기적으로 간행하는 학술지 중 국제 전문 학술지(등재)에 해당되지 않는 것이 포함된다.
- **국내 전문 학술지(등재)** : 국내외의 전문 학술단체, 대학 또는 연구소가 정기적으로 간행하며, 논문게재 당시에 국내의 공신력 있는 학술지 평가기관(예 : 한국학술진흥재단)이 등재 학술지로 선정한 경우를 말한다.
- **국내 전문 학술지(미등재)** : 3년 이상의 전문 학술지이며, 간행 실적을 가진 전국 규모의 국내 전문 학술단체가 연 2회 이상 정기적으로 간행하는 학술지로서 등재 국내 전문 학술지에 속하지 않는 경우가 해당된다.
- **기타 학술지** : 전문 학술단체, 국내외 대학, 연구소, 재단, 기관 또는 단체에서 정기적으로 발간하는 학술지로 논문심사 위원이 있어 일정한 심사절차를 거치는 경우이다.
- **기타 논문집** : 학술단체, 국내외 대학, 연구소, 재단, 기관 또는 단체에서 비정기적으로 발간하는 학술지로서, 연구논문 모음집, 기획, 편저서, 작품 전시물 등을 말한다.

연구자는 논문 저자 수에 따른 인정률도 확인할 필요가 있다. 일반적으로 단독저자인 경우 100% 인정을 하며, 2인 공동연구인 경우 70%, 3인 공동연구인 경우는 50%, 4인 이상인 경우는 30%로 한다. 또한, 1저자(first author)인 경우는 가산점을 주는 경우도 있다. 각 대학교마다 우수한 연구실적에 대해서는 각 기관에서 후한 지원금을 제공하고 있어 우수 논문작성은 부가적인 혜택을 얻는 계기가 될 수 있다. 이러한 인정 비율은 해당 기관마다 다르다는 사실도 인지할 필요가 있다.

4 자료 찾기

개인적인 생각에 논문작성 과정은 농사짓기와 같다고 생각한다. 현명한 농부는 추운 겨울부터 우수한 볍씨를 선별하여 광에 따로 잘 보관한다. 그리고 다음 해 봄부터 한 해 농사가 잘 되기를 바라면서 볍씨를 물에 담가 싹을 틔워 모내기를 한다. 우수한 논문을 작성하기 위해서는 틈틈이 많은 관련 문헌을 읽고 이를 정리하고 관심주제를 평소 메모하고 이를 주변사람들과 의논하는 정성이 있어야 한다. 이러하므로 논문 작성과정은 농사짓는 과정과 같다고 할 수 있다.

논문의 자료라 함은 연구자의 주제를 논증해 나아가는 데에 필요한 갖가지 문헌적, 인적, 물질적 바탕을 말한다. 그러나 이러한 자료의 양적 집합이 항상 학문적 업적으로 그대로 인정될 수는 없다. 그럼에도 불구하고 연구자에게 있어서 논문의 자료는 집을 짓기 위한 재목으로 쓰일 수 있기 때문에 중요하다.

연구자에게 있어 논문자료는 연구자의 논지에 따라서 대상을 이해하며 논리적인 과정을 증명해 나가는 데 쓰인다. 또한 연구자가 새로 발견한 논의점이 기존에 주장되어져 왔던 논의의 모순된 부분을 밝혀 주는 데에도 이용된다. 따라서 연구자의 논증 자료와 기존 주장에 대한 모순을 발견하는 데 있어 자료가 절대적으로 필요하다. 일부의 논문을 보면 기존자료에 대한 체계화 없이 무조건 인용으로 학문발전의 기여 정도가 낮은 경우를 볼 수가 있다.

좋은 자료를 모으는 것은 우수한 논문작성의 토대가 되기 때문에 논문작성과정에서 가장 힘든 단계라고 생각된다. 앞에서도 언급한 것처럼 논문은 자료 없이 이루어질 수 없다. 연구자가 관심분야의 논문에 대한 자료를 검색하기 위해서는 신문구독이나 꾸준한 책읽기와 메모, 그리고 관련 분야 연구를 통해서 차별화된 논문제목을 선정할 수 있다.

관련논문의 끝에 나타난 참고문헌을 참고하여 원문을 구하려고 노력하는 것도 중요하다. 대부분의 연구자들은 논문 제목에 대한 아이디어를 창출하고 이와 관련된 자료를 모으는 일에 절대적으로 많은 시간을 보낼 것이라 생각된다. 자료 찾기 과정에서 구한 논문이나 관련 자료는 가급적 유사한 문헌을 모은 다음 목차를 만들어 제본하여 읽는 것이 평소 도움이 될 것이다. 읽는 과정에서 형광펜을 이용하여 중요한 부분에 표시하는 방법도 있을 수 있다. 또한, 포스트 잇을 사용하여 중요한 요점을 정리해 놓는 것이 차후에 유용하다. 아니면 각자의 컴퓨터에 디렉토리를 만들어 A4 한 장 정도로 정리하여 놓으면 문헌정리과정에 쉽게 이용할 수 있게 된다. 주요 문헌을 정리하는 과정에서는 문장을 나열하는 방법과 마찬가지로 KISS의 룰을 생각하면서 정리할 필요가 있다. KISS(Keep it simple and short)란 문장을 단순하면서 간략하게 작성해야 하는 것을 말한다.

다음은 알아두면 유용한 학술전문 사이트를 표로 정리한 것이다.

[표 2-2] 학술전문 사이트

서비스 제공자	인터넷 사이트	서비스 내용
국립중앙도서관	www.nl.go.kr	국내외 학술지, 논문, 각종 보고서
국회도서관	www.nanet.go.kr	국내외 각종 자료, 학술자료, 논문, 각종 보고서
한국교육학술정보원	www.riss4u.net	국내학술지 논문 원문 국내학위논문 검색 해외학위논문 원문

한국과학기술연구원	www.kisti.re.kr	국내학술지논문 원문 국내학위논문 원문 연구보고서 원문 과학기술전문 정보
아카데미인프라	www.acain.co.kr	국내학위논문 원문 해외학위논문 검색 및 주문대행
한국학술정보	www.koreanstudies.net	국내대학간행물 원문 국내학술지 원문 국내외학위논문 검색

5 주석표기방법

A대학의 교수는 논문심사 기회가 많다고 한다. 이 교수의 논문심사방법은 독특하다. 만약, 논문의 주석표기가 정확하지 않으면 본문 내용을 거의 읽지 않는다고 한다. 이것은 너무 비약된 예가 될 수 있겠지만 어느 정도 공감할 수 있는 이야기이다. 즉, 논문의 내용 못지않게 논문 작성형식도 중요성이 강조되기 때문이다.

본문에서는 학위논문 및 학술논문에 자주 이용되는 주석(footnote)을 다는 방법에 대하여 언급하겠다. 여기서는 본문에 문헌 인용방법과 참고문헌의 표시방법에 대하여 알아본다. 최근 논문이나 학회지에서 주로 사용하는 방법은 논문의 본문에 간단히 인용을 하고 논문의 마지막 부문에서 참고문헌 표시를 하는 방법을 많이 사용하고 있다.

5.1 본문 표시방법

본문 중 문헌 인용의 경우 이름과 발표년도를 표기한다. 만약, 특정부분을 인용하였다면 페이지수도 언급하는 것이 좋다.

- (김수곤, 1978) → 저자가 1인인 경우
- (J. A. Beyer, 1991, p. 150) → 특정부문을 인용한 경우, 인용 페이지를 나타낸다.
- (Hellriegel, et al., 1999) → 저자가 3인 이상인 글의 경우, 한 사람의 이름(될 수 있으면 집필 책임자)만을 밝힌 다음 국문인 경우에는 '외', 영문인 경우에는 'et al.'을 쓴다.

5.2 참고문헌 기록방법

- 참고문헌 제시의 순서는 국문, 동양 외국문, 서양 외국문의 순으로 하고 국문의 경우는 저자 이름의 가나다 순으로, 영문의 경우는 알파벳 순으로 한다. 영문 이름은 성을 앞에 이름을 뒤에 쓴다.
- 논문은 글쓴이, 발행연도, 제목, 간행물의 이름, 발행호수, 발행년도, 페이지 번호를 쓴다. 제목은 따옴표(" ")로 묶고 영문인 경우에는 간행물 이름을 이탤릭체로 쓰거나 또는 밑줄을 긋는다.
- 학위논문은 학위논문임을 밝히고 학위를 받은 학교 이름을 쓴다.

  예) ① 김길동(1999), "정보혁명이 산업경제에 미치는 영향에 관한 연구," ○○대학교 박사 학위논문, p. 50.
- 공식적으로 발표되지 않은 것 : 글쓴이 이름, 제목, 출처를 쓰고 제목에는 따옴표(" ")를 한다. 끝에 미발표임을 밝힌다.

  예) ① 김길동, "연구방법론," 강의노트(연구방법론 강의, 2000년, 가을 학기, ○○대학교), 미발표.
- 편집한 책 : 단행본 쓰는 요령과 같되 저자명 뒤에 국문인 경우는 '편', 영문인 경우는 'ed.'를 쓴다.

  예) ① Helligel, D.(1999), 8th ed., Management, South Western.

  ② 김길동 편, 「경영과학」(서울: 법문사, 2000), p. 50.
- 번역한 책 : 원 저자의 이름, 책 이름, 번역한 사람 이름, 출판지, 출판사, 출판년도, 페이지 번호를 쓴다. 번역한 사람의 이름과 함께 번역임

을 밝힌다.

예) ① Gates, W. H.(1999), 「빌게이츠@생각의 속도」, 안진환 역, 청림출판, p. 120.

- 신문기사 : 머릿글, 신문사 이름, 발행년월일, 면수를 쓴다. 머릿글에는 따옴표(" ")를 한다.

예) ① "톡톡튀는 IT기업이 뜬다," 「동아일보」, 2000년 8월 29일, p. 11.

다음은 지금까지 설명한 내용을 정리하는 목적으로 경영학 연구의 투고요령 및 논문작성방법을 나타내고자 한다.

- 원고는 한글로 작성하는 것을 원칙으로 하며 그 길이는 도표를 포함하여 21×28cm(A4용지)에 한 줄 건너 타자하여 20매 내외로 한다.
- 학술용어는 될 수 있는 한 국문으로 쓰되 번역이 곤란한 경우에 한해 영문으로 쓸 수 있으며 번역된 용어의 이해를 돕기 위하여 영문을 괄호 안에 넣어 덧붙일 수 있다.
- 모든 표 및 그림은 선명하게 그리며 해당번호(예 : 〈표 1〉, 〈그림 3〉)와 제목 또는 설명을 붙여야 한다.
- 각주(Footnote)는 최소화하되 꼭 필요한 경우에만 작성한다.
- 각주(Footnote)는 어구의 오른편 상단에 일련번호를 붙여 표시하고 그 내용은 각면 아래 부분에 작성한다.
- 참고문헌은 본문의 마지막에 장을 달리하여 기재한다. 참고문헌의 기재순서는 국문문헌, 외국문헌의 순서로 하며, 국문문헌의 경우 가나다순으로, 영문문헌은 알파벳순으로 기재한다.
- 본문 중 문헌인용의 경우 이름과 발표년도를 표기한다. 또한 특정 부분을 인용한 경우에는 페이지도 함께 기재한다.

예) (김수곤, 1978) (Trice & Beyer, 1991: p. 150)

- 참고문헌의 표시방법은 아래와 같다. 정기간행물의 경우 저자명, 연도, 논문제목, 간행물이름(국내문헌의 경우 고딕체로, 외국문헌의 경우 이탤릭체로 표시), 권(Vol), 페이지 순으로 한다. 정기간행물이 아닌 경우는

저자이름, 연도, 도서이름(국내문헌의 경우 고딕체로, 외국문헌의 경우 이탤릭체로 표시), 출판횟수(2판 이상), 권(2권 이상), 출판지, 출판사 이름의 순으로 기재한다.

예) 김수곤(1978), 임금과 노사관계, 서울: 한국개발연구원.

이필상(1994), "통화신용정책이 증권시장에 미치는 영향에 관한 연구," 경영학연구, 23, 189-215.

손태원(1992), "공정보상에 대한 인식과 태도," 황일청(편), 한국사회의 불평등과 형평, 서울: 나남(209-250).

O'Reilly, C. A., Chatman, J., and Caldwell, D. F.(1991), "People and Organizational Culture : A Profile Comparison Approach to Assessing Person-Organization Fit," *Academy of Management Journal*, 34, 487-516.

Organ, D. W.(1988), Organizational Citizenship Behavior : The "Good Soldier," *Syndrome*. Lexington, MA : Lexington Books.

Rousseau, D. M. and J. M. Parks(1993), "The Contracts of Individuals and Organizations," in L. L. Cummings and B. M. Staw(Eds.), *Research in Organizational Beheavior*, Vol. 15, Greenwich, CT. JAI Press, 1-43.

6 논문투고 및 발표하기

논문 발표는 크게 학위논문 발표와 학회지 발표 두 가지 영역으로 나눌 수 있다. 학위논문 발표는 대학교에서 정한 절차에 따라 지도교수와 지속적으로 논의하면서 마무리하면 별 무리가 없을 것이다. 학위논문 발표 과정에서 논문의 제목은 장차 진출할 분야를 염두해 두고 전략적으로 정할 것을 권한다. 또한 연구자의 논문이 시의적절한지 여부도 예측하면서 논문을 작성하여야 한다. 즉, 유행을 따라가면서 논문 제목을 정하거나 논문을 작성하는 것보다 유행을 앞서가는 것이 더욱 안전하다.

학회지 투고나 학술대회 발표는 동료 연구자들에게는 물론 관련 분야의 관리자에게 연구자의 연구결과를 알리는 좋은 계기가 될 수 있다. 기본적인 이야기지만 논문 발표는 자신의 직업을 유지시켜 줄 수 있다. 또한 연구자가 근무하고 있는 직장을 알리는 간접적인 효과도 있다. 기여도가 높은 논문은 사회발전에도 큰 도움을 줄 수 있다.

연구자의 논문이 유명 도서관에 보관되어 있으며 여러 사람의 손을 거쳐 손때가 묻은 자신의 논문을 상상해 보자. 연구자는 우수 논문을 작성하기 위해서 시간을 아껴 논문 쓰는데 온갖 노력을 다해야 할 것이다.

다음은 제2장을 마치면서, 저자가 평소 생각한 논문쓰기 절차와 논문작성 과정에서 중요 정도를 나타낸 RUMAD 모형을 소개하고자 한다.

✤ 논문 쓰기 절차와 비중 - 일명 RUMAD 모형 ✤

Reading(읽기) : 30%, 논문 관련 문헌 읽기

Understanding(이해) : 20%, 정독을 통해서 이해하기

Modeling(모형구축) : 20%, 관련 분야에서 현장과 이론에 맞는 모형 구축

Analysis(분석) : 15%, 적합한 통계분석방법 적용하기

Decision Making(의사결정, 결론) : 15%, 실무분야에 도움이 될 수 있는 시사점 및 대안 제시

3 CHAPTER

조사연구

1. 조사연구의 절차
2. 개념, 이론, 정의
3. 설문지 작성
4. 자료측정과 척도
5. 모형설정
6. 가설설정과 검정

학습목표

1. 조사연구 절차를 이해한다.
2. 연구에 필요한 개념, 이론, 정의, 개념 등의 차이를 이해한다.
3. 설문지 작성법을 터득한다.
4. 모형의 정의와 모형 구축방법을 이해한다.
5. 가설의 정의와 가설검정방법을 확인한다.

내가 정말 알아야 할 모든 것은 유치원에서 배웠다.

무엇이든지 나누어 가져라.
정정당당하게 행동하라.
남을 때리지 마라.
물건은 항상 제자리에 놓아라.
네가 어지럽힌 것은 네가 깨끗이 치워라.
남의 물건에 손대지 마라.
남의 마음을 상하게 했을 때는 미안하다고 말하라.
밥 먹기 전에 손을 씻어라.
화장실을 쓴 다음에는 물을 꼭 내려라.
따뜻한 쿠키와 찬 우유가 몸에 좋다.
균형 잡힌 생활을 하라. 배우고 생각하고 날마다 그림도 그리고, 노래도 부르고, 춤도 추고, 놀기도 하고, 일도 하라.
오후에는 낮잠을 자라.
밖에 나가서는 차 조심하고 손을 꼭 잡고 서로 의지하라.
경이로운 일에 눈떠라. 컵에 든 작은 씨앗을 기억하라. 뿌리가 나고 새싹이 나서 자라지만 아무도 어떻게, 왜 그렇게 되는지 알지 못한다. 그러나 우리의 삶 또한 그와 같은 것이다. 금붕어와 애완용 쥐와 흰쥐, 그리고 심지어 일회용 컵 안에 심어 놓은 작은 씨앗조차도 모두 다 죽는다. 우리도 마찬가지이고, 그리고 그림동화책과 여러분이 태어나서 처음 익힌 가장 의미있는 낱말인 '이것 봐(Look)'를 기억하라.

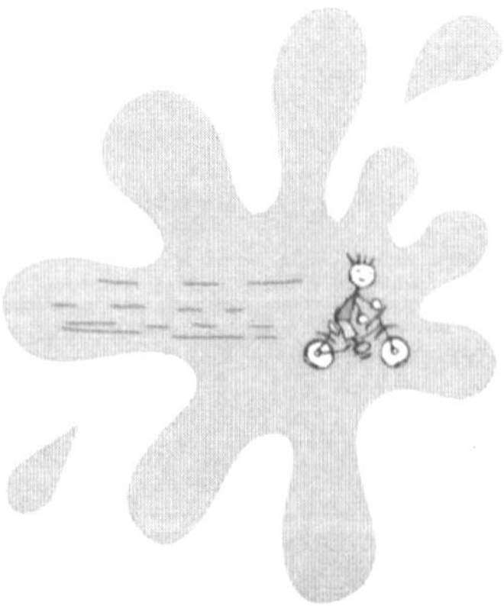

로버트 풀검

1 조사연구의 절차

조사연구를 수행하는 목적은 제기된 문제를 잘 이해하거나 또는 합리적인 의사결정을 내릴 수 있는 지식과 정보를 얻기 위한 것이다. 이론적이든 또는 실제적이든지 간에 조사연구는 문제를 해결하기 위하여 정보를 얻을 목적으로 이루어진다. 연구자가 체계적인 연구를 하려면 문제해결의 절차가 논리적으로 정연하여야 하며, 연구의 자료 및 결과가 타당성과 신뢰성을 가지고 있어야 한다. 다시 말하면, 자의적인 주관성을 배제하면서 경험적이고 객관적인 사실에 근거한 연구가 되어야 한다.

연구를 수행하는 데 있어 정보획득에 필요한 기법이나 도구 등은 많이 개발되어 있다. 특히 컴퓨터의 자료처리능력 덕분에 방대한 자료를 신속하게 정보화할 수 있다. 그리고 전산시스템을 이용한 새로운 계량분석기법 및 통계분석기법이 개발되어 있다. 이뿐만 아니라 의사소통방법과 측정기법도 많이 개선되고 있다. 이러한 분석기법의 개선은 경영, 경제, 의학, 생물 등의 연구 분야에 커나란 영향을 주고 있다.

그러면 연구과제가 주어졌을 때 어떠한 절차를 통하여 연구를 진행할 것인가를 생각하여 보자. 연구에서 논리적인 타당성과 경험적인 타당성을 확보하기 위해서는 체계적인 연구절차를 따라야 할 것이다. 체계적인 연구절차를 다섯 단계로 구분해 보면 다음 [그림 3-1]과 같다. 각 단계는 이론과 상호 불가분의 관계를 갖고 있다. 사회과학 이론의 기초는 사회현상에서 만들어지며, 연구자들은 이러한 현장의 실무현상을 정리하여 발표함으로써 이론으로 정리되는 것이다. 이러한 과정 속에서 사회과학 분야에서 이론이 체계적으로 정립되고 심화되기 위해서는 여러 단계(현상기술이론, 상관관계이론, 인과관계)를 거치게 된다.

[그림 3-1] 연구절차

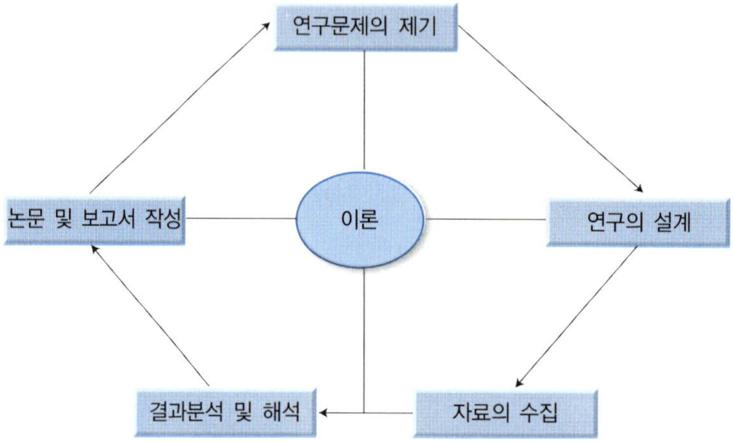

첫째, 연구문제의 제기란 실질적인 중요성과 적합성을 고려하여 문제를 제기하는 것을 의미한다. 연구임무를 부여받은 연구자는 주어진 문제가 연구할 만한 가치가 있는지 여부를 우선 검토하여야 하며 또한 이에 대한 지식도 가지고 있어야 한다. 이렇게 하여야만 논리성이 정립되는 기초가 마련된다. 예를 들어, 어느 가전제품회사에서는 유통 마진이 최근 계속 떨어지고 있어 이에 대한 대책을 수립한다고 하자. 연구자는 유통이나 소비자에 관한 책, 간행물, 회사서류 등을 통하여 또는 유사한 연구내용을 알고 있는 사람과의 면접을 통하여 이 연구가 가치 있는지 여부를 판단한다. 일반적으로 보면, 문제를 제기하고 인식하는 단계에서는 예비적인 조사를 통하여 연구과제에 대한 지식을 얻는다.

둘째, 문제가 인식되면 연구설계의 단계에 들어간다. 연구설계는 연구과제에 관련된 정보의 원천이나 종류를 명확히 밝히는 계획이며, 또한 자료의 수집 및 분석방법을 계획한다. 앞의 가전제품회사 연구자는 유통관리에 관한 문헌조사를 계획하며 이 이론을 바탕으로 중요 품목의 제조·보관·판매·배달의 실태를 면담이나 설문지를 통하여 직접 자료수집할 것을 고려한다. 분석방법으로는 통계적 기법이나 계량적인 기법을 이용한다.

셋째, 자료수집단계에서는 실제자료를 모으게 된다. 자료수집은 변수에 대한 조작적 정의에 의해서 경험의 세계에서의 관측 대상에 관한 특성을 체계적으로 수집하는 절차와 과정을 말한다. 자료수집의 방법은 한 곳에서 얻을 수 있는 비교적 간단한 내용부터 시작하여 수개월 혹은 수년 동안 전국적으로 많은 사람을 인터뷰하여 얻은 내용까지 다양하다. 자료의 원천은 책이나 간행물, 인터넷 서치 등과 같은 것이 있는가 하면, 대상을 직접 관찰 또는 조사하여 얻는 방법도 있다.

넷째, 원하는 자료가 다 모아지면 통계 패키지를 이용하여 분석하고 변수들의 연관성을 조사한다. 그리고 연구목적에 맞추어 발견한 내용을 해석한 후에 보고서를 작성한다. 앞의 가전제품회사 연구자의 경우에는 수집된 자료를 바탕으로 원가절감 또는 유통이나 소비자에 대한 서비스 개선방안을 작성하여 회사에 제출할 것이다.

다섯째, 결과분석 및 해석의 단계가 끝나면 논문 및 보고서를 작성하여 조사의뢰자 및 이해관계자에게 보고해야 한다. 보고는 간단명료하면서 조사의뢰자의 가려운 곳을 긁어줄 수 있어야 한다.

2 개념, 이론, 정의

최근에 대부분의 연구자들 사이에서 특정 연구 개념의 명확화보다는 통계분석을 더욱 중요시하는 경향이 있는 듯하다. 실제로 논문 심사자들은 어느 통계분석을 사용했느냐보다는 연구주제에 대한 개념, 이론, 가설들을 통해서 얼마나 논리적이면서 힘있게 글을 전개했는지에 관심을 갖고 본다.

사회과학에서 **개념(concept)**은 어떠한 현상에 대한 지각을 통하여 생각이나 관념을 갖게 되는 것을 말한다. 이러한 개념을 언어로 표현한 것이 용어이다. 사람들은 개념을 파악함으로써 특정 문제에 대하여 이해를 하게 된다. 연구의 출발선이라고 할 수 있는 명확한 개념정립이 연구에 있어서 무엇보다도 필요하다고 할 수 있다. 엄밀하게 이야기 하면 개념은 특수한 현상들이 갖는 특징들을 일반화시켜 추상적으로 표현한 것이라면 구성(construct)은 개념 중에서 연구를 위해서 의도적으로 선택하여 추가적인 의미를 부여한 개념이라고 할 수 있다.

일반적으로 연구에서 구성개념이라는 단어는 개념과 동일언어로 사용되기도 한다. 구성개념은 연구자가 연구를 위해서 관련문헌을 참고로 하여 만든 추상적인 개념을 말한다. 예를 들어, 커뮤니티의 가치평가를 위한 연구에서 고객가치평가는 '정량적인 가치'와 '정성적인 가치'로 구분하였다고 하자. 여기서 '정량적인 가치'와 '정성적인 가치'가 구성개념이 된다. '정성적인 가치'는 구전행위, 친조직행위, 커미트먼트 등의 변수(variable), 즉 측정개념으로 구성되어 있다고 할 수 있다. '정량적인 가치'는 방문횟수, 고객이 머무는 시간 등의 변수로 구성되어 있다.

응답자가 제대로 이해하지 못하는 개념으로 설문지에 정확한 응답을 할 리는 만무하다. 개념은 연구의 의도와 명확하게 적합하여야 한다. 명확한 개념으로부터 시작하여 올바른 측정문항을 통한 일관성 있는 측정, 그리고 정확한 통계분석의 사용과는 매우 밀접한 관계가 있다. 다음은 개념으로 구성되는 이론에 대하여 알아보기로 한다.

대개 **이론(theory)**은 "딱딱하고 재미없는 것이다"라는 생각을 많이 한다. 소위 내공이 있는 실력자들은 이론과 풍부한 경험을 많이 가지고 있다. 삶에서 이론과 경험의 절충은 매우 중요한 것처럼, 연구에서 다양한 이론에 대한 이해가 필요하다. 이론은 형식적으로 일반적인 법칙들의 체계화된 연결이라고 할 수 있다. 이론이 되기 위해서는 유일하고, 간명하면서도 내적 일관성이 있고 보편적이면서 경험적으로 검증가능하여야 한다. 학문적인 연구의 목표가 좋은 이론개발이라면, 앞의 이론의 조건은 좋은 개념적 정의에 대한 조건으로도 사용될 수 있다. 다음 그림은 이론구축을 위한 전체적인 패러다임을 나타낸 것이다.

여기서 **정의(definition)**는 현상에 대한 용어의 뜻을 밝히고 동시에 개념의 뜻을 나타내는 것을 말한다. 정의는 개념적 정의와 조작적 정의로 나눌 수 있다. 일반적으로 측정하고자 하는 속성을 명확히 한 것을 **개념적 정의**

[그림 3-2] 이론구축의 패러다임

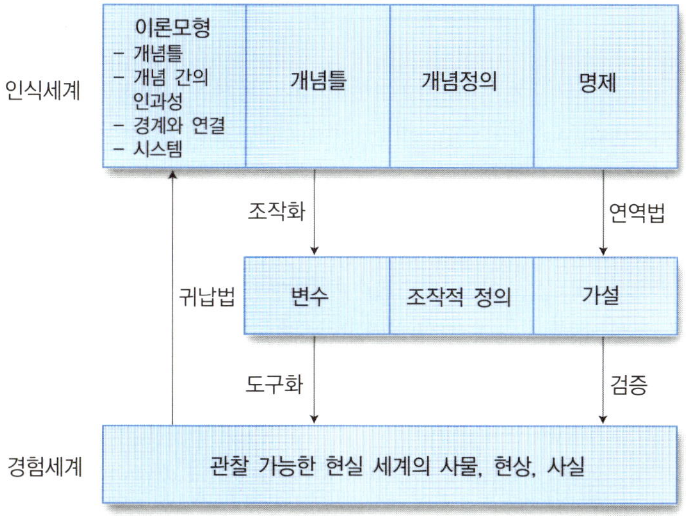

(conceptual definition)라고 한다. 연구자들은 개념적 정의를 내리기 위해서 많은 문헌을 참고하게 된다. 관련 문헌조사를 통해서 개념적 정의를 내리기 때문에 연구자에 따라 용어에 대한 정의가 약간 달라질 수 있다. 이 개념적 정의를 관찰 가능한 형태로 표현하는 것을 **조작적 정의**(operational definition)라고 한다. 연구자는 조작적 정의를 나타내고 관심 속성에 대하여 어떠한 변수로 측정되고 있는지를 설명하여야 한다. 다음은 구성개념을 조작적 정의로 변환시키는 과정을 그림으로 나타낸 것이다.

[그림 3-3] 구성개념의 변수변환 과정(예)

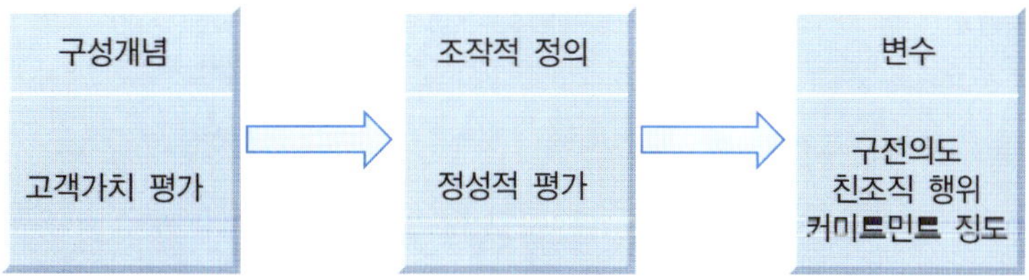

3 설문지 작성

연구자가 연구목적을 이루기 위하여 사용하는 자료의 획득 방안을 두 가지 정도 생각해 보자. 첫째는 공인된 기관에서 발표한 자료들을 사용하는 것이고, 둘째는 자신이 직접 연구목적에 적합한 방법을 사용해서 수집하는 것이다. 대부분 연구자는 자신의 연구목적을 달성하기 위하여 관찰치들이 지닌 속성을 직접 측정해야 하는 상황에 직면한다. 특히 연구대상이 인간의 심리적인 것에 관한 경우, 환경을 통제하고 실험해야 하는 경우, 또는 연구대상 자체가 특수한 사례에 관한 연구일 경우에 더욱 그렇다. 여기에서는 면접법, 관찰법, 설문지법 등의 세 가지 방법을 설명하는데 이 중에서 설문지법에 대하여 추가적으로 기술한다. 각 측정방법은 경비와 시간상의 제약, 그리고 연구자의 주관성 정도 등으로 인하여 장·단점을 지니고 있다.

3.1 면접법

면접법은 면접자가 직접적인 질문을 행하고 거기에 대한 피면접자의 응답을 기록하는 방법을 말한다. 전문가의 의견을 수집하거나 경험자의 경험담이 필요한 경우, 또는 심리학적으로 보다 상세한 자료가 요구되는 경우에 사용된다. 이 방법의 제약점은 시간과 비용이 많이 들고 면접전문가를 구하는 것이 어렵다는 것이다. 연구목적에 필요한 항목들을 객관적으로 획득할 수 있는 전문가를 구한다는 것은 상당히 어려운 일이다.

3.2 관찰법

이는 연구자가 상황을 통제하거나 또는 자연스러운 상태에서 발생하는 상황들을 직접 관찰하고 그 변화의 정도를 기록하는 방식이다. 이 방법도 면접법과 마찬가지로 비용과 시간의 제약이 따르며 가장 큰 문제로는 피실험자가 자신이 관찰당하고 있다는 의식을 가짐으로써 본래의 자연스러운 행위가 아닌 조작된 행동을 하기 쉽다. 이 방법은 공학적 또는 생물학적 실험실 방법에서 유용하다고 할 수 있다.

3.3 설문지법

사회과학 연구에서 가장 많이 사용되고 있는 방법으로서 시간과 경비라는 경제적인 측면에서는 우수성을 지니고 있으나, 설문작성에 기술적 어려움이 많으며 상당수준의 전문지식이 필요하다. 우수한 설문이 되기 위해서는 연구자의 연구의도가 응답자에게 드러나지 않아야 한다. 그뿐만 아니라 연구하고자 하는 속성을 정확히 표현하고 그 측정치를 부여하는 방식과 내적 타당성을 지녀야 한다. 연구의 기본 가설에 대한 충분한 사전 연구가 있어야만 우수한 설문이 나올 수 있다는 사실을 명심할 필요가 있다.

그런데 최근 연구에 사용되는 설문지들을 보면 기본 가설에 대한 충분한 이론적 연구가 부족해서인지, 설문 문항수가 지나치게 많고 설문이 무엇을 겨냥하고 있는지 설문 자체를 이해하기 어려운 경우도 있다. 심지어는 응답자를 불쾌하게 만들기도 한다. 좋은 설문지를 만들려면, 본조사에 들어가기 전에 우선 주위 사람들을 대상으로 몇 번 예비설문을 실시하고 수정 보완하는 절차가 반드시 필요하다. 설문지 작성에 있어서 주의할 점을 간단하게 약술하면 다음과 같다.

첫째, 너무 많은 설문문항은 응답자를 지치게 만든다. 설문지에 의하여 집계된 자료의 생명은 신뢰성, 즉 응답자의 성실성이다. 이를 끝까지 유지하기 위해서는 문항수가 적절해야 한다. 특히 그것이 개인의 가치관, 태도 또는 심리적인 것인 경우에는 문항의 수가 20~30개 또는 10~15분의 응답 분량 정도의 문항으로 구성하는 것이 좋다.

둘째, 추상적인 어휘를 피한다. 피설문자가 질문의 내용을 분명하게 알 수 있도록 구체적인 낱말을 사용해야 하며, 필요하다면 예를 들어서라도 충분한 설명이 되어야 한다. 특히 하부 속성을 많이 지니고 있는 용어들을 주의 깊게 사용해야 한다. 예를 들어, 민주화라는 단어는 그 안에 내포되어 있는 의미가 매우 포괄적이기 때문에 이러한 단어를 문항에 직접 사용하는 것은 피해야 한다.

셋째, 응답방식은 연구목적과 사용할 분석방법과 조화를 이루어야 한다. 즉 설문에 응답하는 방식을 4개 문항 중에서 하나만을 고르도록 할 것인지, 4개 전부의 순위를 정하라고 할 것인지, 또는 이 중에 2개만을 고르도록 할 것인지 등을 결정해야 한다. 순위와 관계없이 2개를 고르는 경우에는 분석할 수 있는 기법 및 자료를 입력하는 방식에 영향을 주게 된다.

넷째, 설문의 시작과 끝을 부드럽게 한다. 설문지 첫 문항부터 응답자의 극히 개인적인 신상에 관한 질문으로 시작하면 응답자에게 불쾌감을 줄 수 있다. 따라서 첫 부분은 비교적 저항감이 적은 설문부터 시작하고 마감을 잘하는 것이 좋다.

다섯째, 대조적인 설문은 거리를 두어서 배치한다. 설문의 의도가 노출됨으로 인하여 발생하는 응답자의 왜곡을 막기 위해서 대조적인 설문문항은 가급적 피해야 한다. 물론 통계적으로 응답 태도의 진위를 가리기 위하여 대조 설문을 사용하는 경우가 있는데, 이러한 경우에도 대조적인 문항은 가급적 공간적 거리를 두는 것이 응답 왜곡을 방지할 수 있다.

여섯째, 기존 연구에서 사용한 설문을 응용한다. 아주 특수한 경우가 아니면 기존의 연구에서 사용한 문항들을 기본가정에서 어긋나지 않는 범위 내에서 응용하는 것이 좋다. 어떤 설문이 기존의 많은 연구에서 사용되어 왔다는 것은 경험적으로 보아 그 항목으로 측정하고자 하는 속성을 비교적 잘 반영하는 내적 타당성을 지니고 있다는 것을 의미한다.

일곱째, 설문의 내용이 응답자와 조화를 이루어야 한다. 연구자가 조사하고자 하는 속성을 응답자가 지니고 있거나 알고 있어야 한다. 예를 들어, 고등학생에게 그 집안의 한 달 평균수입이나 소득계층을 묻거나 부모에게 학생들의 용돈 사용처를 묻는 것은 설문이 잘못된 것이 아니라 응답자를 잘못 선택한 것이다.

여덟째, 사전조사를 통해 응답자가 응답하기 어려워하는지 여부를 확인하고 질문을 수정하거나 삭제한다. 사전조사를 통해 응답하기 곤란한 문항이나 까다로운 항목은 삭제함으로써 정확한 정보를 수집하여야 한다.

지금까지 조사연구의 절차와 주요 자료수집법에 대하여 비교적 간단히 설명하였다. 조사연구의 문제해결을 위해서는 자료수집 및 분석단계를 거치게 된다. 이것은 조사연구의 신빙성을 객관적으로 입증하려면 반드시 자료를 통하여야 한다는 의미이다. 자료는 어떤 대상에 대한 실험 또는 관찰의 결과로 얻어진 기본적인 사실들로 이루어져 있다. 자료를 체계적으로 수집하려면 이에 관련된 개념을 잘 알아 둘 필요가 있다.

4 자료측정과 척도

4.1 의의 및 측정

자료는 통계분석의 원재료이다. 필요한 자료를 수집하여 그것이 정확한가? 혹은 사용 가능한가에 대하여 평가를 하지 않은 채로 실시한 통계분석은 신뢰할 만한 것이 못된다. 올바른 연구를 위해서는 적절한 자료를 수집하여야 한다. 자료에는 조직 내부에서 수집하는 일상적인 것이 있으며, 정부 또는 사설기관에서 수집하는 경제 및 사회분야에 관한 것도 있다. 이와 같이 자료란 대상 또는 상황을 나타내는 상징으로서 수량, 시간, 금액, 이름, 장소 등을 표현하는 기본 사실들의 집합을 뜻한다.

적절한 자료를 얻으려면 관찰대상에 내재하는 성질을 파악하는 기술이 있어야 한다. 이를 위해서는 규칙에 따라 관찰대상에 대하여 기술적으로 수치를 부여하게 되는데, 이것을 **측정(measurement)**이라고 한다. 여기서 규칙이란 어떻게 측정할 것인가를 정하는 것을 의미한다. 예를 들어, 세 종류의 자동차에 대하여 개인적인 선호도를 조사한다고 하자. 자동차에 대하여 개별적으로 '좋다 보통이다 나쁘다' 중에서 하나를 택하게 할 것인가 혹은 좋아하는 순서대로 세 종류에 대하여 순위를 매길 것인가 등의 여러 가지 방법을 고려해 볼 수 있다. 이와 같이 측정이란 관찰대상이 가지는 속성의 질적 상태에 따라 값을 부여하는 것을 뜻한다. 연구자는 이론을 구성하는 개념들을 현실세계에서 관찰 가능한 자료와 연결시키는 과정을 거쳐 연구의 완성도를 높일 수 있다.

4.2 척도

측정규칙의 설정은 척도의 설정을 의미한다. **척도(scale)**란 일정한 규칙을 가지고 관찰대상을 측정하기 위하여 그 속성을 일련의 기호 또는 숫자로 나타내는 것을 말한다. 즉, 척도는 질적인 자료를 양적인 자료로 전환시켜 주는 도구이다. 이러한 척도의 예로써 온도계, 자, 저울 등이 있다. 척도에 의하여 관찰대상을 측정하면 그 속성을 객관화시킬 수 있으며 본질을 명백하게 파악할 수 있다. 그뿐만 아니라 관찰대상들을 서로 비교할 수 있으며 그들 사이의 일정한 관계를 알 수 있다.

관찰대상에 부여한 척도의 특성을 아는 것은 중요하다. 왜냐하면 척도의 성격에 따라서 통계분석기법이 달라질 수 있으며, 가설설정과 통계적 해석의 오류를 사전에 방지할 수 있기 때문이다. 척도는 측정의 정밀성에 따라 명목척도, 서열척도, 등간척도, 비율척도로 분류한다. 이를 차례로 설명하면 다음과 같다.

(1) 명목척도

명목척도(nominal scale)는 단지 구분을 목적으로 사용되는 척도이다. 이 숫자는 양적인 의미는 없으며 단지 자료가 지닌 속성을 상징적으로 차별하고 있을 뿐이다. 따라서 이 척도는 관찰대상을 범주로 분류하거나 확인하기 위하여 숫자를 이용한다. 예를 들어, 회사원을 남녀로 구분한다고 하자. 남자에게는 1, 여자에게는 2를 부여한 경우에 1과 2는 단순히 사람을 분류하기 위해 사용된 것이지 여성이 남성보다 크다거나 남성이 여성보다 우선한다는 것을 의미하지는 않는다. 명목척도는 측정대상을 속성에 따라 상호 배타적이고 포괄적인 범주로 구분하는 데 이용한다. 이것에 의하여 얻어진 척도값은 네 가지 척도의 형태 중에서 가장 적은 양의 정보를 제공한다.

(2) 서열척도

서열척도(ordinal scale)는 관찰대상이 지닌 속성의 순서적 특성만을 나타내는 것으로 그 척도 사이의 차이가 정확한 양적 의미를 나타내는 것은 아니다. 예를 들어, 좋아하는 운동종목을 순서대로 나열한다고 하자. 제1순위로 선정된 종목이 야구이고 제2순위가 축구라고 할 때, 축구보다 야구를 2배만큼 좋아한다고 할 수는 없다. 이것이 의미하는 것은 단지 축구보다 야구를 상대적으로 더 좋아한다는 것뿐이다. 이 척도는 관찰대상의 비교우위를 결정하며 각 서열 간의 차이는 문제삼지 않는다. 이들의 차이가 같지 않더라도 단지 상대적인 순위만 구별한다. 이 척도는 정확하게 정량화하기 어려운 소비자의 선호도 같은 것을 측정하는 데 이용된다.

(3) 등간척도

등간척도(interval scale)는 관찰치가 지닌 속성차이를 의도적으로 양적 차이로 측정하기 위해서 균일한 간격을 두고 분할하여 측정하는 척도이다. 대표적인 것으로 리커트 5점 척도와 7점 척도가 있다. 이 5점 척도에서 1과 2, 4와 5 등의 각 간격의 차이는 동일하다. 등간척도에서 구별되는 단위간격은 동일하며, 각 대상을 크고 작은 것 또는 같은 것으로 그 지위를 구별한다. 속성에 대한 순위는 부여하되 순위 사이의 간격이 동일하다. 측정대상의 위치에 따라 수치를 부여할 때 이 숫자상의 차이를 산술적으로 다루는 것은 의미가 있다.

(4) 비율척도

비율척도(ratio scale)는 앞에서 설명한 각 척도의 특수성에다 비율개념이 첨가된 척도이다. 연구조사에서 가장 많이 사용되는 척도로 절대 0을 출발점으로 하여 측정대상이 지니고 있는 속성을 양적 차이로 표현하고 있는 척도이다. 이 척도는 서열성, 등간성, 비율성의 세 속성을 모두 가지고 있으므로 곱하거나 나누거나 가감하는 것이 가능하며, 그리고 그 차이는 양적인 의미를 지니게 된다. 이 척도는 거리, 무게, 시간 등에 적용된다. A는 B의 두 배가 되며, B는 C의 1/2배 등의 비율이 성립된다. 비율척도에서 값이 영인 경우에 이것은 측정대상이 아무것도 가지고 있지 않다는 뜻이다.

이상에서 네 가지 종류의 척도에 대하여 알아보았다. 사실 측정방법은 측정대상과 조사자의 연구목적에 따라 달라지며, 관찰대상을 측정할 때 어떠한 척도방법을 선택하는가에 따라 통계분석 작업이 영향받는다. 이에 대한 설명은 다음의 제4장에서 자세하게 설명한다.

조사연구를 함에 있어서 자료가 지닌 성격을 정확히 파악하는 것도 중요한 일이지만 그러한 속성을 고정적인 것으로 보고 그 틀에 갇힐 필요는 없다. 자료의 기본속성에서 크게 벗어나지 않는다면 연구목적을 위해서 명목척도와 순위척도를 마치 등간척도나 비율척도처럼 사용하는 경우도 있다. 그러나 위의 네 가지 척도에서 정보의 수준이 높아져가는 단계를 보면 명목척도, 서열척도, 등간척도, 비율척도의 순서이다. 이것을 표로 나타내면 다음과 같다.

[표 3-1] 네 가지 척도의 정보특성

척도 \ 특성	범주	순위	등간격	절대 0(零)	변수
명목척도	○	×	×	×	질적 자료
서열척도	○	○	×	×	
등간척도	○	○	○	×	양적 자료
비율척도	○	○	○	○	

여기서, 명목척도와 서열척도로 측정된 자료는 비정량적 자료 또는 질적 자료라고 하며, 한편 등간척도와 비율척도로 측정된 자료는 정량적 자료 또는 양적 자료라고 한다. 비정량적 자료에 적용가능한 방법은 비모수통계기

법이며, 정량적 자료에는 모수통계기법이 이용된다. 자료의 성격에 적합한 분석기법을 선택하는 것은 중요하다. **비모수 통계분석**은 주로 순위자료와 명목자료로 측정된 자료에 대한 통계적 추론에 이용되는 분석방법이다. 그러나 주로 사용하는 통계기법은 **모수통계분석**인데, 이것은 주로 양적 자료를 대상으로 표본의 특성치인 통계량을 이용하여 모집단의 모수를 추정하거나 검정하는 분석방법이다. 본서에서 주로 언급할 구조방정분석을 위해서 연구자는 설문지를 구성할 때 가급적 양적 자료로 구성된 변수를 사용하는 것이 바람직하다. 이에 대한 자세한 설명은 차후에 다시 언급할 것이다.

5 모형설정

최근 자료처리방법 및 연구방법론에서는 현상을 구성하는 요소에 초점을 두는 시스템적인 접근이 크게 부각되고 있다. 이뿐만 아니라 이제까지 전개되어 온 여러 연구방법에서의 철학이나 아이니어를 동합하여 각기 나른 상황하에서 문제해결에 초점을 맞추고 있는 상황적합적 연구방법도 주목을 받고 있다. 이 연구방법은 보편주의적 관리원칙을 부정하는 입장에서 연구주체를 개방시스템으로 간주하는 것을 전제로 하며, 주체와 환경적 조건과의 대응관계를 명확히 하는 데에 주안점을 두고 있다. 자료처리에서는 현상을 이루는 주요 요인이 추출되며, 이 요인들은 상호작용하며, 수학적으로 표현되는 것을 가정한다.

5.1 시스템 정의와 시스템적 사고

동물이 생명을 유지하기 위해서 음식을 먹으면 자연스럽게 침이 분비되고 위액이 분비되는 것처럼, 목표 달성을 위해서 생명체나 조직의 여러 구성요소들이 상호 연관성을 가지고 수행하는 유기적인 활동의 부분과 전체 합을 **시스템(system)**이라고 한다.

시스템적인 사고란 세상의 복잡한 문제를 논리적이고 구조적으로 접근하고 해결하는 것을 말한다. 논리적이고 구조적인 접근은 인과관계의 유형을 이해하고 사물 간의 관계, 정지된 상태보다는 변화의 유형에 관심을 갖는다. 모든 시스템은 특정한 목적을 갖고 있으며 이러한 목적을 달성하기 위해서 유기적으로 결합한다. 작은 시스템은 더 큰 시스템 안에서 둥지(nest)를 틀고 특정 목적을 수행하며 안정을 추구하는 성향을 지닌다. 또한 시스템 안에서는 피드백도 진행된다. 구조방정식 모형의 대부분은 시스템적인 접근법에 의해서 구축된 것이라고 할 수 있다.

다음은 고객만족을 목표를 하는 서비스 기업의 시스템적인 서비스 운영관리방식을 그림으로 나타낸 것이다.

[그림 3-4] 시스템적인 서비스 운영관리

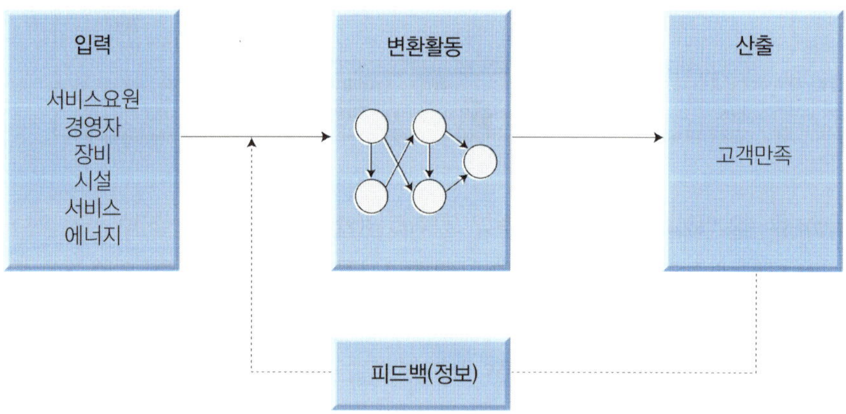

서비스조직에서 고객만족을 달성하기 위해서는 입력부문에서 서비스요원, 경영자, 장비, 시설, 서비스, 에너지 등이 투입되고 변환활동에서는 관련 구성요소들이 서로 상호 연관적으로 활동을 하고 있다. 이러한 연관활동의 결과 고객만족이라는 성과를 만들어 내게 된다. 만약, 고객이 접하는 서비스가 불만족스럽다면 고객은 시정을 요구하거나 불만을 토로하는 피드백 과정을 밟게 된다.

사회과학을 연구하는 연구자에게 필요한 것은 많은 독서와 경험을 통해서 'A 때문에 B다'라는 단선적인 사고보다는 시스템의 기저에 깔려있는 시스템 구조를 이해하도록 노력하여야 한다. 즉, 연구자는 시스템 안보다는 시스템 밖에서 전체를 볼 수 있는 능력을 키워야 한다.

5.2 모형의 개념과 유형

모형(model)이란 사물이나 현상의 특징을 모아 축약해서 구성한 것으로서, 사회과학에서는 시스템과 관련된 인과관계나 상호관계를 설명할 수 있는 좋은 수단이 된다. 모형은 전체적 또는 부문적으로 실제 프로세스와 시스템을 나타내며, 특정 변수 또는 요인 사이의 관계를 나타낸다. 일반적으로 모형은 현실에 대한 요약 또는 축소판이라고 할 수 있다.

현실은 경영관련 현상, 사회현상, 교육현장에서 발생하는 현상 등이 해당된다. 개인이나 조직을 둘러싼 환경이 급변하기 때문에 모형도 변화한다. 따라서 상황변화에 연구모형을 얼마나 유연하게 개발하고 이를 연구에 적용시키느냐가 연구에서 중요해질 것이다. 과학 및 정보기술은 개인과 조직에 많은 영향을 미치고 있다. 예를 들어, 경영분야에서 기존의 비즈니스 모형을 바꾼 컴퓨터업체인 델(Dell)은 온라인 판매를 통해서 원가를 내폭적으로 줄이고 고객들에게 맞춤 서비스를 제공하고 있다.

이와 관련된 연구를 하는 연구자는 기존의 연구모형으로는 성공적으로 연구를 수행할 수 없다. 따라서 새로운 연구모형을 개발하여야 한다. 즉, 상황에 맞는 연구모형을 개발할 필요가 있다. 연구자들은 연구모형에 개념적 구성을 정확하게 전달하여야 한다. 모형의 종류를 살펴보면 다음과 같다.

(1) 언어모형

언어모형(verbal model)은 현상을 나타내는 변수 사이의 관계를 문장체로 나타낸 모형을 말한다. 이 모형은 현상에 대한 서술 형식으로 나타낸다. 언어모형은 실증적인 증명에 앞서 세우는 잠정적인 진술인 가설로 나타낼 수 있다. 가설에 대해서는 다음 절에서 보다 구체적으로 알아보기로 한다.

(2) 도형모형

도형모형(graphical model)은 변수 사이의 관계를 시각적인 그림을 통해 제공하는 분석모형을 말한다. 사각형(□), 원(○), 화살표(→), 꺾인 화살표 등으로 나타낸다. 사각형은 일반적으로 변수를, 원 또는 타원은 변수에 의해서 결정되는 요인을 나타낸다. 화살표는 영향관계, 독립변수가 종속변수에 영향을 주는 것을 나타낸다.

(3) 수리모형

수리모형(mathematical model)은 의사결정에서 가장 광범위하게 사용되는 모형이다. 이는 매우 복잡한 현상을 가정이나 전제를 활용하여 단순화하고, 이에 영향을 미치는 변수를 추출하여 분석하고 이를 특수한 기호로 표시하고 수학적인 방법으로 인과관계를 표현할 수 있도록 모형화한 것이다. 특히 모형화 과정에서 영향변수의 추출과 분석은, 첫째로 계량화할 수 있는 변수를 우선적으로, 둘째로 영향력이 큰 변수를 우선적으로, 셋째로 소요되는 시간과 비용을 고려하여 영향변수를 결정하는 것이 일반적이다.

5.3 모형설정

현상을 완벽하게 설명하는 모형을 설정하는 일은 대단히 어려운 일이다. 완벽에 가까운 모형을 설정하기 위해서는 과거의 연구문헌을 참조하거나 현상에 대해 완전히 이해할 뿐만 아니라 이것을 논리적인 구성을 통해 형상화할 수 있어야 한다.

먼저, 언어모형의 예를 들어 보자. 구조방정식 모형분석을 위해서는 관심분야의 기본적인 모형을 많이 알고 있는 것이 연구에 많은 도움을 얻을 수 있다. 일반적으로 경영학에서는 고객들의 구매행위를 파악하기 위해서 BAI 모형을 자주 언급한다. **BAI모형**이란 믿음(Belief)이 있으면 태도(Attitude)를 갖게 되고 행위의도(Intention)로 나타나게 된다는 이론이다. 이 이론은 심리학, 소비자 행동론, 광고학, 스포츠 관련분야 등에서 많이 다루어지고 있다. 이러한 모형을 기본으로 쇼핑몰의 경영자는 고객의 성향을 파악하고자 한다. 고객은 A인터넷 쇼핑몰에 대한 특성을 인식한 후, 쇼핑몰에 대하여 이해하고 평가하게 된다. 이러한 이해, 평가를 거쳐 선호의 정도를 보인다. 기준점을 넘게 되면 고객은 쇼핑몰을 애용할 것이다.

다음으로, 위의 언어모형 예를 도형모형으로 나타내면 [그림 3-5]와 같다.

[그림 3-5] 도형모형

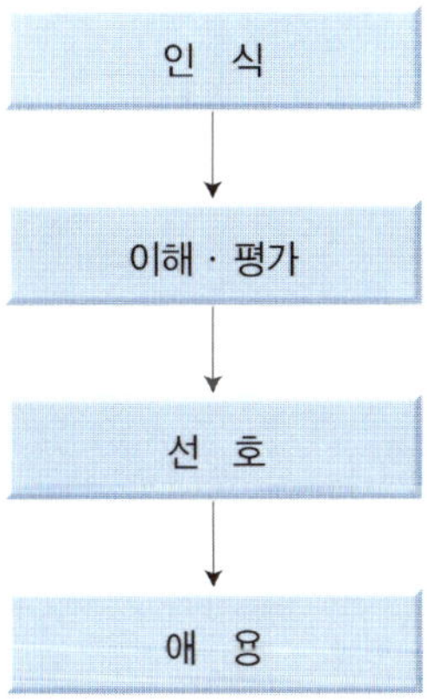

끝으로 수리모형으로 나타내면 다음과 같다.

$$y = a_0 + \sum_{i=1}^{n} a_i x_i$$

여기서, y : 선호정도

a_0, a_i : 모수

x_i : 선택기준에 근거한 인터넷 쇼핑몰 애용요인

위에서 본 것처럼, 언어, 도형, 수리모형들은 동일한 현상과 이론적인 틀을 각각 다른 형식으로 제공하고 있다. 특히 도형모형은 연구문제를 접근하

는 데 있어 개념화를 보다 쉽게 할 수 있게 해준다.

언어모형, 도형모형, 수리모형 등을 수립하면 관련 연구문제와 가정을 확인하는 데 도움을 준다. 조사의 주요 문제, 측정질문, 가설, 객관적이고 이론적인 틀, 분석적인 모형 사이의 관계가 [그림 3-6]에 나타나 있다.

[그림 3-6] 연구모형과 가설개발

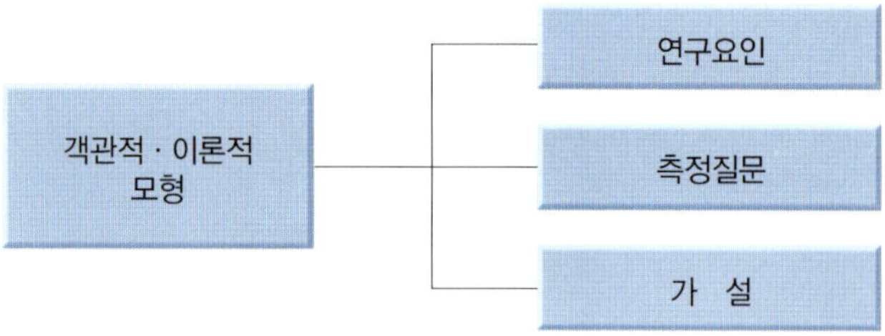

6 가설설정과 검정

6.1 가설의 의미

우리가 수행하는 조사연구의 내용 중에는 기존 또는 새로운 가설을 검정하여 결론을 제시하는 것이 있다. **가설**이란 실증적인 증명에 앞서 세우는 잠정적인 진술이며 나중에 논리적으로 검정될 수 있는 명제이다. 그런데 검정대상이 되는 가설은 반드시 확신에 근거를 두고 있는 것이 아니므로 연구결과 기각될 수 있으며 또한 수정될 수 있다. 가설에는 귀무가설과 연구가설 두 가지가 있다. 다음 가설의 예는 구조방정식과 관련하여 전체 모형의 적합도를 나타내는 χ^2 통계량에 관한 적가설설정 방법을 나타낸 것이다.

- **귀무가설** : 기존의 주장되어진 일반적인 학설, 모수(parameter)에 대한 새로운 변화가 없는 경우(예, H_0 : 모형은 적합하다)
- **연구가설** : 통계량의 차이는 우연발생적인 것이 아니라 표본이 대표하는 모집단의 모수와 유의한 차이가 있다는 진술로 연구자가 새롭게 들고

나오는 가설(예, H_1 : 모형은 적합하지 않다)

요약해서 말하면, 귀무가설은 통계치가 제공하는 확률의 측면에서 평가하는 것이며, 연구가설은 논리적 대안으로서 검정하고자 하는 현상에 관한 예측이다. 연구가설은 귀무가설을 부정하고 논리적인 대안을 받아들이기 위한 진술이므로 대립가설 또는 대체가설이라고도 한다. 따라서 이 두 가설은 모집단과 표본을 연결시켜 주는 역할을 한다.

예를 들어, 바둑돌을 오른손으로 두 번 가득 움켜잡은 뒤에 각각의 경우 바둑돌의 평균 무게를 알아보고, 이 바둑돌이 동일한 품질의 모집단에서 나왔는지의 여부를 결정한다고 하자. 논리적으로 보아 첫 번째 경우의 평균 무게와 두 번째 경우의 평균 무게가 비슷하다면 동일한 모집단에서 나왔다고 말할 수 있다. 그러나 임의추출과정에서 생긴 표본추출오차 때문에 두 경우의 평균무게는 다를 수 있다. 평균 무게에서 차이가 나더라도 그 차이가 표본추출오차 정도라면 동일한 모집단에서 나온 것이며, 만일에 그 차이가 표본추출오차보다 더 크면 서로 다른 모집단에서 각각 나온 것이라고 말할 수 있다. 여기서, 연구자가 기억해야 할 사실은 귀무가설(H_0)이 가설채택 또는 기각의 의사결정 포인트라는 사실이다. 다음의 가설검정의 절차에서 언급하겠지만 귀무가설이 채택되면 여기에 적합한 설명을 덧붙이면 되고 해당되는 결론을 제시한다. 귀무가설이 기각되면 연구가설을 채택하여 새로운 주장을 펴면 되는 것이다.

6.2 가설검정의 절차

가설의 채택 또는 기각하는 절차를 **가설검정**이라고 하는데, 가설검정은 연구실험 또는 실제상황에서 예측한 것과 결과치를 비교하는 데 쓰인다. 가설검정의 절차에 대하여 간단히 살펴보면 다음과 같다.

(1) 귀무가설(H_0)과 연구가설(H_1)의 설정
(2) 유의수준과 임계치의 결정
(3) H_0의 채택영역과 기각영역 결정
(4) 통계량의 계산
(5) 통계량과 임계치의 비교 및 결론

첫째, 귀무가설과 연구가설은 서로 반대이다. 두 개의 상반된 가설 중에서 어느 것을 귀무가설로 정하고 어느 것을 연구가설로 정할 것인가 하는 문제는 일반적으로 다음과 같다. 현재까지 주장되어 온 것을 귀무가설로 정하며, 반대로 기존상태로부터 새로운 변화 또는 효과가 존재한다는 주장을 연구가설로 정하게 된다.

가설검정의 종류는 크게 양측검정과 단측검정으로 나누며, 단측검정은 다시 왼쪽꼬리검정과 오른쪽꼬리검정으로 나눈다. 이것을 표로 나타내면 [표 3-2]와 같다.

[표 3-2] 가설검정의 종류

양측검정	단측검정	
	왼쪽꼬리검정	오른쪽꼬리검정
$H_0 : \mu = 35$	$H_0 : \mu \geq 35$	$H_0 : \mu \leq 35$
$H_1 : \mu \neq 35$	$H_1 : \mu < 35$	$H_1 : \mu > 35$

위의 표에서 보면 양측검정은 등호를, 단측검정은 부등호를 가지고 있다. 검정방법을 선택하는 기준은 연구자의 관심에 달려있다. 연구자의 연구가설에서 모평균이 진술된 값(여기서는 35)과 같지 않다고 주장하면 양측검정을 이용한다. 그리고 모평균이 진술된 값보다 작다면 왼쪽꼬리검정, 진술된 값보다 크다면 오른쪽꼬리검정을 이용한다. 양측검정에서는 진술된 가설이 참인가 아닌가 만을 밝히며, 단측검정은 증감 방향을 구체적으로 검정한다. 귀

무가설은 각각의 연구가설과 반대로 하면 된다. 그러나 유의할 것은 가설의 채택 또는 기각대상이 귀무가설이라는 점이다.

둘째, 일반적으로 가설검정에서 α의 수준은 $\alpha = 0.10,\ 0.05,\ 0.01$ 등으로 정한다. 이때 α를 유의수준이라고 한다. 다시 말하면, 유의수준이란 제1종오류 α의 최대치를 말한다. '유의하다'라고 할 때, 이것은 모수와 표본통계량의 차이가 현저하여 통계치의 확률이 귀무가설을 부정할 수 있을 만큼 낮은 경우를 뜻한다. 유의수준이 설정되었을 때 가설을 채택하거나 기각시키는 판단기준이 있어야 하는데, 이 값을 **임계치(臨界値)**라고 한다. $\alpha = 0.05$ 수준에서 $P < 0.05$로 표기할 수 있는데, 이것은 계산된 확률수준이 0.05보다 작으면 귀무가설을 기각시킨다는 의미이다. 이때 통계적으로 유의하다라고 해석한다. 만일 $P < 0.01$이면 매우 유의하다라고 한다. 여기서 P값은 귀무가설을 가정했을 때 주어진 표본관측 결과 이상으로 귀무가설에서 먼 방향의 값이 나올 확률이다. SPSS나 LISREL 통계프로그램에서는 P값이 Sig(유의확률)로 나타내어지게 된다.

가설검정을 시행할 때에는 두 가지 오류를 범할 수 있다. 실제로 올바른 가설을 기각시키는 경우 또는 그릇된 가설을 채택하는 경우이다. 예를 들어, 무죄의 피의자를 유죄로 선고한다든지, 또는 유죄의 피의자를 무죄로 선고하는 경우이다. 전자의 경우를 **제1종오류**라고 하여 α로 나타내고, 후자의 경우는 **제2종오류**라고 하여 β로 나타낸다. 이 오류를 쉽게 설명하기 위하여 귀무가설의 검정결과에 대해 의사결정을 하는 경우를 표로 나타내면 [표 3-3]과 같다.

[표 3-3] 두 종류의 오류

실제상태 / 의사결정	올바른 H_0	그릇된 H_0
H_0 채택	올바른 결정	제2종오류, β오류
H_0 기각	제1종오류, α오류	올바른 결정(Power)

$$P(\text{제1종오류}) = P(H_0 \text{ 기각} \backslash H_0 \text{ 진실}) = \alpha$$
$$P(\text{제2종오류}) = P(H_0 \text{ 채택} \backslash H_0 \text{ 거짓}) = \beta$$

제1종오류와 제2종오류는 상반관계를 보이기 때문에 1종오류를 0에 가까울 정도 엄격하게 적용하면 제2종오류는 증가할 것이다. 따라서 제1종오류의 증가는 검정력(power)의 감소를 의미한다. 따라서 연구자는 양자관계를 고려하여 적절한 α를 선택하여야 한다. 가설을 검정할 때 연구자는 자신의 연구가설을 내세우면서 기존의 귀무가설을 기각시키고 싶어할 것이다. H_0가 거짓일 때, 이를 기각하는 확률은 **검정력(Power)**이 된다. 검정력은 거짓된 H_0를 채택할 확률이 β이므로 검정력은 $1-\beta$이다.

끝으로, 세 종류의 검정방법에서 H_0의 채택 및 기각영역을 그림으로 나타내 보고, 계산된 통계량을 임계치에 기준해서 비교할 때에 귀무가설(H_0)이 어떻게 채택 또는 기각되는가를 알아보자.

각종 SPSS, SAS, Minitab 등의 통계프로그램에서 제공되는 p값(일명, sig 값)은 귀무가설을 설정하였을 때 주어진 표본 자료치에서 발견되는 이상으로 귀무가설에서 먼 방향으로 값이 나올 확률을 의미한다. 예를 들어, H_0(귀무가설)의 기각영역이 양쪽꼬리에 있는 양측검정의 경우, $\mu = 80$이고 표본조사 결과자료를 근거하여 구한 Z값이 2.00이라면 p값은 $|Z|$값이 관측된 2.00보다 더 큰 확률을 의미한다. 이것을 수식으로 나타내면 다음과 같다.

$$P(|Z| \geq 2.00) = 1-(0.4772 \times 2) = 0.0456\text{이다.}$$

따라서, $\alpha = 0.05$에서 귀무가설(H_0)이 기각됨을 알 수 있다. 이것을 그림으로 나타내면 다음과 같다.

[그림 3-7] 양측검정인 경우 H_0의 채택영역 및 기각영역

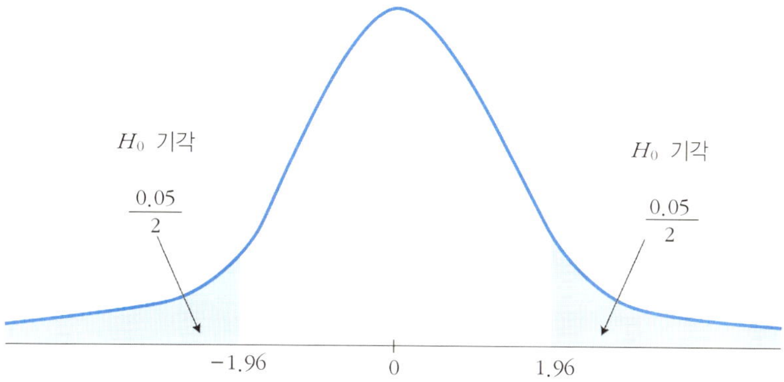

다음 그림은 z값이 −1.65, +1.65인 경우의 단측검정을 나타낸 것이다.

[그림 3-8] 단측검정

(a) 왼쪽꼬리검정

(b) 오른쪽꼬리검정

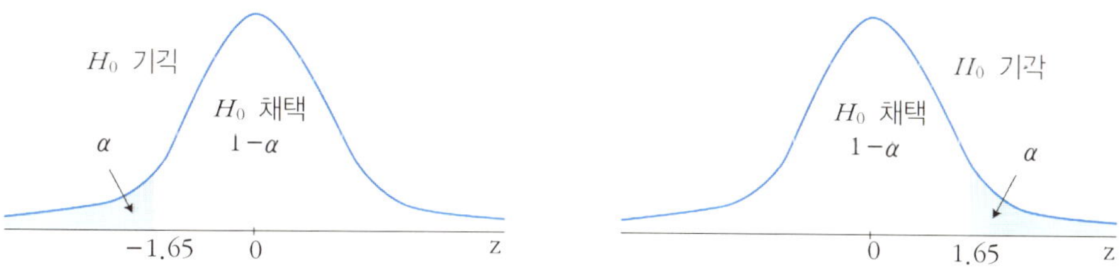

$z \geq -1.65$이면 H_0 채택
$z < -1.65$이면 H_0 기각

$z \leq -1.65$이면 H_0 채택
$z > -1.65$이면 H_0 기각

CHAPTER 4

신뢰성분석과 타당성분석

1. 신뢰성분석
2. 타당성분석

학습목표

1. 신뢰성의 개념과 신뢰성 측정방법을 이해한다.
2. 타당성의 개념과 타당성 측정방법을 이해한다.

가던 길 멈춰 서서(Leisure)

근심에 가득 차, 가던 길 멈춰 서서
잠시 주위를 바라볼 틈도 없다면
얼마나 슬픈 인생일까?
나무 아래 서 있는 양이나 젖소처럼
한가로이 오랫동안 바라볼 틈도 없다면
햇빛 눈부신 한낮, 밤하늘처럼
별들 반짝이는 강물을 바라볼 틈도 없다면(...)
그런 인생은 불쌍한 인생,
근심으로 가득 차 가던 길 멈춰 서서
잠시 주위를 바라볼 틈도 없다면.

윌리엄 헨리 데이비스가 남긴 시 가운데

연구자는 조사연구를 위해서 수집한 자료가 간혹 측정오류가 있는지 확인하여야 한다. 측정오류를 분류해 보면 크게 세 가지로 나누어 볼 수 있다. 첫째, 연구자가 측정하기를 원한 속성이 아니라 다른 속성을 측정한 경우이다. 예를 들어, 技術的 속성을 측정하고자 하였으나 美的 속성을 측정한 경우이다. 둘째, 응답자의 고유한 성향에 의해 측정오류가 발생할 수도 있다. 성격이 항상 명랑한 사람과 극단적인 허무주의적 태도를 지닌 사람 간의 응답은 달라질 것이다. 셋째, 응답 당시 응답자가 처한 상황에 따라 응답에도 차이가 날 수 있다. 예컨대, 부부를 동일한 장소에서 면접하는 경우와 각각 개별적으로 면접하는 경우 응답상 차이가 발생하기도 한다. 그 외에 측정도구상의 문제, 측정방법상의 문제 등으로 인해 측정오류가 발생하기도 한다.

이와 같은 측정오류는 크게 체계적 오류와 비체계적 오류로 구분할 수 있다. 체계적 오류란 측정시에 일정한 방향으로 항상 나타나는 오류이며, 비체계적 오류는 무작위적으로 그 크기와 방향이 변화하며 나타나는 오류이다. 신뢰도는 비체계적 오류와 관련된 개념이며, 타당도는 체계적 오류와 관련된 개념이다.

측정에 있어 **신뢰도**를 이론적으로 설명하는 것은 분산(variance)이다. 일련의 측정치들은 전체분산을 가지고 있으며 이 중에는 실질요소(true component)와 오차요소(error component)가 포함되어 있다. 이것을 식으로 나타내면 다음과 같다.

$$V_a = V_t + V_e \qquad \text{(식 4-1)}$$

전체분산 = 실질분산 + 오차분산

여기서 신뢰도(ρ_x) $= \dfrac{V_t}{V_a}$ (측정결과로 나타나는 전체분산에 대한 실질분산의 비율)로 나타내거나 $1 - \dfrac{V_e}{V_a}$ (1에서 측정결과로 나타나는 전체분산에 대한 오차분산의 비율을 차감한 값)으로 나타낸다.

1 신뢰성분석

신뢰성(reliability)은 측정한 다변량 변수 사이의 일관된 정도를 의미한다. 동일한 개념에 대해서 반복적으로 측정했을 때 나타나는 측정값들의 분산을 의미한다. 신뢰도에는 측정의 안정성, 일관성, 예측가능성, 정확성 등의 개념이 포함되어 있다.

이러한 신뢰성의 정도, 즉 신뢰도를 측정하는 방법에는 test-retest reliability(재측정 신뢰도), split-half reliability(半分 신뢰도), item-total correlation(문항분석), Chronbach's Alpha, Alternative reliablity(동등척도 신뢰도), inter-rater reliability(평가자간 신뢰도) 등이 있다.

[그림 4-1] 신뢰도 측정방법

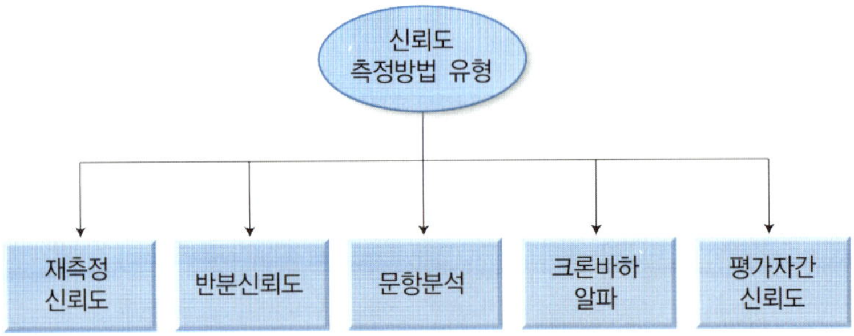

▪ 재측정 신뢰도

동일한 상황에서 동일한 설문지를 이용하여 동일 대상에게 일정한 시간간격을 두고 반복적으로 측정하여 신뢰성을 평가하는 방법이다.

[그림 4-2] 재측정 신뢰도

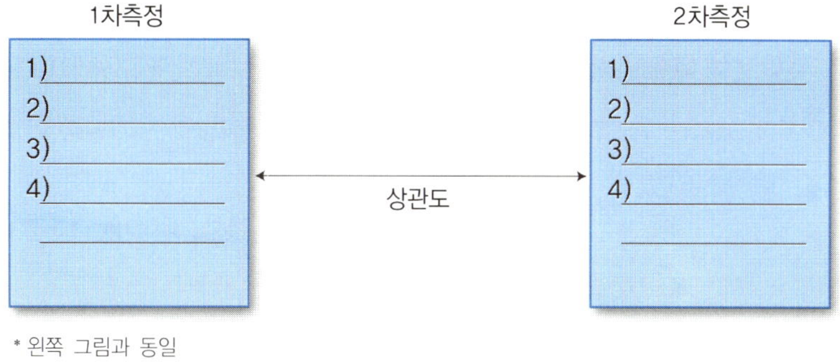

▪ 반분 신뢰도

동일한 개념에 대하여 여러 개의 문항으로 측정을 하는 경우에 무작위로 측정문항을 두 개의 비교집단으로 나누어 이들 측정 간의 상관관계를 분석하여 신뢰도를 파악하는 방법이다.

[그림 4-3] 반분신뢰도

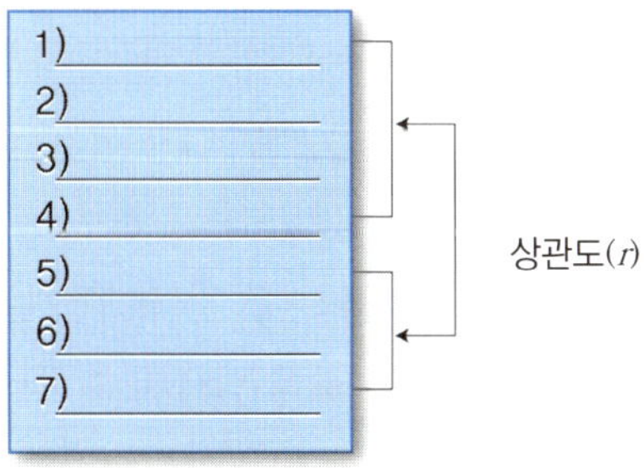

▪ 문항분석

문항분석법은 개념을 측정하기 위해서 사용된 측정도구가 여러 개의 문항으로 구성되어 있는 경우에 모든 문항의 종합점수와 각 문항별 상관도의 관계를 평가하는 방법이다.

[그림 4-4] 문항분석

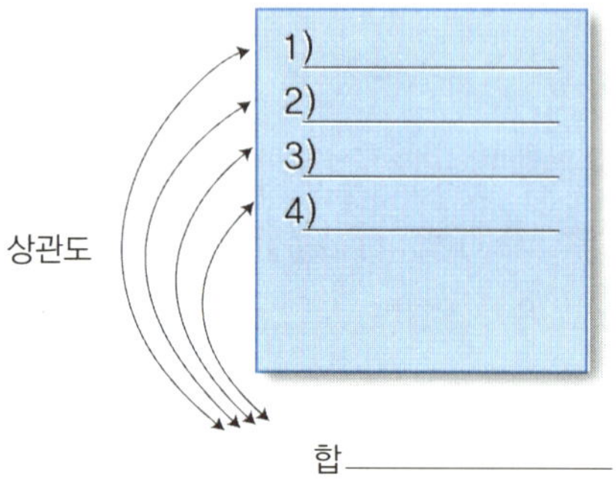

알파계수

하나의 개념에 대하여 여러 개의 항목으로 구성된 척도를 이용할 경우에 해당문항을 가지고 가능한 모든 split-half reliability를 구하고 이들의 평균치를 산출한 것이 **알파계수**(Chronbach's Alpha)이다. 이 방법을 이용하여 해당 척도를 구성하고 있는 개별 항목들의 신뢰도까지 평가할 수 있다. 알파계수를 구하는 공식은 다음과 같다.

$$\alpha = \frac{N}{N-1}\left(1-\sum\frac{\sigma_i^2}{\sigma_t^2}\right) \qquad \text{(식 4-2)}$$

$$\alpha = \frac{N}{N-1}\left(1-\frac{\sum_{i=1}^{n}\sigma_i^2}{\sum_{i=1}^{n}\sigma_i^2 + 2\sum_{i}^{n}\sum_{j}^{k}\sigma_{ij}}\right) \qquad \text{(식 4-3)}$$

N : 문항수, σ_i^2 : 총분산, σ_i^2 : 각 문항의 분산

문항 전체 수준인 경우, 알파계수가 0.5 이상, 개별문항 수준인 경우 0.9 이상 정도이면 신뢰도가 높다고 할 수 있다. 만약 신뢰도가 이보다 낮은 경우 신뢰도를 개선하기 위해서 ① 측정항목의 모호함을 제거하거나, ② 측정항목수를 늘리거나, ③ 사전에 신뢰도가 검증된 측정항목을 이용하거나, ④ 척도점을 조정하거나, ⑤ 측정대상자가 모르는 내용은 측정하지 않는다.

동등척도 신뢰도

측정도구의 동등성에 해당되는 검증방법으로 동일한 개념에 대해 2개의 상이한 측정도구를 개발하고 각각의 측정치 간의 일치 여부를 검증하는 방법이다.

[그림 4-5] 동등척도 신뢰도

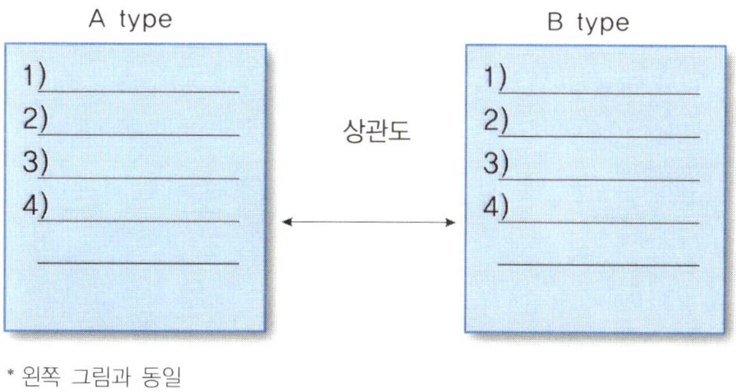

평가자간 신뢰도

평가자간 신뢰도는 동일한 방식에 의한 측정을 다수의 측정자가 실시한 후 측정자들 간의 일치 정도를 검증하는 방법을 말한다.

[그림 4-6] 평가자간 신뢰도

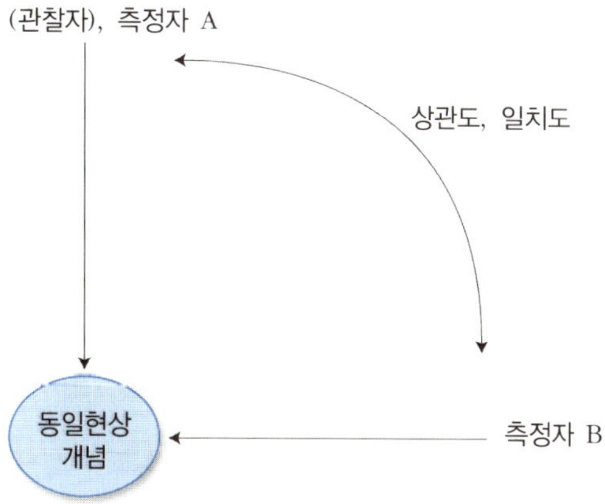

2 타당성분석

신뢰도가 문항의 일관성에 관심을 두는 것이라면, **타당성**(validity)은 측정하고자 하는 개념이나 속성을 정확히 측정하였는가를 나타내는 개념이다. 타당성은 측정개념이나 속성을 측정하기 위해 개발된 측정도구가 해당속성을 정확히 반영하고 있는가와 관련된 것이라 하겠다. 타당도의 종류에는 내용타당도, 예측타당도, 구성타당도 등 세 가지가 있다. 다음 그림은 타당도의 종류를 나타낸 것이다.

[그림 4-7] 타당도 종류

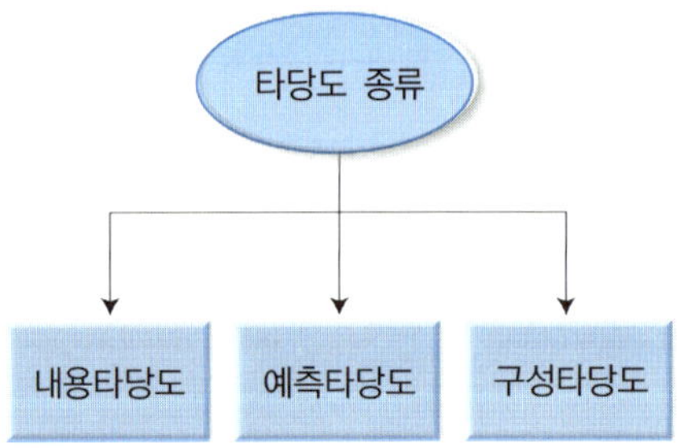

첫째, **내용타당도**(content validity)는 측정도구를 구성하고 있는 항목들이 측정하고자 하는 개념을 대표하고 있는 정도를 의미한다. 내용타당도는 통계적인 문제가 아니라 연구자나 전문가의 주관적 판단에 의해 이루어진다. 따라서 연구자는 문항들의 대표성에 관한 내용타당성 평가를 위해서 실무자나 전문가의 의견을 경청하여야 한다.

둘째, **예측타당도**(predictive validity)는 한 속성이나 개념에 대한 측정값이 다른 속성의 변화를 예측하는 정도에 의해 평가되는 타당도를 의미한다. 예를 들어, 수학능력시험에서 고득점자가 대학입학 후 점수도 높은 경우에 높은 상관관계를 보여 예측타당도가 높다고 평가할 수 있다.

셋째, **구성타당도**(construct validity)는 측정도구가 연구하고자 하는 개념, 즉 구성을 측정하였는지를 검증하는 방법이다. 구성타당도는 개념타당성이라고도 한다. 구성타당도는 이론 연구를 위한 가장 중요한 타당도로, 연구자가 연구하고자 하는 구성개념을 이루는 측정변수가 제대로 측정되었는가의 정도를 나타낸다. 구성타당도는 집중타당도, 판별타당도, 이해타당도가 있다. **구성타당도**를 평가하는 방법에는 **다속성측정방법**(MTMM : multitrait-multimethod matrix), **요인분석방법** 등이 있다. 요인분석의 기본원리는 항목들 간의 상관관계가 높은 것끼리 하나의 요인으로 묶어 내며 요인들 간에는 상호독립성을 유지하도록 할 수 있다. 따라서 요인들 사이에는 서로 상관관계가 없으므로, 각 요인들은 서로 상이한 개념이라고 할 수 있다. 이는 요인 내의 항목들은 집중타당성을 유지하고, 요인 간에는 판별타당성이 유지되는 것으로 해석할 수 있는 것이다.

집중타당도(convergent validity)는 이론적으로 밀접한 관계를 갖는 개념이 서로 통계적으로 유의한 상관관계를 보이는 경우를 말한다. 예를 들어, 조직문화라는 개념과 리더십이라는 개념이 서로 연관성이 높다면 통계적으로 유의한 상관정도를 보일 경우 집중타당성은 높다고 할 수 있다. 또한 요인적재치(factor loading)가 0.7 이상이고 다음 식의 **개념신뢰도**(construct reliability)와 **다중상관치**(squared multiple correlation)가 0.5이상이면 수렴타당성이 존재한다고 평가한다. 여기서, 다중상관치는 한 측정변수가 요인(factor)에 의해서 설명되는 부분이라고 할 수 있다.

$$\text{개념신뢰도} = \frac{(\Sigma \text{ 표준적재치})^2}{[(\Sigma \text{ 표준적재치})^2 + \text{측정변수의 오차합}]} \qquad \text{(식 4-4)}$$

판별타당성은 서로 상이한 개념이 있을 경우, 다른 개념을 측정하였을 때 얻어진 측정치들 간에는 상관관계가 매우 낮은 경우를 나타낸다. 예를 들어, 개념들이 판별타당성을 갖기 위해서는 개념들 간의 상관계수가 개념에 내재된 분산추출지수보다 낮아야 한다. 다음은 분산추출지수를 나타내는 공식이다.

$$\text{분산추출지수} = \frac{\Sigma\,(\text{표준적재치}^2)}{[\Sigma\,(\text{표준화적재치}^2) + (\text{측정변수의 오차합})]} \quad \text{(식 4-5)}$$

다음의 표는 요인들 간의 상관관계와 분산추출지수(대각선행렬)를 나타낸 예이다.

[표 4-1] 상관행렬과 분산추출지수

요인(개념)들	(#1)	(#2)	(#3)	(#4)	(#5)	(#6)	(#7)	(#8)	(#9)
거래품질(1)	**0.93**								
결과품질(2)	0.64	**0.96**							
환경품질(3)	0.71	0.76	**0.95**						
전체서비스품질(4)	0.79	0.89	0.89	**0.95**					
몰입감(5)	0.37	0.45	0.39	0.47	**0.95**				
관계지속성(6)	0.00	−0.01	−0.03	0.02	0.28	**0.94**			
교체의도(7)	−0.45	−0.54	−0.52	−0.57	−0.68	−0.01	**0.89**		
구전의도(8)	0.58	0.68	0.67	0.73	0.67	−0.17	−0.73	**0.90**	
지불의사(9)	0.34	0.45	0.39	0.45	0.66	−0.07	−0.61	0.71	**0.90**

* 대각선행렬은 분산추출지수를 나타냄.

여기서는 각 요인의 분산추출지수보다 상관계수가 큰 경우가 없어 판별타당성이 존재한다고 결과를 해석하면 된다.

주의할 것은 신뢰도가 높아진다고 해서 타당도가 높아지는 것은 아니다. 그러나 타당도가 높아지면 신뢰도가 높아지게 된다. 예를 들어, 세계적인 마라톤 선수가 신고 있는 마라톤화의 브랜드는 신뢰성을 측정할 수 있다. 그러나 이러한 관찰은 장거리 달리기 능력에 대한 타당한 측정을 결정하지는 않는다. 물론 타당한 측정을 위해서는 신뢰도가 있어야 한다. 일반적으로 신뢰도는 타당성을 위한 필요조건이지만 불충분조건으로 간주된다. 지금까지 설명한 신뢰성과 타당성의 관계를 그림으로 나타내면 다음과 같다.

[그림 4-8] 신뢰도와 타당도의 관계

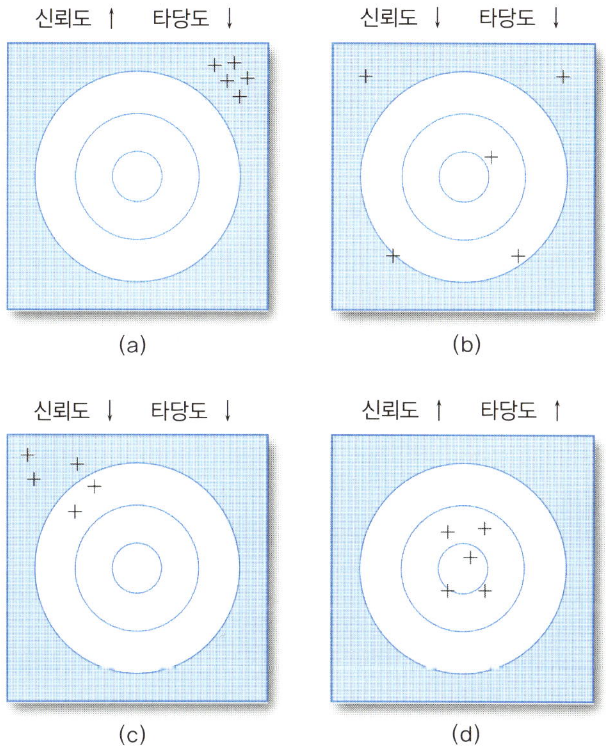

그림 (a)는 측정값이 일정값으로 치우쳐 신뢰도는 높으나 타당성이 낮은 것을 나타낸다. 그림 (b)와 그림 (c)는 측정값의 분산 정도에서 크게 차이가 있어 신뢰도와 타당성이 낮은 것을 알 수 있다. 그림 (c)는 측정값들이 참값의 주위에 있어 신뢰성과 타당성이 높음을 알 수 있다.

정리하면, **신뢰성**과 **타당성**있는 연구를 위해서 연구자는 다음을 신중하게 고려하여 한다.

- 연구주제에 대한 자신감이 우선 있어야 한다. 연구자 스스로 신뢰하지 못하면 설문작성 과정에 부실을 야기할 수 있다.
- 많은 문헌고찰을 통해서 연구주제와 관련한 조작적 정의를 올바르게 하여야 한다.

- 개념(요인)을 설명하는 변수 개수(항목)를 가급적이면 4~6개 정도를 사용하도록 하도록 한다. 항목 수는 적은 것 보다 많은 것이 낫다.
- 본 조사를 수행하기 전에 관련 연구주제와 관련 있는 사람들을 대상으로 사전조사를 실시한다. 사전조사는 약 30여 명을 대상으로 하면 적당하다. 이 과정에서 문제되는 항목은 수정 또는 삭제하는 것이 바람직하다. 사전조사 진행절차는 논문작성 시 연구분석 과정에 자세하게 언급하는 것이 좋다.

연구논문이나 보고서를 작성하는 데 있어 나타내게 되는 변수의 신뢰성과 타당성에 대한 구체적인 예는 요인분석 장에서 자세하게 설명하기로 한다.

Part 2

SEM 프로그램과 기초분석

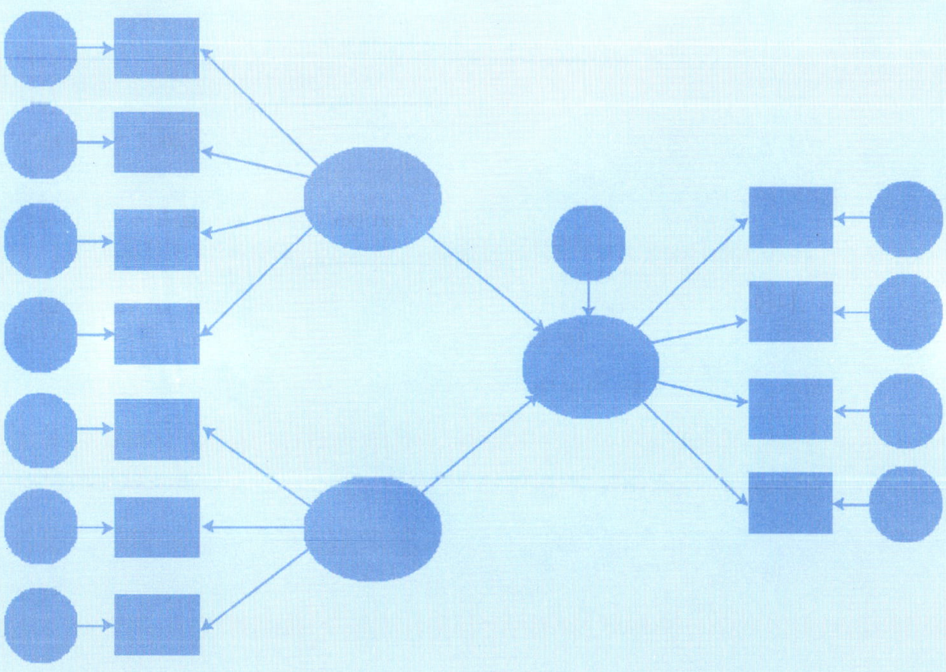

끊임없는 연구

성공적인 논문작성과 조사연구

제1장 성공적인 글쓰기와 논문작성
제2장 논문작성법
제3장 조사연구
제4장 신뢰성분석과 타당성분석

SEM 프로그램과 기초분석

제5장 Amos 프로그램 다루기
제6장 리스렐(Lisrel) 다루기
제7장 상관분석
제8장 주성분분석
제9장 회귀분석
제10장 경로분석

구조방정식모형분석

제11장 구조방정식모형 기초
제12장 확인요인분석
제13장 구조방정식모형 예제
제14장 구조방정식 심층분석

성공적인 논문작성

제15장 논문작성 예시

5 CHAPTER

Amos 프로그램 다루기

학습목표

1. AMOS 프로그램의 기본 특징을 이해한다.
2. AMOS Graphic 화면에서 주요 단추를 이해한다.
3. 엑셀에서 자료를 공부산행렬이나 상관행렬로 전환하는 방법을 알아본다.
4. 제시된 AMOS 예제를 실행해 본다.

성공하는 사람들의 7가지 습관

1. 주도적이 되라.
2. 목표를 확립하고 행동하라.
3. 소중한 것부터 먼저하라.
4. 상호 이익을 모색하라.
5. 경청한 다음에 이해시켜라.
6. 시너지를 활용하라.
7. 심신을 단련하라.

스티븐 코비

구조방정식 모형의 분석용 전문 프로그램은 Amos, Lisrel, EQS, PLS, CALIS 등 여러 가지가 있다. 제5장에서는 국내에서 주로 이용되고 있는 Amos 프로그램에 대해서 알아본다. 다음 제6장에서는 리스렐(Lisrel) 프로그램에 대하여 알아보기로 한다.

1 Amos 프로그램 소개

Amos는 사용자가 쉽게 프로그램을 운용할 수 있도록 설계된 사용자 중심의 프로그램(**GUI** : Graphic User Interface)이라고 할 수 있다. 초보자도 쉽게 프로그램을 사용할 수 있어 국내에서 Amos의 보급이 확산되고 있다.

Amos(Analysis of MOment Structure)는 Arbuckle과 Werner 박사에 의해서 개발되어졌다. 이 두 사람은 고급의 컴퓨터 엔진을 이용하여 사용자가 프로그램을 손쉽게 사용할 수 있도록 하였다. Amos는 구조방정식모형, 공분산분석, 그리고 인과분석 등을 위한 자료를 분석하기 위해서 개발된 프로그램이다. 또한 Amos는 선형회귀모형, 요인분석 등을 포함하는 전통적인 통계분석에도 사용된다.

통계에 대한 기초지식이 부족한 초심자에게 있어 **구조방정식 모형분석**(SEM : Structural Equation Modeling)에 대한 학습과 관련 프로그램의 사용은 매우 난해한 것으로 인식되어 온 것이 사실이다. 그러나 이러한 선입관은 잘못된 것이다. 이제 구조방정식모형이 통계 전문가들의 전유물이 아니라 일반인들도 쉽게 이용할 수 있게 되었다. Amos는 간단하게 구조방정식모형을 분석할 수 있게 해준다. Amos는 변량 간의 관계를 종합적으로 파악할 수 있게 해준다. 따라서, Amos 사용자는 구조방정식 분석용 패키지 중에서 가장 편리하다는 것을 발견할 것이다.

Amos는 기존의 통계적인 접근방법인 회귀분석이나 요인분석만으로 해결할 수 없는 인과적인 모형을 행렬의 사용없이 쉽게 이용할 수 있다. 따라서,

Amos는 다음과 같이 이용분야가 다양하다.

- 마케팅 리서치 : 고객만족도 조사, 상표 충성도, 소비자 행동분석, 서비스품질 연구분야 등
- 계량경제모형과 재무구조모형 등을 통한 사업계획, 경제계획 수립 등
- 조사기관 및 컨설팅 분야 : 사회과학 조사기관, 경영관련 컨설팅 분야, 정치분석 분야 등
- 스포츠, 의료경영 분야 : 스포츠경영, 의료 및 간호경영 분야 등
- 교육학 및 심리학 분야

〈Amos 프로그램 관련 URL〉

- SPSS사(미국) : http://spss.com/amos,
  SPSS사(한국) : http://www.spss.co.kr
- Amos사 : http://amosdevelopment.com

2 Amos의 특징

Amos의 그래픽 인터페이스는 '사용자 중심'의 통계 패키지이기 때문에 구조방정식 모형분석을 시작하는 초심자들에게 적합한 프로그램이다. 사용자 중심의 패키지이기 때문에 기존의 어려운 소프트웨어를 다루는 대신에 적합모형 개발과 논리적인 대안 및 전략개발에 신경쓸 수 있도록 해준다.

✤ Amos ✤

Amos(Analysis of MOment Structure)는 시각적으로 구조방정식 모형을 쉽게 해결할 수 있게 해주는 프로그램이다. Amos 패키지는 그림 도구상자를 이용해서 연구자가 구상하고 있는 모형을 그릴 수 있고 이론적인 배경을 통해서 모형수정이 용이하고 새로운 모형 탐색이 쉽다.

연구자는 Amos를 이용한 인과분석을 통해서 다음과 같은 분석 결과물을 얻을 수 있다.

- 총효과(Total effects)
- 표준화된 총효과(Standardized total effects)
- 간접효과(Indirect effects)
- 표준화된 간접효과(Standardized indirect effects)
- 직접효과(Direct effect)
- 표준화된 직접효과(Standardized direct effects)

Amos에서의 추정방법은 최대우도법(maximum likelihood), 비가중최소자승법(unweightd least squares), 일반최소자승추정법(generalized least squares), Browone의 추정법(Browne's asymptotically distribution-free criterion) 등이 있다.

Amos는 자료상 무응답의 처리를 **최우도추정법**(FIML : Full Information Maximum Likelihood)을 이용한다. FIML방식은 앞의 장에서 다룬 목록별삭제(listwise deletion), 대응별(pairwise deletion), 평균대체(mean imputation) 방법보다도 효율적인 방법이다.

부트스랩핑법(Bootstrapping)을 통해서 표준오차, 모수의 신뢰구간, 효과의 크기, 표본크기 그리고 분산-공분산, 상관계수를 제시해 준다. 부트스랩핑은 사전적인 의미로 '안장점'으로 컴퓨터가 경험적으로 각종 추정치를 구하는 방법이다. 이 방법은 다변량 정규분포성 가정에 제약을 받지 않아 대표본인 경우 주로 사용한다.

이외에도 Amos는 연구모형과 다른 제안모형 사이의 비교를 용이하게 할 수 있도록 각종 자료를 제공하고 있다. 그리고 정규분포성 검정 및 이상치(outlier) 여부의 판단 자료를 제공해 준다.

2.1 Amos 설치방법

Amos를 설치하기 위해서는 윈도우 환경체제하에서 다음과 같은 사양이 필요하다.

- Windows 95, Window 98, Window 2000, Window NT
- CPU 486 또는 팬티엄급
- 16비트 이상의 RAM
- 6.5Mbyte 데이터 공간
- 하드디스크 20MB이상

① 구입한 Amos프로그램을 CD-Rom에 넣는다. 여기서, 다음 [그림 5-1]에서 Install Amos 단추를 마우스로 두 번 누른다.

[그림 5-1] Amos 5 setup 단추

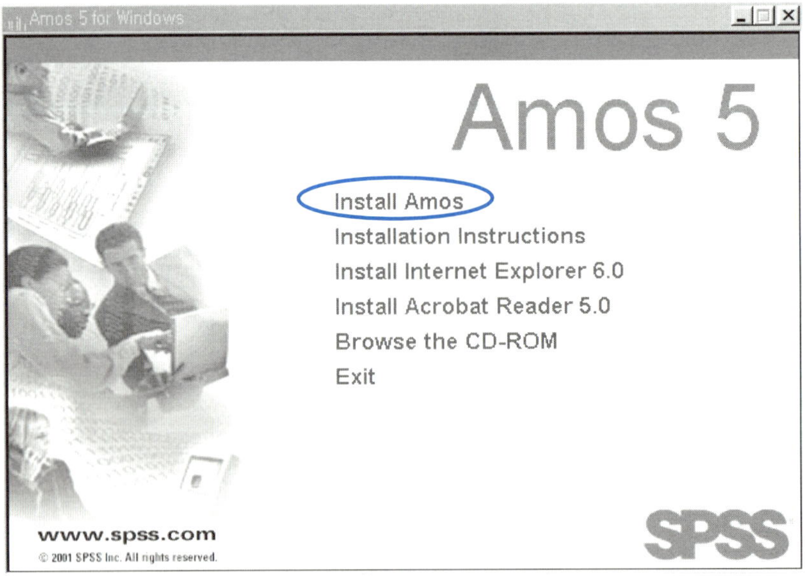

② 다음으로 Welcome to the Installshield for wizard for Amos 5 화면에

서 Next> 단추를 누른다. 그러면 다음과 같은 화면을 얻을 수 있다.

[그림 5-2] license code 입력

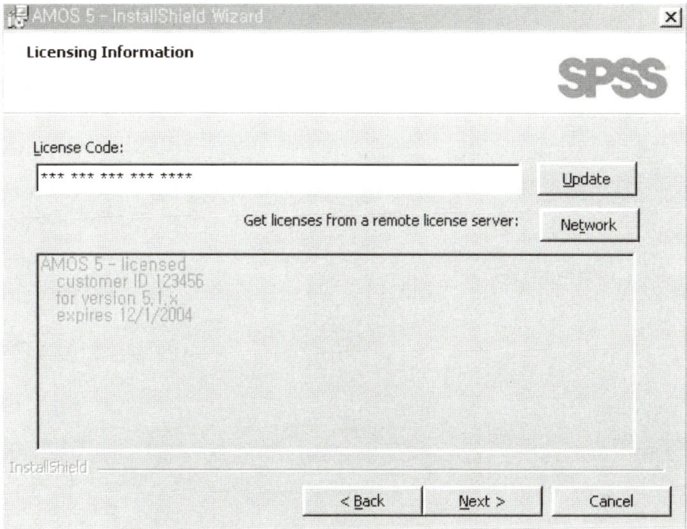

③ 위 화면에서 Install 단추를 누르면 Amos 프로그램이 설치되는 것을 확인할 수 있다. Window에서 시작 ⇒ 프로그램(P) ⇒ Amos 5를 클릭하면 된다.

[그림 5-3] Amos

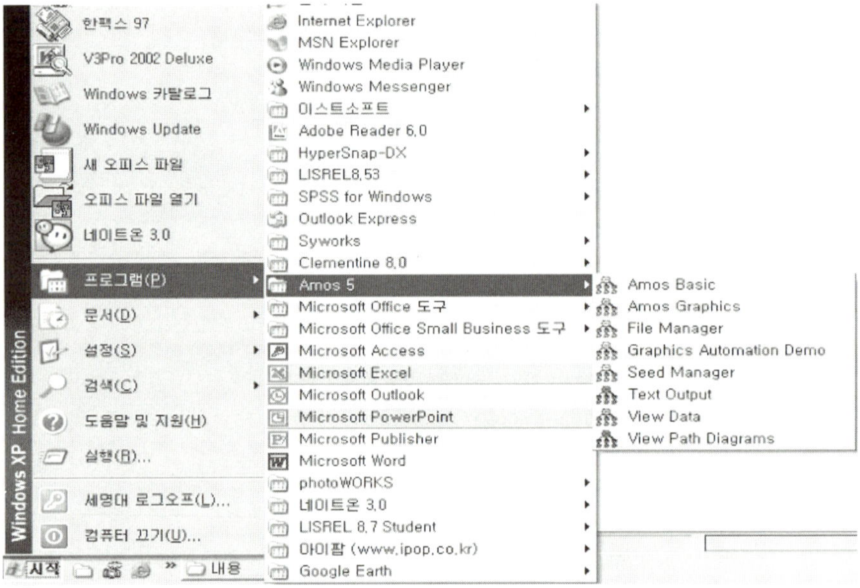

여기에 나타난 아이콘에 대한 설명은 다음 표로 나타낼 수 있다.

[표 5-1] 아이콘에 대한 설명

아이콘	설 명
Amos Basic	그래픽한 인터페이스 없이 매크로로 개발한 스크립트문으로 작성, 전문 프로그램 작성자에게 유리함
Amos Graphics	경로도형을 통한 자료분석창
File Manager	파일 관리창
Grahpics Automation Demo	그래픽 자동 데모창
Seed Manager	난수 관리창
Text Output	Amos실행 결과물을 텍스트로 나타냄
View Data	경로분석을 하기 위한 자료의 저장경로를 보여줌
View Path Diagrams	Amos 프로그램으로 제작된 경로도형을 보여줌

3 Amos Graphic 초기화면

Amos를 실행하는 방법으로 다음의 두 가지 방법이 있다.

1. 시작 → 프로그램 → Amos 5 → Amos Graphics
2. SPSS 프로그램상에서 Analyze → Amos 5

위와 같은 두 가지 방법에 의한 순서로 진행하면 다음과 같은 화면을 얻을 수 있다.

[그림 5-4] Amos 그래픽 초기화면

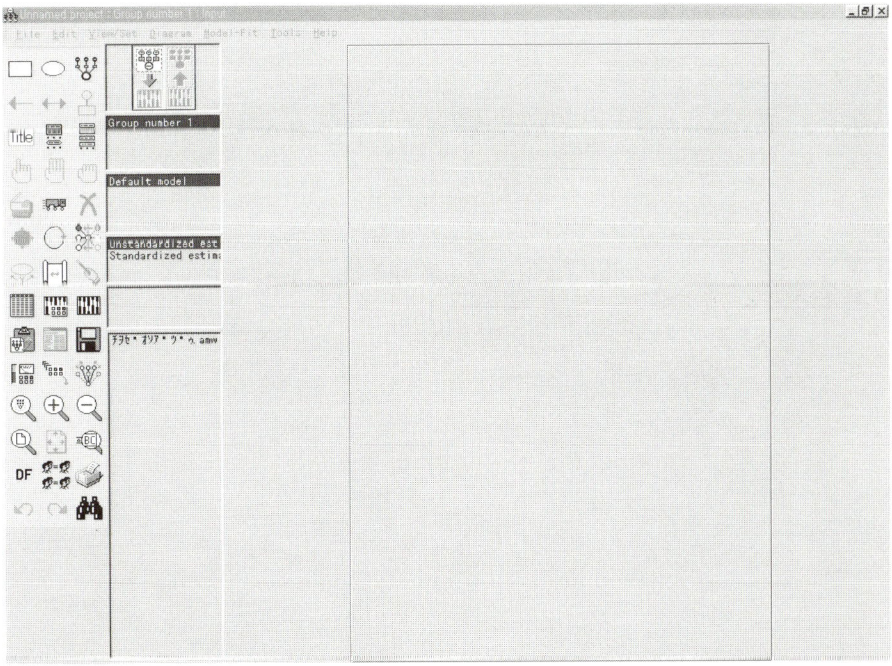

3.1 Amos 기능키

Amos 그래픽에서는 SPSS메뉴방식과 마찬가지로 분석을 여섯 가지의 메뉴에서 선택하여 사용한다. 이것을 표로 설명하면 다음과 같다.

[표 5-2] Amos 기능키

기능키	설 명
File	새로운 경로도형 파일(.amw)을 만들거나 기존파일을 불러옴
Edit	경로도형을 수정하거나 복사하는 키워드
View/Set	결과물의 산출방식을 결정하는 키워드
Diagram	경로도형의 작성과 관련된 키워드
Model-Fit	경로도형 작성 후 Amos 프로그램을 통한 분석결과의 산출방식을 결정
Tools	글꼴, 모형관리, 도구모음창 표시 여부를 결정
Help	Amos 분석기업의 이용에 관한 정보나 대화상자를 통한 도움을 받을 수 있다

3.2 경로도형 키워드

마우스로 Tools 모듈에서 Customize...단추를 누르고 ☑ Amos 5의 버튼 아이콘 화면을 얻을 수 있다. 프로그램 분석자는 해당 명령어 단추를 지정하고 넓은 화면의 오른쪽에 옮겨다 놓으면 된다.

[그림 5-5] 버튼 아이콘

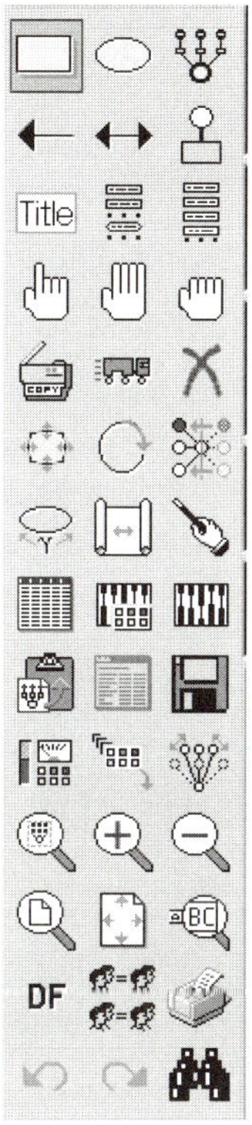

각각의 아이콘 바를 설명하면 다음과 같다. 이러한 각 아이콘 바를 이용하여 실행할 경우 알 수 있겠지만 앞에서 설명한 Amos기능키와 연결되어 있다.

 : 구조방정식모형에서 변수를 나타내는 경우에 사각형을 사용한다. Amos 기능키에서 Diagram ⇒ Draw Observed(또는 F3)를 누른다.

 : 구조방정식모형에서 개념(construct) 또는 요인을 그리는 데 사용한다. Amos 기능키에서 Diagram ⇒ Draw Unobserved(또는 F4)를 누른다.

 : 요인과 오차항을 동시에 그릴 경우에 유용하게 사용할 수 있다. 그리는 방법은 우선 이 그림창을 클릭한 다음 원이나 타원을 마우스

로 그리고 원 위에 마우스를 올려놓고 마우스 왼쪽을 한 번씩 클릭하면 된다. 클릭횟수에 따라 변수 및 오차항이 동시에 만들어진다. Diagram ⇒ Draw Indicator Variable를 누른다.

: 독립변수와 종속변수를 연결할 때 사용된다. 독립변수에서 시작하여 종속변수로 화살촉이 놓일 수 있도록 나타내야 한다. Amos 기능키에서 Diagram ⇒ Draw Path(또는 F5)를 누르면 된다.

: 변수 사이의 공분산/상관계수를 도출해 낸다. Amos 기능키에서 Diagram ⇒ Draw Covariance(또는 F6)를 누르면 된다.

: 오차항을 나타낼 경우, 이 표시를 올려놓고 마우스를 변수 위에서 클릭하면 생성된다. Amos의 기능키에서 Diagram ⇒ Draw Unique Variable를 누른다. 그러면 오차항이 생성된다.

: 경로도형 구축시 간단한 내용을 넣을 경우 사용하는 아이콘이다.

: 프로그램을 실행하는 경우에 사용되는 아이콘으로 Amos 기능키에서 Model-Fit(Calculate Estimates)를 사용한다. Amos 기능키에서 (Ctrl + F9)에 해당된다.

: 경로도형 중 일부분을 선택한다. Amos 기능키에서 Diagram ⇒ Zoom이 해당된다. 이 단추를 누르고 단추를 누르면 경로도형이 확대되고 단추를 누르면 경로도형이 축소된다.

: 각 변수와 개념 또는 요인의 이동시에 사용되는 것으로 기능키에서 Edit ⇒ Move를 이용한다.

: 각 개념이나 요인을 복사할 경우에 사용한다. 기능키에서 Edit ⇒ Duplicate 단추를 사용한다.

: 경로도형에서 한 개의 개념을 선택하는 경우로 기능키에서 Edit ⇒ Select 단추를 사용한다. 또는 F2키를 사용하면 된다.

: 경로도형에서 변수, 측정오차, 회귀선이 잘못 그려진 경우 이 단추를 누르고 지우고자 하는 곳에 가져다 놓고 마우스를 누르면 지워진다. Amos 기능키에서 Edit ⇒ Erase에 해당된다.

: 자유도(degree of freedom)를 나타내어 주는 아이콘으로 기능키에서

Model-Fit ⇒ Degree of Freedom...을 선택하면 된다.

: 한 화면상에 모든 경로도형을 나타낼 경우에 사용한다.

DF : 자유도(d.f.: degree of freedom)를 표시할 경우에 사용한다.

: 다중집단별(Multiple-Group Analysis) 모형의 비교를 위해서 사용하는 창이다. 조절작용 효과를 분석할 경우에 유용하게 사용될 수 있다. Amos 5 버전에서 추가된 옵션이다.

: 후보모형을 구체화하기 위해서는 사용한다. 모형탐색(Model Specification)에 사용할 수 있는 단추이다.

이외에도 많은 명령어 단추가 있다. Amos 프로그램을 능수능란하게 다루기 위해서 각자 자주 클릭해 보기 바란다.

4 Amos Graphic 예제실행

Amos 프로그램이 정상적으로 작동하기 위해서, 자료는 ① 무응답치가 없는 원천자료(Raw data), ② 분산-공분산행렬(The Sample Variance-Covariance Matrix), ③ 상관행렬과 표준편차(The Sample Correlation and the Sample Standard Deviations) 등으로 저장되어 있어야 한다.

Amos 프로그램을 실행하기 앞서, 연구자는 데이터가 잘 정리되어 있는지 우선 살펴야 한다. 본 장에서는 엑셀(Excel)에서 데이터를 공분산으로 변환하는 방법, 상관행렬로 전환한 다음 저장하는 방법을 실습해 보기로 한다.

4.1 분산-공분산 저장방법

엑셀(Excel)에서 데이터를 저장하여 리스렐 창에서 불러오는 방법을 알아보기로 한다. 다음은 음식점의 서비스품질을 측정하는 설문지이다.

[표 5-3] 설문지

다음은 음식점의 서비스품질 속성을 구성하는 항목이다. 각자 느끼는 만족도를 표시하여 주기 바랍니다.

(설문 1) 세명 음식점에 대해 느끼는 만족도

1. 가격에 대한 만족도(x1) ① -----② -----③ -----④ -----⑤ -----⑥ -----⑦
2. 음식점 이미지(x2) ① -----② -----③ -----④ -----⑤ -----⑥ -----⑦
3. 가격의 유연성(x3) ① -----② -----③ -----④ -----⑤ -----⑥ -----⑦
4. 종사자 이미지(x4) ① -----② -----③ -----④ -----⑤ -----⑥ -----⑦
5. 음식점 맛(x5) ① -----② -----③ -----④ -----⑤ -----⑥ -----⑦

(설문지) 세명 음식점 월평균 이용횟수(x6)? (   )

다음의 [표 5-4]는 설문결과를 모은 25명에 대한 자료치이다. Amos 프로그램 운용을 위한 연구모형은 다음과 같다.

[표 5-4] 설문결과

x1	x2	x3	x4	x5	x6
6	4	7	6	5	4
5	7	5	6	6	6
5	3	4	5	6	4
3	3	2	3	4	3
4	3	3	3	2	2
2	6	2	4	3	3
1	3	3	3	2	1
3	5	3	4	2	2
7	3	6	5	5	4
6	4	3	4	4	6
6	6	2	6	4	6
3	2	2	4	2	3
5	7	6	5	2	6
6	3	5	5	7	3
3	4	4	3	2	2
2	7	5	5	4	4
3	5	2	7	2	5
6	4	5	5	7	4
7	4	6	3	5	2
5	6	6	3	4	3
2	3	3	4	3	2
3	4	2	3	4	3
2	6	3	5	3	5
6	5	7	5	5	5
7	6	5	4	6	5

(자료 : ex1.txt)

[그림 5-6] 연구모형

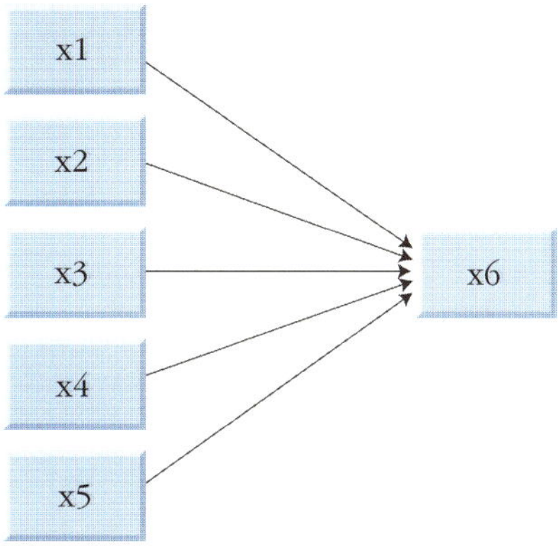

[1단계] 앞의 자료를 다음과 같이 Excel창에 입력한다.

[그림 5-7] 데이터 입력(일부)

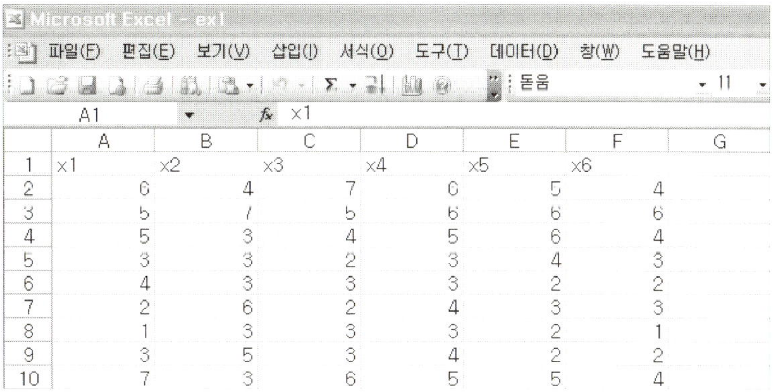

	A	B	C	D	E	F
1	x1	x2	x3	x4	x5	x6
2	6	4	7	6	5	4
3	5	7	5	6	6	6
4	5	3	4	5	6	4
5	3	3	2	3	4	3
6	4	3	3	3	2	2
7	2	6	2	4	3	3
8	1	3	3	3	2	1
9	3	5	3	4	2	2
10	7	3	6	5	5	4

[2단계] 도구(T) ⇒ 데이터 분석(D) 단추를 누른다. 통계데이터 분석창에서 공분산분석을 마우스로 다음과 같이 지정한다. 참고로 데이터 분석(D)창이 나타나지 않을 경우, 도구(T) ⇒ 데이터 분석(D) ⇒ ☑ 분석도구를 누르고 Excel 프로그램 CD를 넣고 **확인** 단추를 누른다. 그러면 문제없이 작업을 진행할 수 있다.

[그림 5-8] 공분산분석 지정창

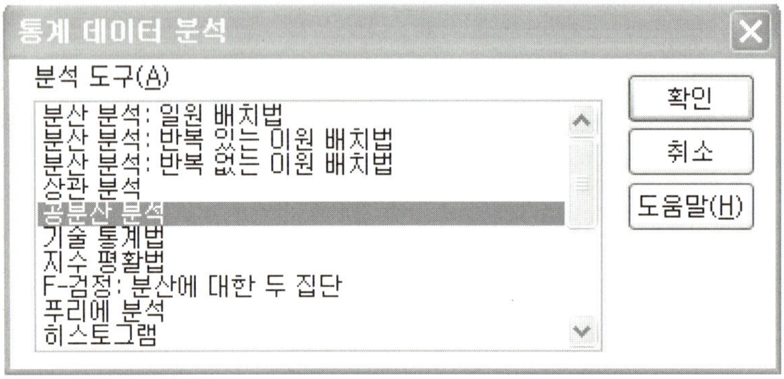

[3단계] 공분산분석을 지정하고 확인 단추를 누르고 다음과 같이 데이터 범위를 지정한다. ☑ 첫째 행 이름표 사용(L)은 데이터 첫 행이 숫자가 아닌 문자임을 나타낸다.

[그림 5-9] 변수 지정창

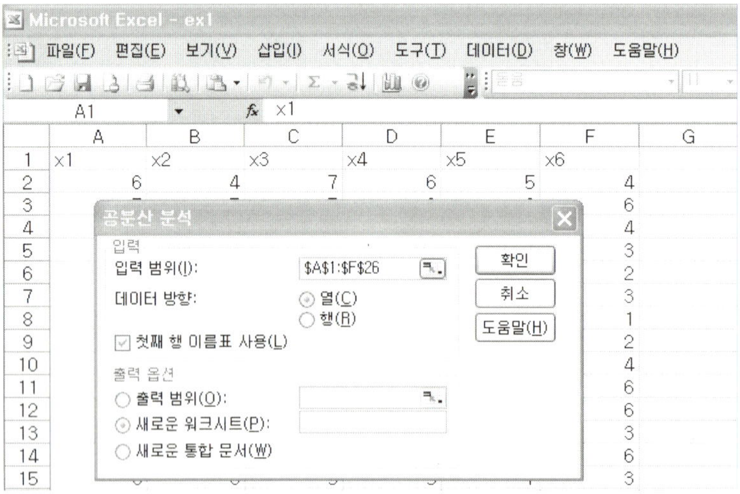

[4단계] 확인 단추를 누르면 공분산행렬 자료를 얻을 수 있다.

[그림 5-10] 공분산행렬 자료

	A	B	C	D	E	F	G
1		x1	x2	x3	x4	x5	x6
2	x1	3,3376					
3	x2	0,0736	2,1696				
4	x3	1,9072	0,5392	2,7584			
5	x4	0,512	0,592	0,344	1,28		
6	x5	2,0128	0,0208	1,3616	0,496	2,5984	
7	x6	1,1696	1,2256	0,4512	1,152	0,7088	2,1216

[5단계] 앞에서 설명한 것처럼 Amos를 실행하기 위해서 공분산행렬은 다음과 같이 정리하여야 한다.

[그림 5-11] 정리된 공분산행렬

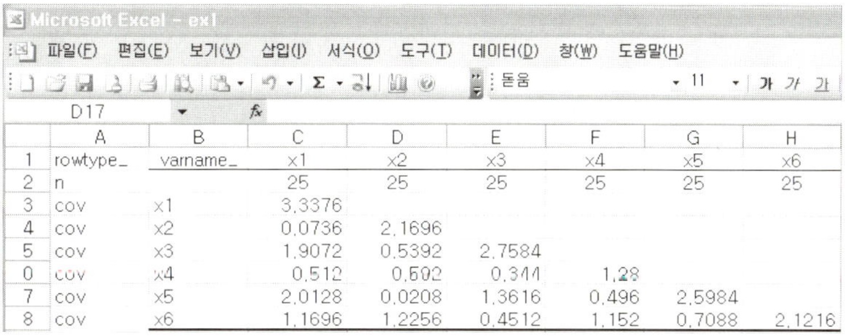

	A	B	C	D	E	F	G	H
1	rowtype_	varname_	x1	x2	x3	x4	x5	x6
2	n		25	25	25	25	25	25
3	cov	x1	3,3376					
4	cov	x2	0,0736	2,1696				
5	cov	x3	1,9072	0,5392	2,7584			
0	cov	x4	0,512	0,592	0,344	1,28		
7	cov	x5	2,0128	0,0208	1,3616	0,496	2,5984	
8	cov	x6	1,1696	1,2256	0,4512	1,152	0,7088	2,1216

(자료 : cov5.xls)

여기서 "rowtype_"는 데이터 형태를, "varname_"는 변수명, "n"은 표본수를, 그리고 "cov"는 공분산을 나타낸다. 그리고 cov5.xls로 저장한다.

4.2 상관행렬 저장방법

상관행렬로 저장하는 방법은 공분산행렬 저장방법과 유사하게 진행하면 된다.

[1단계] 도구(T) ⇒ 데이터 분석(D) 단추를 누른다. 통계데이터 분석창에서 상관분식을 마우스로 다음과 같이 지정한다.

[2단계] 상관행렬 자료에서 다음과 같이 자료를 입력한다.

[그림 5-12] 상관행렬 자료

	A	B	C	D	E	F	G	H
1	rowtype_	varname_	x1	x2	x3	x4	x5	x6
2	n		25	25	25	25	25	25
3	corr	x1	1					
4	corr	x2	0.027351	1				
5	corr	x3	0.628565	0.22041	1			
6	corr	x4	0.247712	0.355244	0.183073	1		
7	corr	x5	0.683487	0.00876	0.50859	0.271972	1	
8	corr	x6	0.43953	0.571251	0.186513	0.699062	0.301883	1
9	STDDEV		1.865	1.503	1.695	1.155	1.165	1.487

(자료 : corr5.xls)

여기서, "corr"는 상관행렬(Correlation Matrix), "STDDEV"는 표준편차(Standardized Deviation)를 나타낸다. 만약, 상관행렬은 알 수 있으나 표준편차를 알 수 없는 경우는 A열에서 "corr"를 "cov"로 바꾸고 "STDDEV"행을 제거하면 된다. 참고로 Excel에서 상관분석 계산방법은 Listwise 방법, 즉 무응답치가 있는 케이스는 제거되고 계산하는 방법이 이용된다.

4.3 Amos 경로도형 그리기

다음과 같은 순서로 Amos를 실행한다. 그러면 다음과 같은 화면을 얻을 수 있다.

Analyze

Amos 5

[그림 5-13] Amos 초기화면

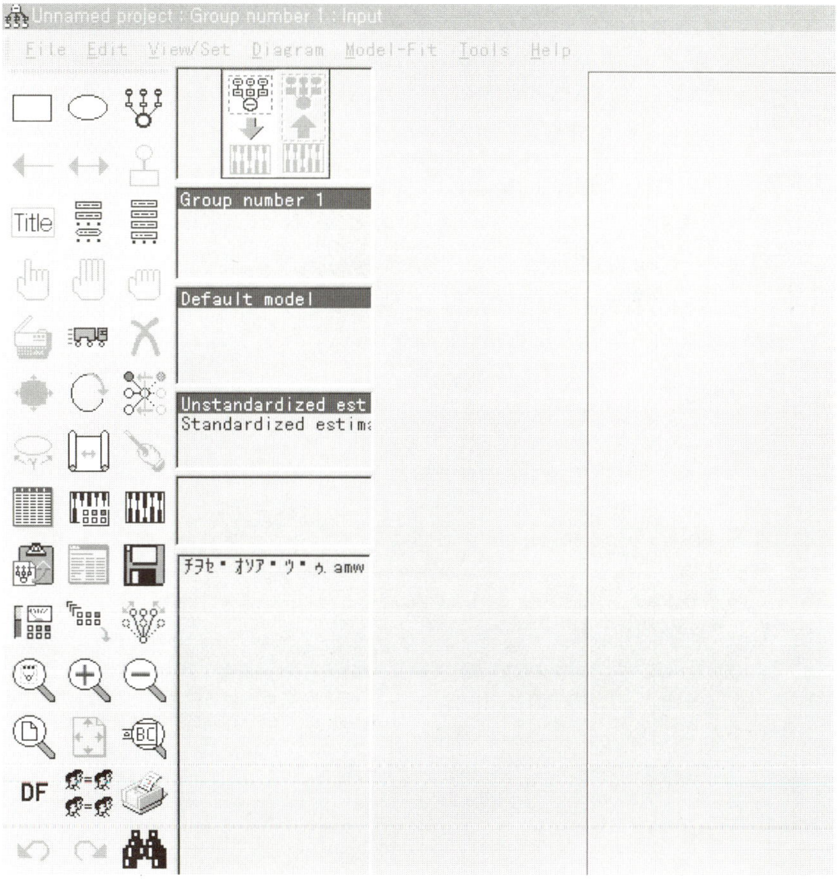

(1) 측정변수 그리기

앞의 경로도형 버튼 아이콘 중 (Draw Observed Variables(F3) 단추를 마우스로 눌러 오른쪽의 경로도형 작업창에 옮긴다. 이때 마우스의 왼쪽을 누르고 경로도형 작업창에서 좌측상단에서 대각선방향으로 잡아당기면 사각형이 생성된다. 이것을 그림으로 나타내면 다음과 같다.

[그림 5-14] 측정변수 그리기 1

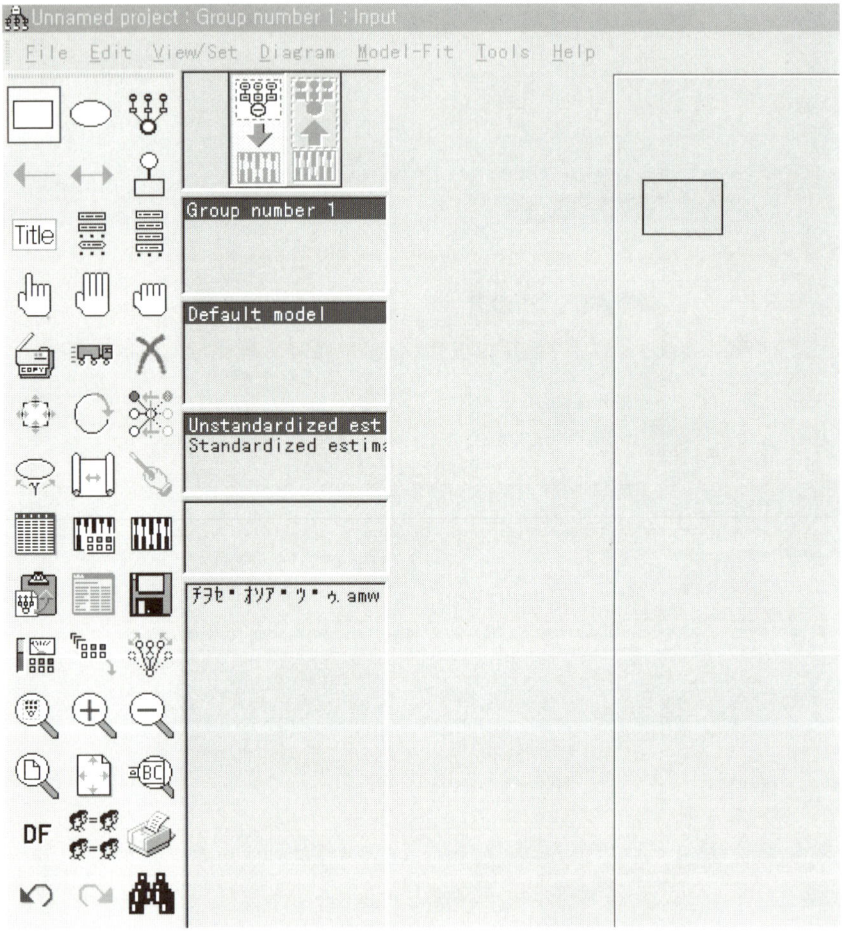

연속적으로 측정변수를 나타내기 위해서  복사기(Duplicate to Objects) 단추를 이용하여 복사를 하면 계속적으로 다음과 같이 나타낸다.

[그림 5-15] 측정변수 그리기 2

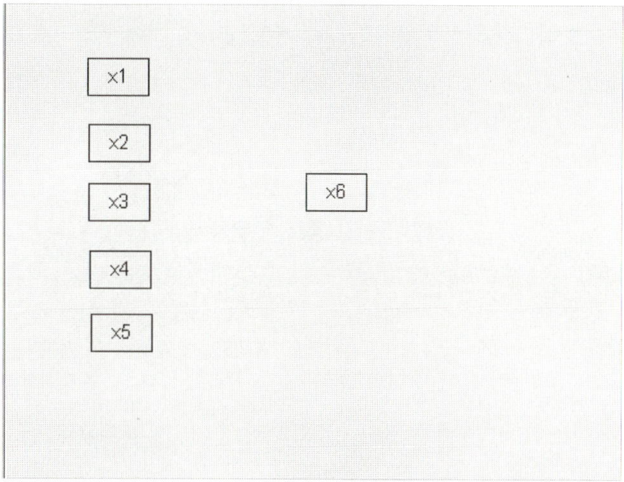

(2) 오차항 그리기

오차항을 나타내기 위해서는 버튼 아이콘 화면에서 (Add a unique variable to an existing variable) 단추를 누른다. 마우스로 오차항 단추를 누른 다음 오차항을 표시하기 위한 변수 위에 마우스를 올려 놓고 마우스 왼쪽을 누르면 다음과 같이 나타난다. 다음 그림과 같이 오차항을 위치시키기 위해서 왼쪽 마우스를 누르면 회전이 되는 것을 알 수 있다.

[그림 5-16] 오차항 그리기

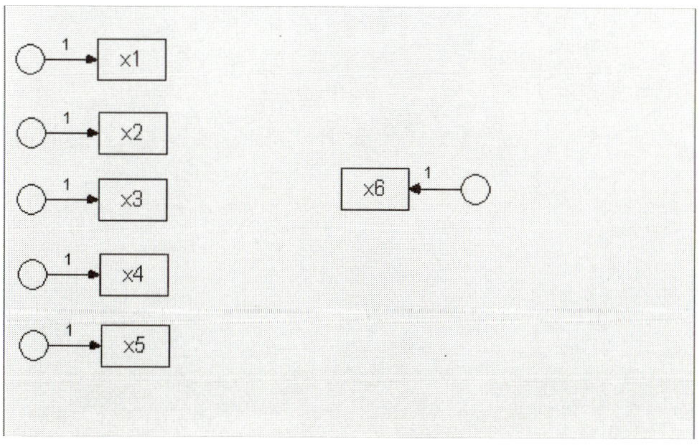

(3) 경로 그리기

연구모형과 같이 변수 간에 경로를 연결하기 위해서는 ←(Draw Paths (Single headed arrows, F5)를 누른 다음 독립변수 x1와 종속변수 x6를 마우스를 이용하여 연결한다. 그러면 다음과 같은 화면을 얻을 수 있다.

[그림 5-17] 경로 연결하기 1

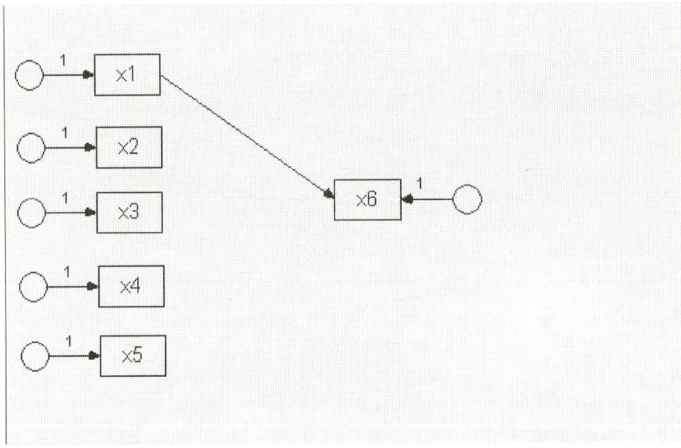

마우스를 이용하여 연속적으로 연결하면 다음과 같은 화면을 얻을 수 있다.

[그림 5-18] 경로도형 최종 연결

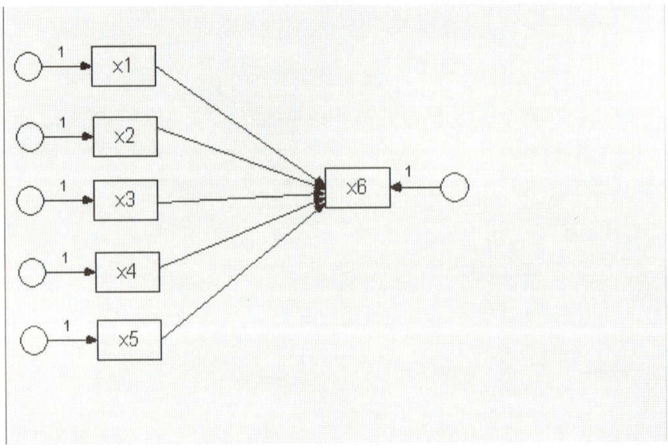

(4) 변수명 및 오차항 명칭 부여하기

변수 명칭을 부여하기 위해서는 명칭을 부여하고자 하는 사각형(구조방정식에서 측정변수를 표시) 위에 올려놓고 마우스로 두 번 누른다. 그러면 다음과 같은 화면을 얻을 수 있다.

[그림 5-19] 변수명 및 오차항 입력창

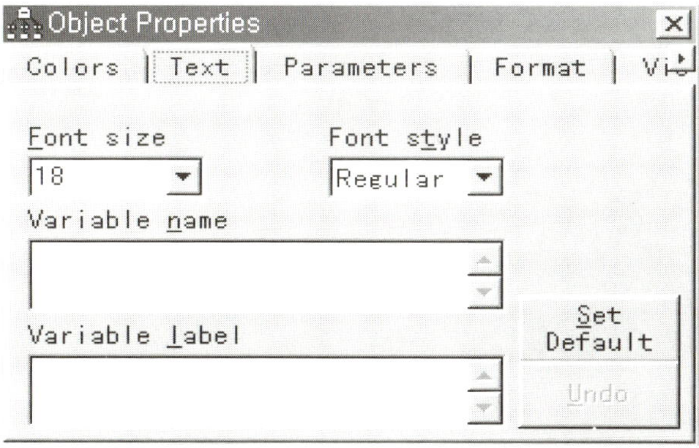

Text창의 Variable name(변수명)에 다음과 같이 'x1'이라고 입력한다. 오차항에 명칭을 부여하기 위해서는 같은 방법으로 실시하면 된다. 완성된 경로도형을 나타내면 다음과 같다.

[그림 5-20] 완성된 경로도형

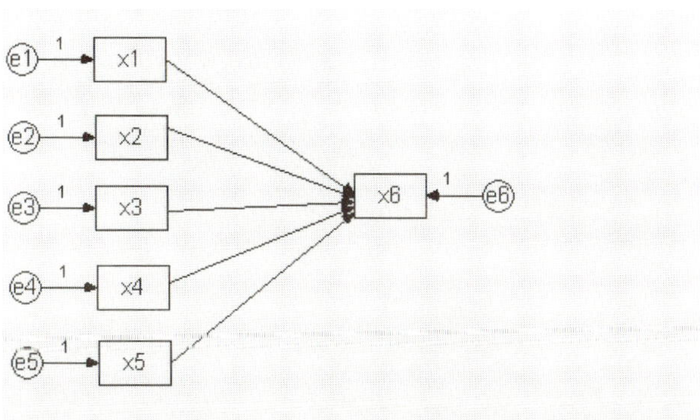

(자료 : ch5.amw)

(5) Amos분석 실행하기

버튼 아이콘 화면의 (calculate estimate) 단추를 누르거나 Amos 기능키에서 Model-Fit(calculate estimates)를 사용한다. 또한 Amos 기능키(Ctrl + F9)를 눌러도 된다. 그리고 경로도형의 파일을 ch5.amw로 저장하도록 한다.

[그림 5-21] 경로도형 저장

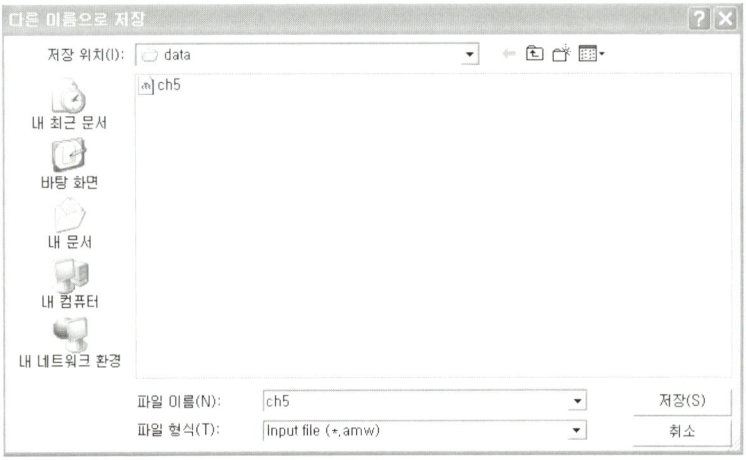

여기서는 파일이름(N): ch5를 입력하고 파일형식(T):의 확장자는 (*.amw)임을 알 수 있다. 그리고 저장(S) 단추를 누른다. 현재 자료가 저장되어 있는 데이터 창과 제대로 연결되어 있지 않아 실행되지 않을 것이다. 이 경우에 File ⇒ Data Files...를 누르고 저장되어 있는 Corr5.xls를 다음과 같이 지정한다. 물론 이미 저장되어 있는 공분산행렬(cov5.xls)을 지정해도 된다.

[그림 5-22] 데이터 불러오기

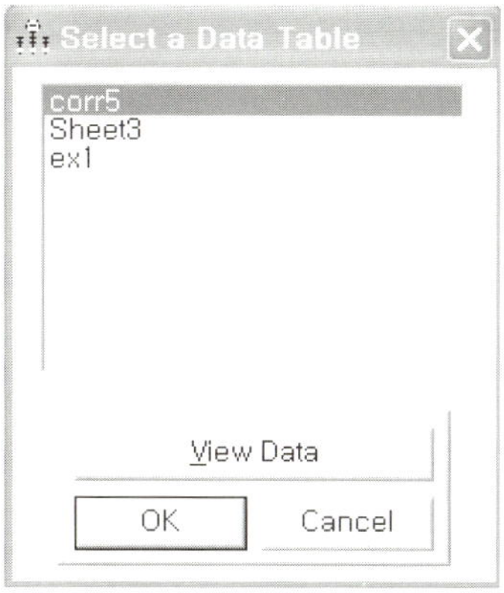

OK 단추를 누르고 (calculate estimate) 단추를 누르면 결과물을 얻을 수 있다.

(6) 결과설명

Amos의 기능키에서 View/Set → Text OutPut를 누른다. 왼쪽의 결과 선택창에서 모형 요약(Note for Model)을 누르면 다음과 같은 결과를 얻을 수 있다. 처음 통계를 접하는 학습자는 결과설명에 애를 먹을 것이다. 프로그램 실행 후 결과물이 일치하는지 확인만 하면 될 것이다.

[그림 5-23] 모형요약(Notes for Model)

Notes for Model (Default model)
Computation of degrees of freedom (Default model)
Number of distinct sample moments: 21
Number of distinct parameters to be estimated: 11
Degrees of freedom (21 − 11): 10
Result (Default model)
Minimum was achieved
Chi-square = 35.096
Degrees of freedom = 10
Probability level = .000

[그림 5-23 결과설명] χ^2의 통계량 = 14.505, 자유도(Degree of freedom) = 10(21 − 10), 유의확률(Probability level) = 0.00임을 알 수 있다. α = 0.05에서 "귀무가설(H_0): 모형은 자료에 적합하다"는 귀무가설은 기각된다. 각 결과물에 대한 설명을 자세하게 알아보기 위해서 해당 문장에 마우스를 가져다 놓고 클릭하면 보다 구체적인 정보를 얻을 수 있다.

다음으로 추정치를 확인하기 위해서 Estimate(추정치)를 선택한다.

[그림 5-24] 추정치

Estimates (Group number 1 - Default model)

Scalar Estimates (Group number 1 - Default model)

Maximum Likelihood Estimates

Regression Weights: (Group number 1 - Default model)

			Estimate	S.E.	C.R.	P	Label
x6	<---	x1	.425	.080	5.302	***	
x6	<---	x2	.455	.100	4.575	***	
x6	<---	x3	-.281	.088	-3.182	.001	
x6	<---	x4	.606	.130	4.679	***	
x6	<---	x5	-.041	.128	-.317	.751	

Variances: (Group number 1 - Default model)

	Estimate	S.E.	C.R.	P	Label
e1	3.339	.964	3.464	***	
e2	2.169	.626	3.464	***	
e3	2.758	.796	3.464	***	
e4	1.281	.370	3.464	***	
e5	1.303	.376	3.464	***	
e6	.516	.149	3.464	***	

[그림 5-24 결과설명]

■ Regression Weights

[x1 → x6 Estimate 0.425, S.E. 0.080, C.R. 5.302, P 0.000]

회귀계수(Estimate)는 0.425이고 표준오차(S.E. Standard Error) = 0.080이다. C.R.(Critical Ratio) = 5.302(0.425/0.080)이다. 여기서 C.R.은 회귀분석의 t값으로 생각하면 된다. 유의확률(p = 0.000, 여기서는 ***로 표시됨)이 α = 0.05보다 작으므로 매우 유의한 것을 알 수 있다. 다른 경로에 대한 해석은 동일한 방법으로 실시하면 된다.

■ Variances

[e1 Estimate 3.339 S.E. 0.964, C.R. 3.464 P 0.00]

오차항의 분산 = 3.339, 표준오차(S.E. Standard Error) = 0.961, C.R.(Critical Ratio) = 3.446임을 알 수 있다.

참고로 상관행렬로 저장을 한 데이터든 공분산행렬로 저장을 한 데이터든 모수에는 차이가 없음을 알 수 있을 것이다. 각자 확인해 보면 도움이 될 것이다.

6 CHAPTER

리스렐 다루기

1. 리스렐의 역사
2. 리스렐 운용
3. 그래픽분석

학습목표

1. 리스렐 기본 운영방법을 익힌다.
2. 리스렐 프로그램을 이용한 기본 통계분석방법을 실행해 본다.
3. 리스렐 프로그램에서 그래픽분석을 할 수 있다.

사랑하라 한 번도 상처받지 않은 것처럼

춤추라, 아무도 바라보고 있지 않은 것처럼
사랑하라, 한번도 상처받지 않은 것처럼
노래하라, 아무도 듣고 있지 않은 것처럼
살라, 오늘이 마지막인 것처럼

알프레드 디 수자, 류시화 엮음

1 리스렐의 역사

리스렐(LISREL : Linear Structural Relationship)은 구조방정식 모형분석을 위한 전문프로그램으로 스웨덴의 웁살라(Uppsala) 대학의 Jöreskog와 Söborm에 의해서 개발되었다. 리스렐은 최초 3.0버전을 시작으로 현재까지는 8.72 버전까지 개발되어 출시되고 있다. 다음 표는 리스렐의 버전별 특징을 표로 정리해 놓은 것이다.

[표 6-1] 리스렐의 버전별 특징

버 전	출시년도	특 징
3	1976	ML 추정법 이용
4	1978	다중집단분석 가능
5	1981	ML 추정법 이외 ULS, GLS 추정법 추가
6	1984	수정지수(M.I) 제공, 모델수정 용이
7	1988	PRELIS 추가, WLS와 DWLS 추정법 추가
8	1993	경로도형구축 가능, SIMPLES 추가, 능형옵션(ridge option) 추가
8.71	2000	복합자료조사(Complex Survey Data), 다변량 질적 자료 처리

리스렐은 행렬과 그리스로마 문자에 기초하여 구성된 프로그램이라서 초보자들이 사용하기에는 다소 어려웠던 것이 사실이다. 여러 차례의 프로그램 보강이 있은 후에 SIMPLIS의 개발로 행렬과 그리스로마문자에 익숙하지 않은 사용자들도 쉽게 구조방정식모형분석을 실행할 수 있게 되었다.

리스렐 홈페이지 http://www.ssicentral.com

2 리스렐 운용

2.1 데이터 저장방법

리스렐을 운용하는 방법은 여러 가지가 있다. 본서에서는 엑셀(Excel)에서 데이터를 저장하여 리스렐 창에서 불러오는 방법을 알아보기로 한다. 다음은 음식점의 서비스품질을 측정하는 설문지이다.

[표 6-2] 설문지

다음은 음식점의 서비스품질 속성을 구성하는 항목이다. 각자 느끼는 만족도를 표시하여 주기 바랍니다.

(설문 1) 세명 음식점에 대해 느끼는 만족도

1. 가격에 대한 만족도(x1) ①-----②-----③-----④-----⑤-----⑥-----⑦
2. 음식점 이미지(x2) ①-----②-----③-----④-----⑤-----⑥-----⑦
3. 가격의 유연성(x3) ①-----②-----③-----④-----⑤-----⑥-----⑦
4. 종사자 이미지(x4) ①-----②-----③-----④-----⑤-----⑥-----⑦
5. 음식점 맛(x5) ①-----②-----③-----④-----⑤-----⑥-----⑦

(설문지) 세명 음식점 월평균 이용횟수(x6)? (   )

다음의 [표 6-3]은 설문결과를 모은 25명에 대한 자료치이다.

[표 6-3] 설문결과

x1	x2	x3	x4	x5	x6
6	4	7	6	5	4
5	7	5	6	6	6
5	3	4	5	6	4
3	3	2	3	4	3
4	3	3	3	2	2
2	6	2	4	3	3
1	3	3	3	2	1
3	5	3	4	2	2
7	3	6	5	5	4
6	4	3	4	4	6
6	6	2	6	4	6
3	2	2	4	2	3
5	7	6	5	2	6
6	3	5	5	7	3
3	4	4	3	2	2
2	7	5	5	4	4
3	5	2	7	2	5
6	4	5	5	7	4
7	4	6	3	5	2
5	6	6	3	4	3
2	3	3	4	3	2
3	4	2	3	4	3
2	6	3	5	3	5
6	5	7	5	5	5
7	6	5	4	6	5

(자료 : ex1.txt)

① 우선, 위 설문결과를 다음과 같이 Excel창에 입력한다.

[그림 6-1] 자료입력

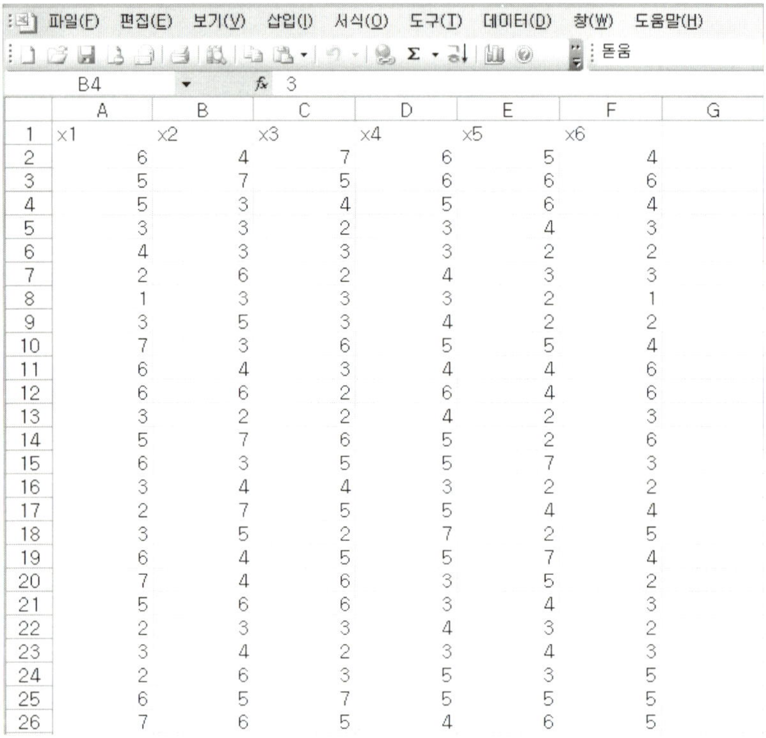

	A	B	C	D	E	F	G
1	x1	x2	x3	x4	x5	x6	
2	6	4	7	6	5	4	
3	5	7	5	6	6	6	
4	5	3	4	5	6	4	
5	3	3	2	3	4	3	
6	4	3	3	3	2	2	
7	2	6	2	4	3	3	
8	1	3	3	3	2	1	
9	3	5	3	4	2	2	
10	7	3	6	5	5	4	
11	6	4	3	4	4	6	
12	6	6	2	6	4	6	
13	3	2	2	4	2	3	
14	5	7	6	5	2	6	
15	6	3	5	5	7	3	
16	3	4	4	3	2	2	
17	2	7	5	5	4	4	
18	3	5	2	7	2	5	
19	6	4	5	5	7	4	
20	7	4	6	3	5	2	
21	5	6	6	3	4	3	
22	2	3	3	4	3	2	
23	3	4	2	3	4	3	
24	2	6	3	5	3	5	
25	6	5	7	5	5	5	
26	7	6	5	4	6	5	

② 데이터를 입력하고 다음과 같이 파일(F) ⇒ 다른 이름으로 저장 단추(A)...를 누른다. 그리고 파일 이름(N): 란에는 파일명(여기서, ex1)을 입력하고 파일 형식(T) 란에는 텍스트(탭으로 분리)를 선택한다. 그리고 저장(S) 단추를 누른다.

[그림 6-2] 텍스트파일로 저장하기

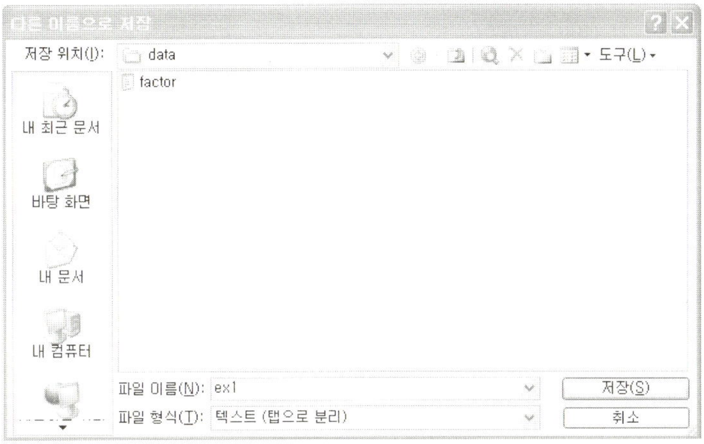

2.2 데이터 불러오기

① 앞에서 텍스트 파일로 저장되어 있는 데이터(ex1.txt)파일을 불러오기 위해서, 리스렐 아이콘( )을 누르면 다음과 같은 화면을 얻을 수 있다.

[그림 6-3] 리스렐 초기 화면

② File ⇒ Import Data in Free Format를 누른다. 여기서, 찾는 위치(디렉토리)를 확인한 다음, 파일 형식(T): 란에서 Tab Delimited Data(*.txt)를 지정한다.

[그림 6-4] 데이터 불러오기

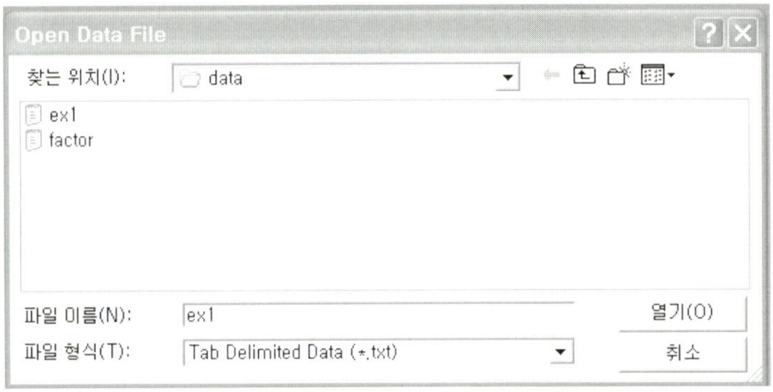

③ 파일명(ex1.txt)을 설정한 후 열기(O) 단추를 누른다. 그러면 다음과 같은 화면을 얻을 수 있다.

[그림 6-5] 변수 지정하기

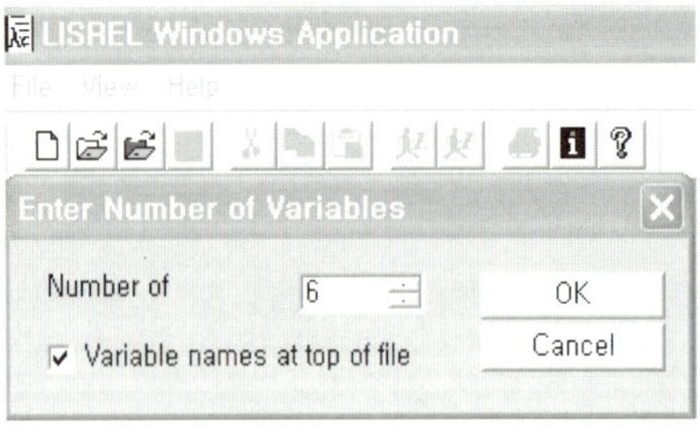

여기서, 불러올 변수의 개수(여기서, 6)를 표시하기 위해서 Number of 란에서 6 을 입력한다. 그리고 Excel 파일에서 첫 번째 행은 변수명을 나타내기 때문에 문자로 인식하도록 하기 위해서 ☑ Variable names at top of file 를 누른다. 그리고 OK 단추를 누른다. 그러면 다음과 같은 리스렐 창을 얻을 수 있다.

[그림 6-6] 리스렐 창

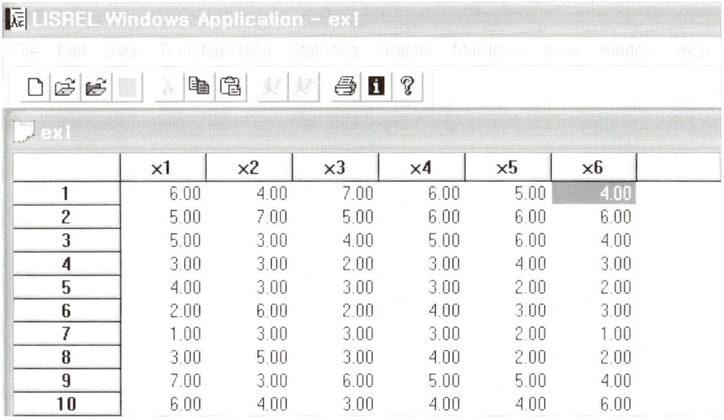

	x1	x2	x3	x4	x5	x6
1	6.00	4.00	7.00	6.00	5.00	4.00
2	5.00	7.00	5.00	6.00	6.00	6.00
3	5.00	3.00	4.00	5.00	6.00	4.00
4	3.00	3.00	2.00	3.00	4.00	3.00
5	4.00	3.00	3.00	3.00	2.00	2.00
6	2.00	6.00	2.00	4.00	3.00	3.00
7	1.00	3.00	3.00	3.00	2.00	1.00
8	3.00	5.00	3.00	4.00	2.00	2.00
9	7.00	3.00	6.00	5.00	5.00	4.00
10	6.00	4.00	3.00	4.00	4.00	6.00

2.3 PRELIS 리스렐 창

어떤 형태의 데이터로 코딩된 데이터를 불러오기를 하면 리스렐 창이 나타난다. 각 창에 대한 설명은 다음과 같다.

[표 6-4] 리스렐 창

선택단추	설 명
File	리스렐 분석방법을 나타내는 New, 불러오기기능, 저장, 프린트기능이 있음
Edit	복사, 붙이기, 포맷기능이 있음
Data	변수정의, 변수와 케이스 선택, 케이스정렬, 변수삽입, 케이스삽입기능이 있음
Transformation	리코드, 가중치 부여, 계산기능이 있음
Statistics	각종 분석방법들이 있음
Graphs	그래프기능을 제공
Multilevel	다중집단분석에 이용되는 기능이 있음
View	화면보기기능
Window	자료보기기능
Help	도움말기능

2.4 데이터 정의하기

데이터를 정의하기 위해서 앞의 [그림 6-6]에서 Data ⇒ Define Variables... 단추를 누른다. 그러면 다음과 같은 화면이 나온다.

[그림 6-7] 변수 정의창

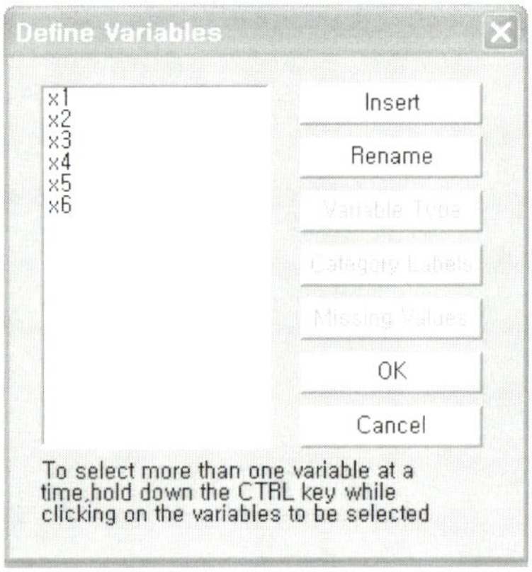

여기서, 마우스를 드롭다운하여 다음과 같이 정의할 변수(x1, x2, x3, x4, x5)를 지정한다. 그러면 다음 그림과 같이 Variable Type , Category Lables , 그리고 Missing Vallues 가 활성화되는 것을 확인할 수 있다.

[그림 6-8] 정의변수 지정하기

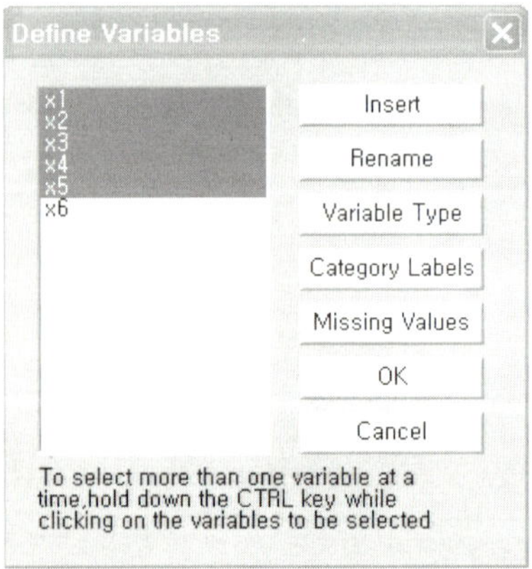

여기서, Variable Type 단추를 눌러 다음과 같이 양적 변수(Continuous Variables) 단추를 누른다.

[그림 6-9] 양적변수 지정

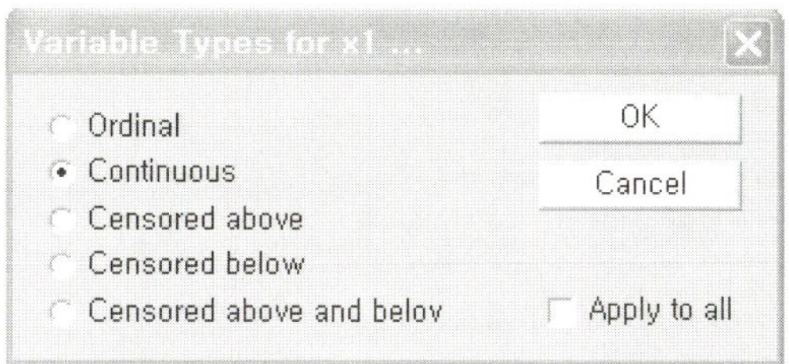

여기서, 계속해서 OK 단추를 누르면 양적 변수로 지정이 된다.

2.5 데이터 및 케이스 삽입, 삭제

먼저, 리스렐 창에서 변수를 삽입하는 경우를 알아보자. 변수를 삽입하기 위해서 다음 그림과 같이 추가하고자 하는 변수란을 만들기 위해서 다음과 같이 지정한다.

[그림 6-10] 변수 삽입영역 설정

ex1

	x1	x2	x3	x4	x5	x6
1	6.00	4.00	7.00	6.00	5.00	4.00
2	5.00	7.00	5.00	6.00	6.00	6.00
3	5.00	3.00	4.00	5.00	6.00	4.00
4	3.00	3.00	2.00	3.00	4.00	3.00
5	4.00	3.00	3.00	3.00	2.00	2.00
6	2.00	6.00	2.00	4.00	3.00	3.00
7	1.00	3.00	3.00	3.00	2.00	1.00
8	3.00	5.00	3.00	4.00	2.00	2.00
9	7.00	3.00	6.00	5.00	5.00	4.00
10	6.00	4.00	3.00	4.00	4.00	6.00
11	6.00	6.00	2.00	6.00	4.00	6.00
12	3.00	2.00	2.00	4.00	2.00	3.00
13	5.00	7.00	6.00	5.00	2.00	6.00
14	6.00	3.00	5.00	5.00	7.00	3.00
15	3.00	4.00	4.00	3.00	2.00	2.00
16	2.00	7.00	5.00	5.00	4.00	4.00
17	3.00	5.00	2.00	7.00	2.00	5.00
18	6.00	4.00	5.00	5.00	7.00	4.00
19	7.00	4.00	6.00	3.00	5.00	2.00
20	5.00	6.00	6.00	3.00	4.00	3.00
21	2.00	3.00	3.00	4.00	3.00	2.00

그리고 마우스의 오른쪽 단추를 눌러 Insert Variable 단추를 누른다.

[그림 6-11] 변수삽입창

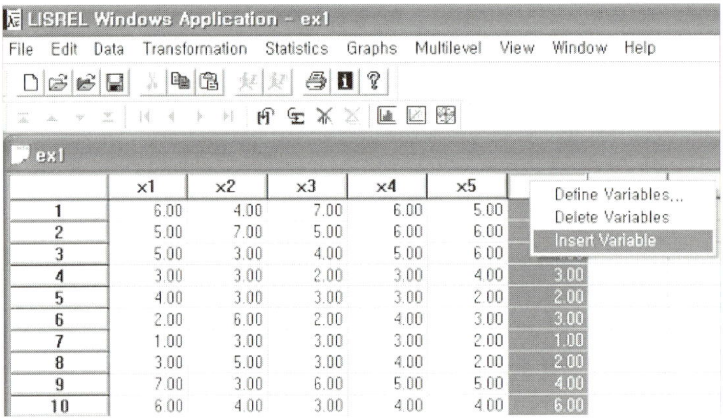

그러면, 다음과 같이 새로운 변수 var7이 생성된다. 그리고 해당되는 자료를 입력하면 된다.

[그림 6-12] 새로운 변수삽입화면

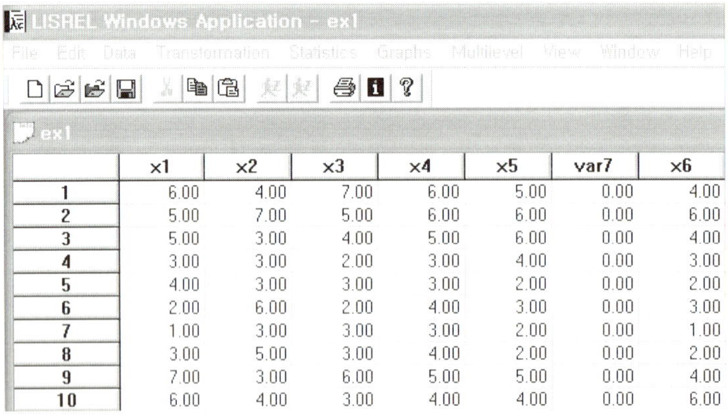

2.6 무응답치 처리방법

연구자가 자료분석과정에서 직면하게 될 문제로 대표적인 것이 무응답치(Missing value)에 대한 처리라고 할 수 있다. 실제로 무응답치에 관한 내용은 통계학의 한 연구분야로 다루어질 정도로 매우 중요한 부분이다.

(1) Impute Missing Values Option을 이용하는 방법

리스렐에서 무응답치를 처리하는 방법은 크게 무응답치 대체(Impute Missing Value)와 다중대체(Multiple Imputation)가 있다. 먼저, Statistics ⇒ Impute Missing values... 단추를 누른다. 리스렐상에서 무응답치 대체를 위해서 무응답치가 있는 변수를 Imputed variables: 란에 대체변수를 보내고 매칭시킬 변수는 Matching variables란에 보내고 실행(Run)하면 된다. Impute Missing values창을 그림으로 나타내면 다음과 같다.

[그림 6-13] 무응답치 대체

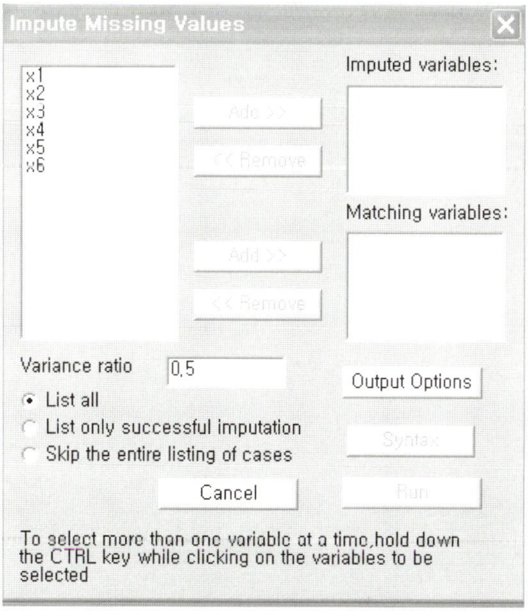

(2) Multiple Imputation Option을 이용하는 방법

다중대체(Multiple Imputation Option)방법은 한 개 이상의 변수에서 무응답치가 발생한 경우에 사용하는 방법으로 EM(Expected Maximization)방법과 MCMC(Markov Chain Monte Carlo)방법이 있다.

① EM방법

표본 $y_1, y_2, \cdots y_n$으로부터 평균과 공분산행렬의 합(Σ)의 전치행렬 $y=(y_1, y_2, \cdots y_n)'$를 구하는 방법을 말한다. 행에 무응답치를 포함하는 데이터에서 $\mu=0$, $\Sigma=I$를 시작으로 반복적인 과정을 거쳐 μ와 Σ을 개선시키는 방법이다. 다음 그림은 EM 알고리즘에 의해 무응답을 대체하는 화면을 나타낸 것이다.

[그림 6-14] 다중 무응답 대체

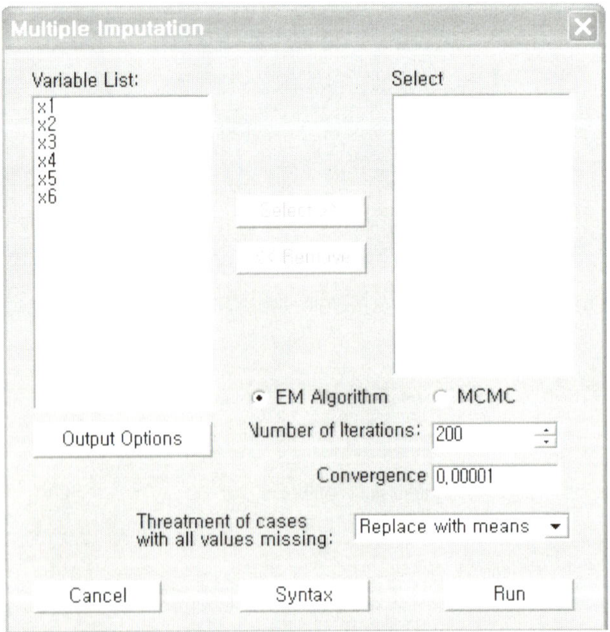

② MCMC방법

MCMC(Markov Chain Monte Carlo)는 마코브 몬테카를로 절차에 의해서 초기 분포로서 되는 반복적인 EM알고리즘으로부터 μ와 Σ을 계산하는 방법이다.

(3) Excel 패키지를 이용하는 방법

엑셀을 잘만 다룰 수 있다면 보다 효율적인 분석을 실행할 수 있다. Excel에서는 공분산분석과 상관분석을 실시한 다음 이를 저장하여 리스렐 프로그램과 연계해서 분석에 이용할 수 있다. 엑셀 패키지에서는 도구(T) ⇒ 데이터분석(D)...을 누른 다음 상관분석 또는 공분산분석을 실시하면 된다.

[그림 6-15] 상관분석

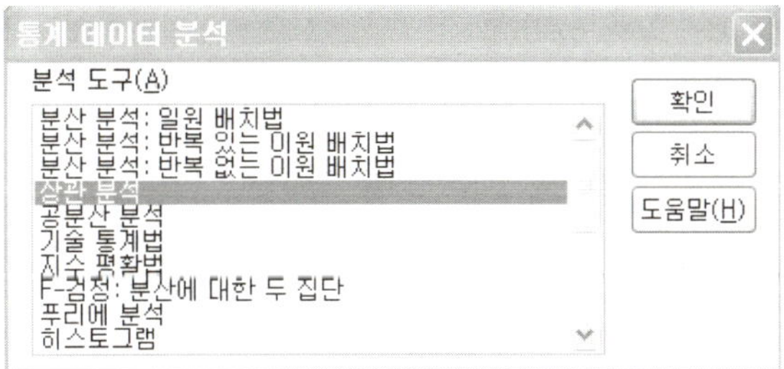

만약, 엑셀에서 데이터분석 기능을 찾지 못했을 경우, 도구(T) ⇒ 추가기능(I)...을 누른 다음 분석도구를 클릭하고 원본 Office프로그램 CD를 CD-Rom에 삽입하고 **확인** 단추를 누르면 된다.

3 그래픽분석

리스렐의 그래픽 기능에는 Univariate, Bivariate, Multivariate 옵션이 있다. Univariate(단일변량)은 1개 변수에 대한 그래프를 나타낼 때 사용한다. Bivariate(이변량)은 두 개의 변수 관계를 시각적인 자료로 표현할 때 이용한다. 그리고 다변량(Multivariate)은 2개 이상의 변수 사이의 관계를 나타낼 때 사용한다.

여기서는 앞에서 사용한 Bivariate(이변량) 그래픽 방법에 대하여 알아보기로 한다. 우선, 앞에서 사용한 ex1.txt 파일을 리스렐프로그램을 이용하여 불러오기를 한다. 그런 다음 Graphs ⇒ Bivariate...를 누른다. 그러면 다음 [그림 6-16]과 같은 화면을 얻을 수 있다. 여기서, x1(가격의 만족도) 변수를 x 변수에 보내고, x6(월평균 이용횟수)를 Y변수란에 보낸다. 여기서는 그래프의 유형 중 **Scatter Plot(산포도)**를 지정하기로 한다.

[그림 6-16] 이변량 산포도

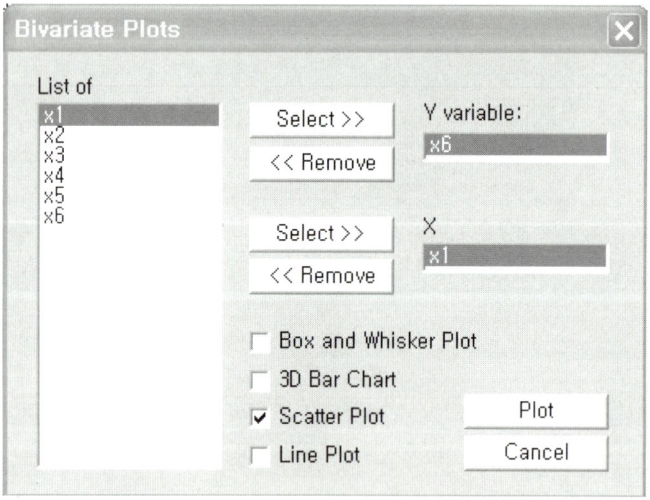

지정을 마친 다음 Plot 단추를 누르면 다음과 같은 결과물을 얻을 수 있다.

[그림 6-17] 산포도

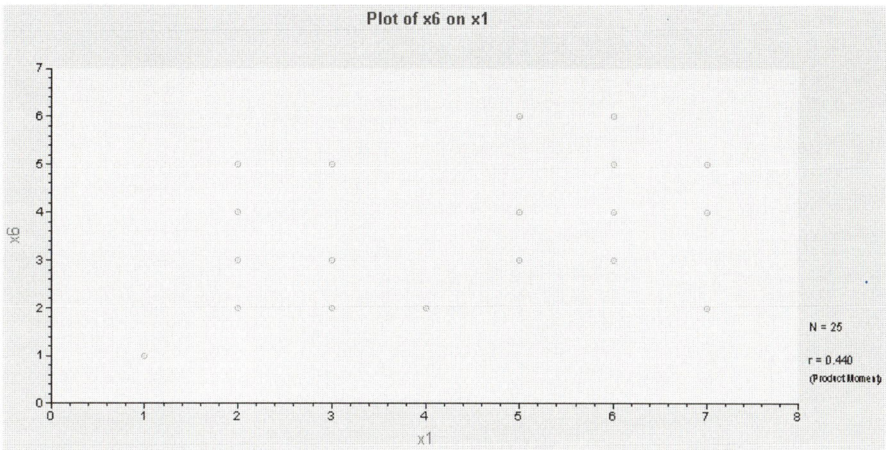

x1(가격의 만족도)과 x6(월평균 이용횟수) 사이의 상관계수(γ)는 0.440이고 표본수(N) = 25임을 알 수 있다.

7 CHAPTER

상관분석

학습목표

1. 공분산 개념과 계산방법을 알아본다.
2. 상관분석에서 상관계수 계산방법을 알아본다.
3. 리스렐상에서 각종 상관행렬을 전환시키는 방법을 터득한다.

자기를 아는 것이 밝음

남을 아는 것이 지혜(智)라면,
자기를 아는 것이 밝음(明)입니다.
남을 이김이 힘있음이라면,
자기를 이김은 정말로 강함입니다.

족하기를 아는 것이 부함입니다.
강행하는 것이 뜻있음입니다.
제자리를 잃지 않음이 영원입니다.
죽으나 멸망하지 않는 것이 수(壽)를 누리는 것입니다.

도덕경 중에서

두 변수 사이의 연관성을 설명하는 방법으로는 산포도에 의한 방법, 공분산, 상관계수 등의 세 가지가 있다. 본 장에서는 공분산과 상관분석에 대한 기본적인 설명과 리스렐을 통한 상공분산과 상관분석방법, 그리고 상관분석의 종류에 대하여 알아보기로 한다.

1 공분산

공분산(covariance)은 두 확률변수가 어느 정도 결합되어 있는가를 측정한다. 두 변수 X와 Y 사이의 공분산은 $Cov(X, Y)$ 또는 σ_{xy}로 표기한다. 그러나 현실적으로 모집단의 특성치인 평균과 분산을 안다는 것은 쉬운 일이 아니며, 때에 따라서는 불가능하다. 그러므로 표본에 대하여 공분산을 아는 것은 중요하다.

모집단 공분산 $$Cov(X, Y) = \sigma_{xy} = E(X-\mu_x)(Y-\mu_y) = \frac{1}{N}\sum(X-\mu_X)(Y-\mu_Y) \quad \text{(식 7-1)}$$

표본 공분산 $$S_{xy} = \frac{\sum(x-\bar{x})(y-\bar{y})}{n-1} \quad \text{(식 7-2)}$$

공분산은 두 변수에 대한 편차를 서로 곱한 것임을 알 수 있다. 공분산의 부호는 세 가지로 나타낼 수 있다. 공분산의 값이 양의 값을 가지면 X와 Y는 같은 방향으로 움직이는 것을 알 수 있다. 즉, X가 커지면 Y도 커지고, X가 작아지면 Y도 작아진다. 그리고 그 값이 크면 두 변수는 밀접하게 움직인다고 한다. 이와 반대로, 음의 값을 가지면 X와 Y는 반대방향으로 움직이고 있음을 나타낸다. X가 커지면 Y는 작아지고, X가 작아지면 Y는 커진다. 만일 공분산의 값이 0이라면 두 변수 사이에는 아무런 증감관계도 없음을 나타낸다. 그런데 두 확률변수 X, Y가 서로 독립적이면 공분산은 0이 된다. 그러나 여기서 유의할 것은 공분산이 0이라고 해서 두 변수가 반드시 독립적인 것은 아니다.

두 확률변수 X, Y가 독립적인 경우는 다음의 경우이다.

(1) $E(XY) = E(X) \cdot E(Y)$

(2) $Cov(X,Y) = E(X-\mu_x)(Y-\mu_y) = 0$

(3) $Var(X \pm Y) = Var(X) + Var(Y)$

공분산은 다음과 같은 행렬로 나타낼 수 있다.

$$\Sigma = \begin{pmatrix} \sigma_1^2 & \sigma_{12} \\ \sigma_{21} & \sigma_2^2 \end{pmatrix} \tag{식 7-3}$$

제12장 확인요인분석 장에서 보다 자세하게 설명하겠지만, 하나의 요인은 두 개 이상의 변수로 구성된다. 이것을 그림으로 나타낼 수 있다.

[그림 7-1] 단일 요인

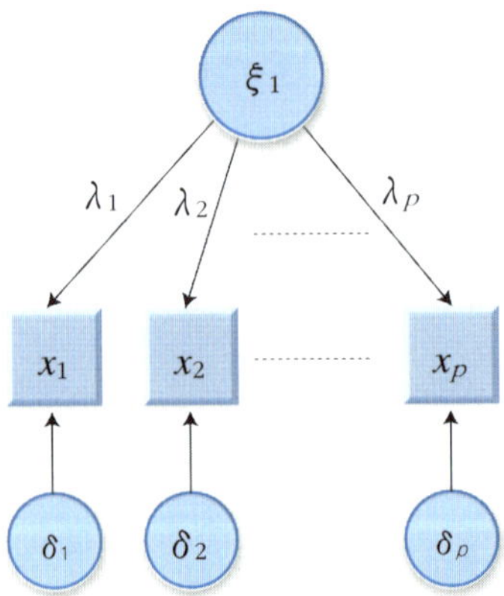

여기서, ξ_i = 요인값, λ_i = 경로계수, δ_i = 측정오차를 나타낸다.

단일요인은 다음의 식으로 나타낼 수 있다.

$$x_1 = \lambda_1 \xi + \delta_1$$
$$x_2 = \lambda_2 \xi + \delta_2 \qquad \text{(식 7-4)}$$

각 변수의 분산은 다음과 같은 식으로 나타낼 수 있다.

$$\sigma_1^2 = \lambda_1^2 + V(\delta_1), \quad \sigma_2^2 = \lambda_2^2 + V(\delta_2) \qquad \text{(식 7-5)}$$
$$\sigma_{12} = \sigma_{21} = \lambda_1 \lambda_2$$

앞의 (식 7-3)에 대입하면 다음과 같이 나타낼 수 있다.

$$\sum(\theta) = \begin{pmatrix} \lambda_1^2 + V(\delta_1) & \lambda_1 \lambda_2 \\ \lambda_1 \lambda_2 & \lambda_2^2 + V(\delta_2) \end{pmatrix} \qquad \text{(식 7-6)}$$

2 상관계수

두 확률변수 X, Y에 있어 두 변수 간의 일차적인 관계가 얼마나 강한가를 지수로 측정하고 싶을 때가 있다. 이때 두 변수의 일차관계의 방향과 정도를 나타내는 측정치를 **상관계수(correlation coefficient)**라고 부른다. 또는 피어슨 상관계수라고도 한다. 이 상관계수를 이용한 통계기법을 **상관분석(correlation analysis)**이라고 한다.

모집단의 경우 상관계수는 ρ(rho), 표본의 상관계수는 γ로 표시한다.

모집단 상관계수

$$\rho = \frac{\sigma_{xy}}{\sqrt{\sigma_x^2}\sqrt{\sigma_y^2}} = \frac{\sigma_{xy}}{\sigma_x \sigma_y}, \quad -1 \le \rho \le +1 \tag{식 7-7}$$

표본 상관계수

$$\gamma = \frac{S_{xy}}{\sqrt{S_x^2}\sqrt{S_y^2}} = \frac{S_{xy}}{S_x S_y}, \quad -1 \le \gamma \le +1 \tag{식 7-8}$$

여기서, $S_x^2 = \frac{1}{n-1}\sum(x-\overline{x})^2$

$$S_y^2 = \frac{1}{n-1}(y-\overline{y})^2$$

$$S_{xy} = \frac{1}{n-1}\sum(x-\overline{x})(y-\overline{y})$$

위의 식에서 보는 바와 같이 상관계수는 공분산을 변수 X와 변수 Y의 두 표준편차로 나누어준 값, 즉 **표준화된 공분산**(standardized covariance)을 의미한다. 이 상관계수는 모집단에서 두 확률변수의 일차적인 연관성을 나타내 준다.

일반적으로 상관계수의 값을 보고 두 변수의 관련 정도를 알 수 있는데, 그 정도를 다음과 같이 평가할 수 있다.

상관계수와 변수의 관련성

0.0 ~ 0.7 (−1.0 ~ −0.7)의 경우 : 매우 강한 관련성
0.7 ~ 0.4 (−0.7 ~ −0.4)의 경우 : 상당한 관련성
0.4 ~ 0.2 (−0.4 ~ −0.2)의 경우 : 약간의 관련성
0.2 ~ 0.0 (−0.2 ~ −0.0)의 경우 : 관련이 없음

만일 두 변수가 독립적이면 공분산은 0이 되고, 따라서 상관계수도 0이 된다. 그러나 이것의 逆은 반드시 성립하지는 않는다.

다음은 리스렐상에서 상관분석 결과를 얻는 방법을 알아보기로 한다. 아래의 표는 X와 Y값을 Excel상에 입력한 자료이다.

[그림 7-2] Excel 자료

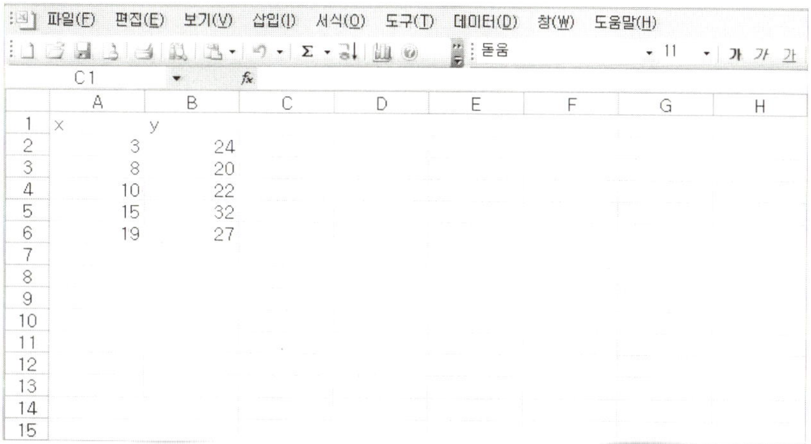

Excel에 입력된 corr1.txt(파일형식은 탭으로 분리로 저장을 누를 것)의 자료를 리스렐 프로그램으로 불러온다. Excel 파일에서 저장한 것은 File → Import Data in Free Format을 눌러 corr1.txt 파일을 불러온다.

[그림 7-3] 데이터 불러오기 화면

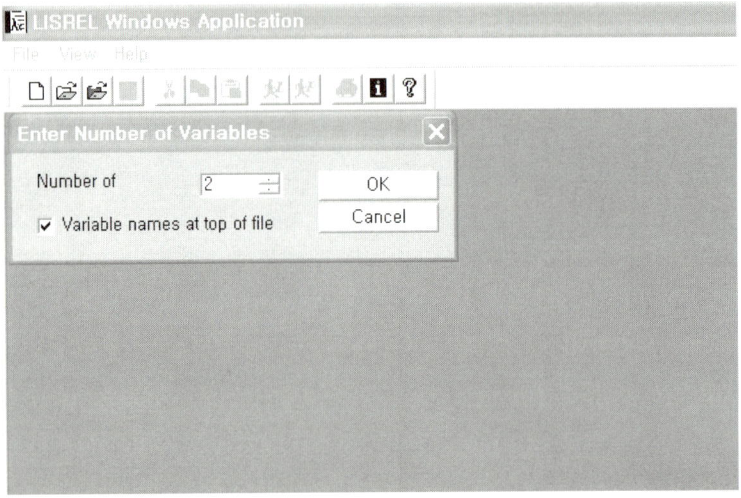

여기서, Number of 2는 불러올 변수의 개수를 나타낸다. ☑ Variable names at top of file은 변수명이 상단에 나타나도록 하기 위한 표시이다. OK 단추를 누르면 다음과 같은 화면을 얻을 수 있다.

[그림 7-4] 데이터 화면

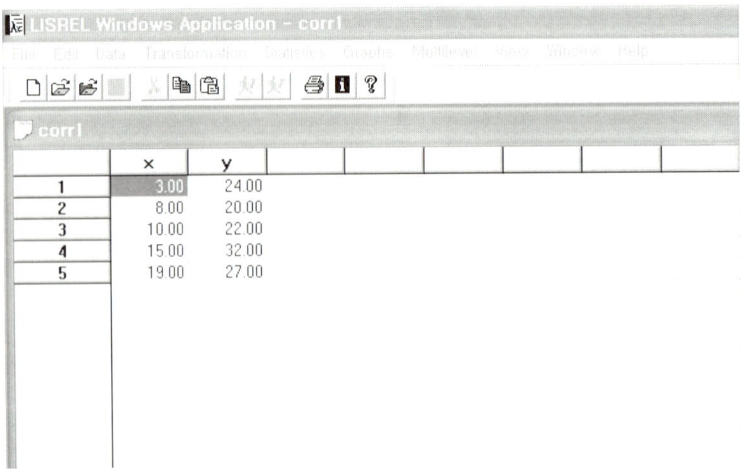

위 화면에서, Statistics ⇒ Output Options...단추를 누른다. 그러면 다음과 같은 화면을 얻을 수 있다. Moment Matrix(편차의 곱)에서 Correlations(상관계수)를 지정한다.

[그림 7-5] 상관행렬 지정화면

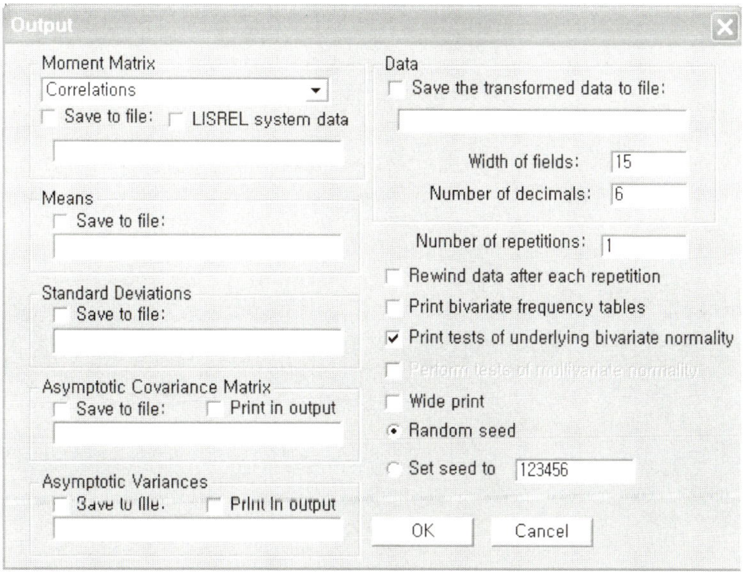

위 화면에서 OK 단추를 누르면 다음과 같은 상관행렬을 얻을 수 있다.

[결과 7-1] 상관행렬

Correlation Matrix

	x	y
x	1.000	
y	0.522	1.000

[결과 7-1 설명] : x와 y의 상관계수는 0.522로 나타났다.

3 폴릭코릭 상관분석

앞에서 언급한 것처럼, 상관분석은 변수 간의 관련성을 나타낸다. 등간척도나 비율척도로 구성된 양적인 측정변수는 각종 통계 패키지에서 제공되는 **피어슨 상관계수**(Pearson Product-moment)를 구하면 된다.

연구자는 실제 분석을 하다 보면 여러 상황에 직면할 수 있다. 리스렐의 PRELIS창에서는 각 상황에 맞게 상관계수로 전환해 주는 명령문을 제공해 준다. 예를 들어, 한 변수는 등간척도이고 다른 변수는 명목척도 또는 서열척도로 구성된 경우라면 피어슨 상관계수로는 분석을 할 수 없다. 이 경우는 폴리시리얼 상관(Polyserial correlation)을 사용한다. 이어서 몇 개의 변수는 명목척도나 서열척도로 구성되어 있고 두 변수가 이변량(예, 1: 가입, 2: 가입 안함)으로 코딩된 경우는 **테트라코릭**(Tetrachoric correlation)을 사용하면 된다. 그리고 어떤 변수는 명목척도나 서열척도로 구성되어 있고 어떤 변수는 3 이상의 범위를 갖는 변수가 같이 있는 데이터의 경우는 **폴리코릭 상관**(Polychoric correlation)을 사용하면 된다.

본 예제에서는 리스렐에서 폴리코릭 상관을 구하는 예를 알아보자.

[그림 7-6] 폴리코릭 상관구하기 명령문

```
Computing Scale Scores                                   ①
DA NI=6                                                  ②
LA;NOSAY VOTING COMPLEX NOCARE TOUCH INTEREST            ③
RA=c:\gskim\ALSEM\data\EFFICACY.RAW FO;(6F2.0)           ④
NEW EFFICACY = NOSAY + VOTING + COMPLEX                  ⑤
NEW RESPONS = NOCARE + TOUCH + INTEREST                  ⑥
OU MA=PM WP                                              ⑦
```

(자료 : CH7.PR2)

첫 번째 행(①)은 문장 제목을 쓰는 란이다. 첫 번째 행에 제목을 넣는 것은 필수사항이 아니다. 두 번째 행(②)의 DA NI문장은 변수의 수를 나타낸다. 세 번째 행(③)은 각 변수명(LA;)을 나타내기 위한 문장이다. 넷째 행(④)의 RA는 원천데이터가 있는 경로를 나타낸다. 5행(⑤)과 6행(⑥)은 새로운 변수를 만들기 위해서 단순합을 해놓기 위해 만든 문장이다. 마지막 일곱 번째 행(⑦)에서 OU MA=PM WP의 문장은 출력물(OUput)을 폴리코릭 상관(Polychoric correlation)으로 나타내라는 명령어이다.

앞에서와 같은 문장을 입력하고 Run PRELIS( ) 단추를 누르면 다음과 같은 상관행렬을 얻을 수 있다.

[결과 7-2] 폴리코릭 상관행렬

Correlation Matrix

	NOSAY	VOTING	COMPLEX	NOCARE	TOUCH	INTEREST	EFFICACY	ESPONS
NOSAY	1.000							
VOTING	0.318	1.000						
COMPLEX	0.330	0.304	1.000					
NOCARE	0.498	0.272	0.450	1.000				
TOUCH	0.360	0.278	0.342	0.580	1.000			
INTEREST	0.407	0.265	0.368	0.620	0.634	1.000		
EFFICACY	0.687	0.699	0.633	0.445	0.405	0.428	1.000	
RESPONS	0.386	0.302	0.352	0.701	0.776	0.803	0.552	1.000

연구자는 여기에 나와 있는 상관행렬을 통해서 연구모형에 맞는 리스렐 명령문을 입력하여 확인요인분석, 구조방정식분석을 실시할 수 있다. 자세한 내용은 관련 장에서 살펴보기로 한다.

앞의 5장에서 밝힌 것처럼, Excel에서 상관분석 계산방법은 Listwise 방법, 즉 무응답치가 있는 케이스는 제거되고 계산하는 방법을 이용한다.

본 장을 학습한 다음 다시 앞의 5장, 6장을 복습하면 상관행렬과 공분산행렬에 대한 보다 깊은 이해와 연구자에 맞는 자료정리 방법을 알 수 있을 것이다.

CHAPTER 8

주성분분석

1. 주성분분석이란?
2. 주성분분석 예제

학습목표

1. 주성분분석법을 이해한다.
2. 리스렐상에서 주성분분석법을 실행할 수 있다.

최선만으론 안 된다, 목숨을 걸어라.

아버님을 보면 늘 '칼 끝에 서있는 것 같다'는 생각을 많이 하곤 했습니다. 아버님은 항상 자신을 다듬으며 정진하셨거든요. 집에서도 좌선을 하시고, 천천히 산책하며 차를 마시곤 하셨습니다.

아버님에겐 '최선을 다하겠다'는 말은 통하지 않았습니다. 아버님은 그 말을 몹시 싫어하셨어요. '최선을 다한다는 것은 그 나름대로 열심히 해보겠다는 말 아니냐'는 거죠.

'자기 상황에 따라 단지 성실히 노력하는 정도로는 이뤄지는 것이 적다'는 뜻이었습니다.

아버님은 '목숨을 걸어라'라고 말씀하셨습니다. '이거다 싶으면 목숨 걸고 정진해야 한다'는 겁니다.

이범진

1 주성분분석이란?

주성분분석(Principal component analysis)은 서로 상관을 갖는 k개 변수들을 자료의 손실을 최소화하면서 간단한 **성분**(component) 또는 **요인**(factor)으로 줄여주는 방법을 말한다. 주성분분석의 주된 목적은 상관관계가 높은 여러 변수들을 통해서 서로 독립적이며 분산이 최대화 되는 새로운 성분으로 만들어 주는 것이다.

주성분(principal component)은 새롭게 생성된 요인을 의미한다. 주성분분석은 체계적인 분산과 비체계적 분산만으로 구분하고 체계적 분산 모두를 분석대상으로 한다. 이것을 그림으로 나타내면 다음과 같다.

[그림 8-1] 분산의 종류

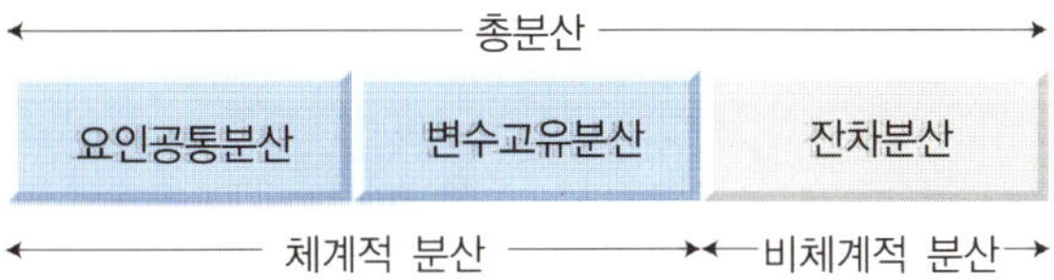

요인공통분산과 변수고유분산을 구분하지 않고 체계적 분산 모두를 분석대상으로 삼는 것이 주성분분석의 특징이다. 반면에 요인분석에서는 체계적 분산을 요인공통분산과 변수고유분산으로 삼고 이 중 요인공통분산만을 분석대상으로 삼는다.

요인 간의 비교와 대조를 목적으로 하는 주성분분석은 **고유치**(eigen value)와 힘의 크기와 방향성을 갖는 성분인 벡터 사이에서 특이한 요인을 판단할 수 있도록 하여 준다. 관찰 변수군을 다른 요인으로 변화시켜 주는 방법인 주성분분석을 보다 쉽게 하기 위해서 정규분포를 보이는 x와 y변수를 이용하기로 한다. x축과 y축 사이에는 가장 많은 데이터가 있는 점을 두고 주축 p_1과 p_2가 만들어지게 된다. 다음은 x와 y변수 사이의 상관관계를 그림으로 나타낸 것이다.

[그림 8-2] 상관관계의 종류

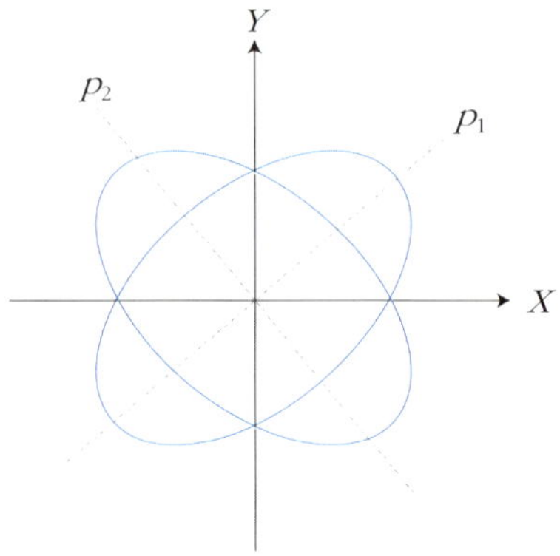

(a) X와 Y 사이의 약한 상관관계

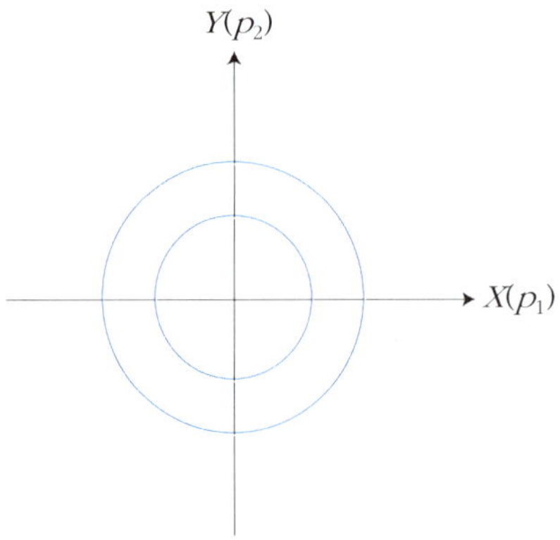

(b) X와 Y 사이 상관관계 없음

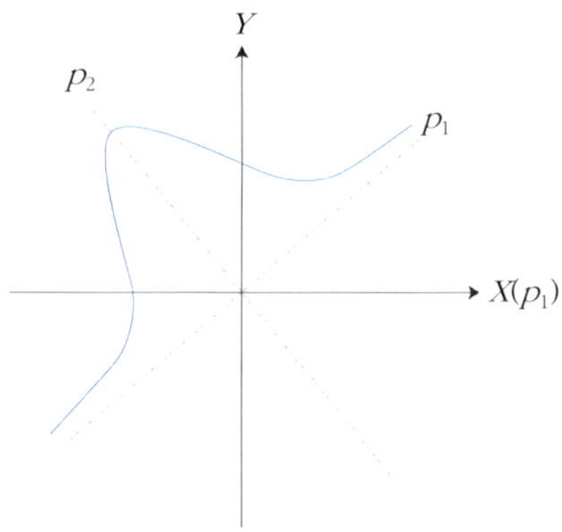

(c) X와 Y 사이의 강한 상관관계

주성분분석에서는 주성분 선과 일정한 점들 사이의 거리를 최소화하는 계산방법을 사용하게 된다. 이러한 계산방법의 특징은 잔차($\Sigma(Y_i - \hat{Y})^2)$)를 최소화하는 회귀분석의 최소자승법과 차이가 있다. 이것을 그림으로 나타내면 다음과 같다.

[그림 8-3] 최소자승법과 주성분분석법

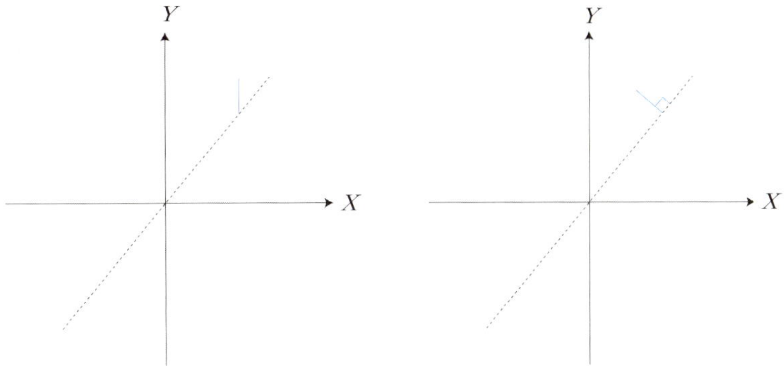

(a) 최소자승법 (b) 주성분분석법

앞에서도 설명한 것처럼, 주성분 요인에서는 가설 요인들을 추측하지는 않는다. **주성분 요인분석**은 설명을 경제적으로 하는 데 목적이 있다. 즉, 주성분 분석은 변수들 사이에 상관성을 설명하려는 것이 아니라 자료에서 가능한 분산을 설명하는 데 주된 목적이 있다.

주성분분석 결과로 나타나는 주성분은 다음과 같은 식으로 나타낼 수 있다. 여기서는 제1의 주성분과 관련된 선형결합식을 나타내고 있다.

$$C_1 = w_1 X_1 + w_2 X_2 + w_3 X_3 \cdots\cdots + w_k X_k \quad \text{(식 8-1)}$$

여기서, 제1주성분은 k개의 변수에 가중치(w)를 부여하여 생성된 주성분이다. 제1주성분은 $\sum w_k^2 = 1$인 조건하에 분산 $Var(C)$를 최대화시킬 수 있는 가중치 w의 벡터라고 정의한다. 이처럼 주성분분석은 여러 변수를 가장 잘 설명할 수 있는 선형결합의 가중치를 탐색하는 것이다.

주성분들 사이는 독립성을 보여야 한다. 제1주성분 C_1, 제2주성분 C_2으로 나타낸다고 한다면, 이 두 성분 간의 독립성 혹은 직교성은 $C_1 \cdot C_2 = 0$으로 표현될 수 있다. 주성분 벡터는 개개의 주성분의 집합에 대하여 행렬로 나타내면 다음과 같다.

$$C = (w_1,\ w_2 \cdots w_r) \begin{bmatrix} \lambda_1 & 0 \\ 0 & \lambda_2 \end{bmatrix}$$

2 주성분분석 예제

앞의 5장에서 다룬 예제를 통해서 주성분분석을 실시하여 보기로 하자. 다음은 설문지를 나타낸다.

[표 8-1] 설문지

다음은 음식점의 서비스품질 속성을 구성하는 항목이다. 각자 느끼는 만족도를 표시하여 주기 바랍니다.

(설문 1) 세명 음식점에 대해 느끼는 만족도

1. 가격에 대한 만족도(x1) ① -----② -----③ -----④ -----⑤ -----⑥ -----⑦
2. 음식점 이미지(x2) ① -----② -----③ -----④ -----⑤ -----⑥ -----⑦
3. 가격의 유연성(x3) ① -----② -----③ -----④ -----⑤ -----⑥ -----⑦
4. 종사자 이미지(x4) ① -----② -----③ -----④ -----⑤ -----⑥ -----⑦
5. 음식점 맛(x5) ① -----② -----③ -----④ -----⑤ -----⑥ -----⑦

(설문지) 세명 음식점 월평균 이용횟수(x6)? (   )

다음의 [표 8-2]는 설문결과를 모은 25명에 대한 자료치이다.

[표 8-2] 설문결과

x1	x2	x3	x4	x5	x6
6	4	7	6	5	4
5	7	5	6	6	6
5	3	4	5	6	4
3	3	2	3	4	3
4	3	3	3	2	2
2	6	2	4	3	3
1	3	3	3	2	1
3	5	3	4	2	2
7	3	6	5	5	4
6	4	3	4	4	6
6	6	2	6	4	6
3	2	2	4	2	3
5	7	6	5	2	6
6	3	5	5	7	3
3	4	4	3	2	2
2	7	5	5	4	4
3	5	2	7	2	5
6	4	5	5	7	4
7	4	6	3	5	2
5	6	6	3	4	3
2	3	3	4	3	2
3	4	2	3	4	3
2	6	3	5	3	5
6	5	7	5	5	5
7	6	5	4	6	5

(자료 : ex1.txt)

2.1 주성분분석 실행

주성분분석을 실행하기 위해서 먼저 리스렐 화면에서 자료 불러오기를 실행한다.

① 앞에서 텍스트 파일로 저장되어 있는 데이터(ex1.txt) 파일을 불러오기 위해서, 리스렐 아이콘( )을 누르면 다음과 같은 화면을 얻을 수 있다.

[그림 8-4] 리스렐 초기 화면

② File ⇒ Import Data in Free Format를 누른다. 여기서, 찾는 위치(디렉토리)를 확인한 다음, 파일 형식(T): 란에서 Tab Delimited Data(*.txt)를 지정한다.

[그림 8-5] 데이터 불러오기

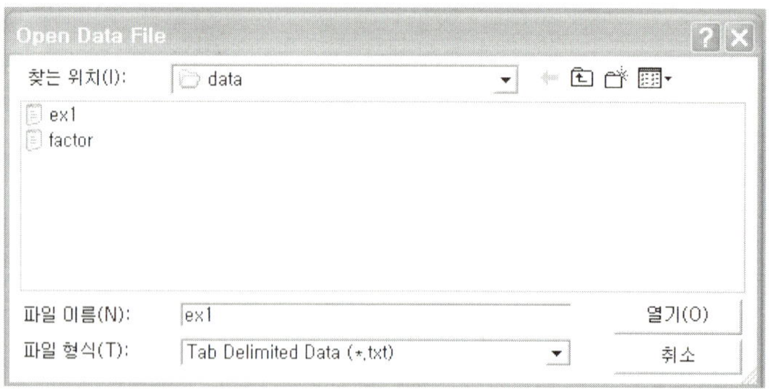

③ 파일명(ex1.txt)을 설정한 후 열기(O) 단추를 누른다. 그러면 다음과 같은 화면을 얻을 수 있다.

[그림 8-6] 변수 지정하기

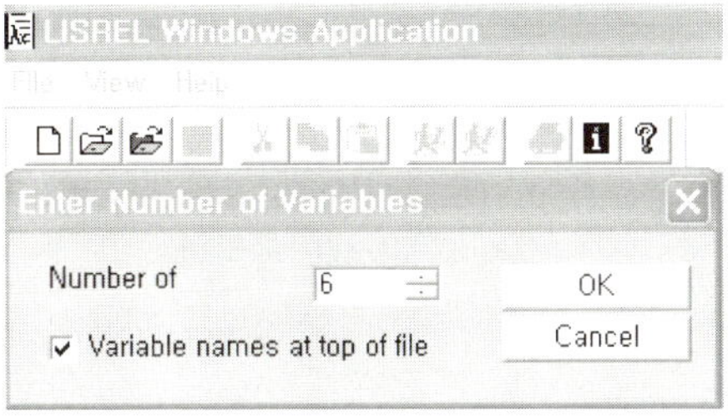

여기서, 불러올 변수의 개수(여기서, 6)를 표시하기 위해서 Number of 란에서 6 을 입력한다. 그리고 Excel 파일에서 첫 번째 행은 변수명을 나타내기 때문에 문자로 인식하도록 하기 위해서 ☑ Variable names at top of file 를 누른다. 그리고 OK 단추를 누른다. 그러면 다음과 같은 리스렐 창을 얻을 수 있다.

[그림 8-7] 리스렐 창

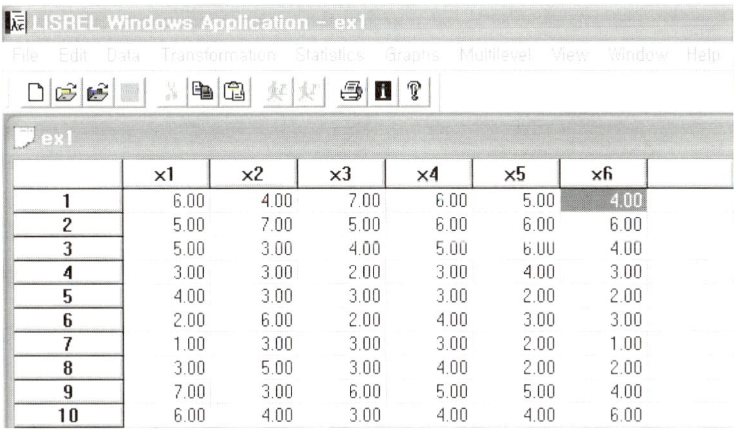

	x1	x2	x3	x4	x5	x6
1	6.00	4.00	7.00	6.00	5.00	4.00
2	5.00	7.00	5.00	6.00	6.00	6.00
3	5.00	3.00	4.00	5.00	6.00	4.00
4	3.00	3.00	2.00	3.00	4.00	3.00
5	4.00	3.00	3.00	3.00	2.00	2.00
6	2.00	6.00	2.00	4.00	3.00	3.00
7	1.00	3.00	3.00	3.00	2.00	1.00
8	3.00	5.00	3.00	4.00	2.00	2.00
9	7.00	3.00	6.00	5.00	5.00	4.00
10	6.00	4.00	3.00	4.00	4.00	6.00

④ 주성분분석을 실행하기 위해서 다음과 같은 순서로 진행한다. 그러면 다음과 같은 그림을 얻을 수 있다.

Statistics

Factor Analysis...

[그림 8-8] 요인분석 창

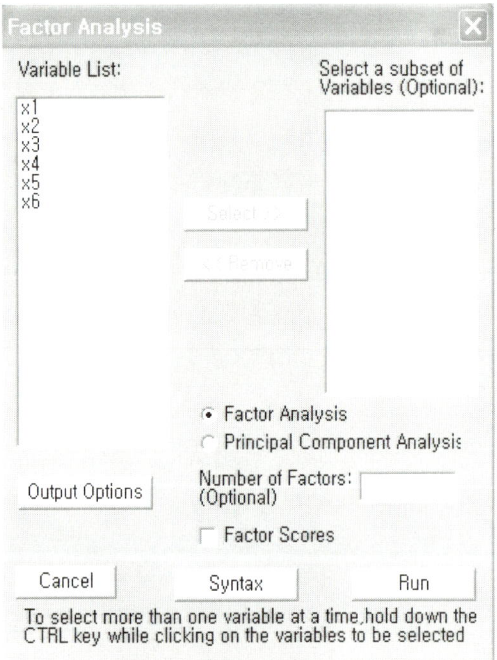

⑤ Variable List: 란에 있는 다섯 개 변수들(x1, x2, x3, x4, x5)을 Select a subset of Variables (Optional): 란으로 보내고 ◉ Principal Component Analysis(주성분분석)를 지정한다. Number of Factors: 란에 2를 입력하고 ☑ Factor Scores를 지정한다. 즉, 다음과 같은 화면을 얻을 수 있다.

[그림 8-9] 주성분분석 지정하기

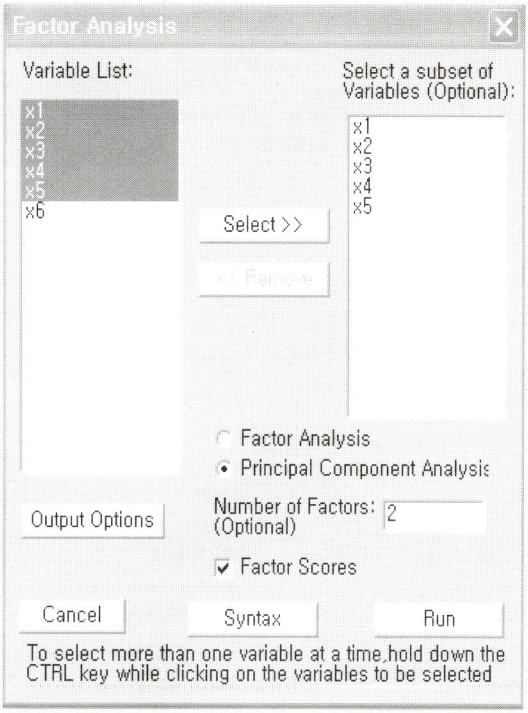

⑥ RUN 단추를 눌러 리스렐 프로그램을 실행하면 다음과 같은 결과를 얻을 수 있다.

2.2 결과해석

[결과 8-1] 바차트

Univariate Distributions for Ordinal Variables

x1	Frequency	Percentage	Bar Chart
1	1	4.0	□
2	4	16.0	□□□□
3	6	24.0	□□□□□□
4	1	4.0	□
5	4	16.0	□□□□
6	6	24.0	□□□□□□
7	3	12.0	□□□

x2	Frequency	Percentage	Bar Chart
2	1	4.0	□
3	7	28.0	□□□□□□□
4	6	24.0	□□□□□□
5	3	12.0	□□□
6	5	20.0	□□□□□
7	3	12.0	□□□

x3	Frequency	Percentage	Bar Chart
2	6	24.0	□□□□□□
3	6	24.0	□□□□□□
4	2	8.0	□□
5	5	20.0	□□□□□
6	4	16.0	□□□□
7	2	8.0	□□

x4	Frequency	Percentage	Bar Chart
3	7	28.0	□□□□□□□
4	6	24.0	□□□□□□
5	8	32.0	□□□□□□□□
6	3	12.0	□□□
7	1	4.0	□

x5	Frequency	Percentage	Bar Chart
2	7	28.0	□□□□□□□
3	3	12.0	□□□
4	6	24.0	□□□□□□
5	4	16.0	□□□□
6	3	12.0	□□□
7	2	8.0	□□

[결과 8-1 설명] 각 변수별로 점수대별 빈도수, 퍼센트, 바차트 등이 나타나 있다. 예를 들어, x1(가격에 대한 만족도) 변수에 대하여 살펴보면, 1점이라고 응답한 사람은 1명으로 4퍼센트에 해당되며, 바차트에서 빈도 1명을 나타내고 있다. 2점이라고 응답한 사람은 4명(16%)임을 알 수 있다. 다른 변수에 대한 해석은 각자가 해보도록 하자.

[결과 8-2] 공분산분석

Covariance Matrix

	x1	x2	x3	x4	x5
x1	1.210				
x2	0.018	0.608			
x3	0.923	0.297	2.323		
x4	0.371	0.444	0.394	2.496	
x5	2.199	0.139	2.122	1.420	9.211

[결과 8-2 설명] 공분산 행렬을 살펴보면, 어느 정도 방향성과 힘의 크기를 확인할 수 있다. x1, x3, 그리고 x5는 관련성이 높아 보이고, x2와 x4변수가 관련성이 있어 보인다. 따라서 1주성분은 x1, x3, x5, 2주성분은 x2, x4 변수로 구성될 것으로 추측할 수 있다.

[결과 8-3] 주성분분석과 고유벡터

Principal Component Analysis
Eigenvalues and Eigen vectors

	PC_1	PC_2
Eigenvalue	10.71	2.31
% Variance	67.59	14.57
Cum. % Var	67.59	82.16
x1	0.245	−0.045
x2	0.029	0.235
x3	0.268	0.012
x4	0.183	0.952
x5	0.913	−0.190

Correlations between Variables and Principal Components

	PC_1	PC_2
x1	0.728	−0.062
x2	0.122	0.458
x3	0.575	0.012
x4	0.380	0.916
x5	0.985	−0.095

[결과 8-3 설명] 첫 번째 주성분의 선형 결합식은 $PC_1 = 0.245x_1 + 0.029x_2 + 0.268x_3 + 0.183x_4 + 0.913x_5$으로 구성된다. 첫 번째 주성분은 x1, x3, x5에 의해서 영향을 받고 x2, x4에 의해서는 거의 영향을 받지 않는 것을 알 수 있다. 이 주성분의 분산은 67.59%임을 알 수 있다. 첫 번째 성분의 누적 분산(Cum. % Var)은 67.59%이다.

둘째 주성분의 선형 결합식은 $PC_2 = -0.045x_1 + 0.235x_2 + 0.012x_3 + 0.952x_4 - 0.190x_5$이다. 두 번째 주성분은 x2, x4에 의해서 영향을 받고 x1, x3, x5에 의해서는 거의 영향을 받지 않는 것을 알 수 있다. 이 주성분의 분산은 14.57%임을 알 수 있다. 두 번째 성분의 누적 분산(Cum. % Var)은 82.16%이다.

[결과 8-4] 변수와 주성분 간의 상관관계

Variance contributions

	PC_1	PC_2
x1	0.529	0.004
x2	0.015	0.209
x3	0.330	0.000
x4	0.144	0.839
x5	0.970	0.009

[결과 8-4 설명] 주성분분석 후 각 변수의 부하량을 산출하게 된다. 부하량은 부호에 상관없이 절대값의 크기로 결정된다. 첫 번째 성분 PC_1에서는

x1, x3, x5가 높은 부하량을 지니고 있고 PC_2에서는 x2, x4변수가 높은 부하량을 지니고 있다. 즉, x1, x3, x5변수가 첫 번째 성분에 묶이고, x2, x4변수는 PC_2에 묶이는 것을 알 수 있다. 연구자는 이 경우에 가격에 대한 만족도(x1), 가격의 유연성(x3), 음식점 맛(x5)으로 묶이는 PC_1은 '유형적 품질'요인, 그리고 음식점 이미지(x2), 종사자 이미지(x4)이 같이 묶이는 PC_2는 '이미지' 요인이라고 명명할 수 있을 것이다.

9 CHAPTER

회귀분석

1. 단순회귀분석
2. 중회귀분석
3. Amos 분석예제
4. 리스렐분석(다중회귀분석)
5. 리스렐분석(선형회귀분석)

학습목표

1. 단순회귀분석의 정의와 계산방법을 터득한다.
2. 중회귀분석의 정의와 계산방법을 살펴본다.
3. Amos 프로그램을 이용한 회귀분석방법을 실행해 본다.
4. 리스렐 프로그램을 이용한 다중회귀분석방법을 실행해 본다.
5. 리스렐 프로그램을 이용한 선형회귀분석방법을 실행해 본다.

하기아 소피아(Hagia Sophia)

모든 보이는 사물 속에는
보이지 않는 풍요,
흐릇해진 불빛,
온유한 이름 없음,
감추어진 전체성이 있다네.
이 신비한 하나됨과 통일성이
모든 것의 어머니인
지혜라네.

토마스 머튼

통계를 다루다 보면 두 개 혹은 그 이상의 여러 변수 사이의 관계를 분석하여야 할 때가 있다. 서로 관계를 가지고 있는 변수들 사이에는 다른 변수(들)에 영향을 주는 변수(들)가 있는 반면에 영향을 받는 변수(들)도 있다. 전자를 **독립변수**(independent variable 또는 predictor variable)라고 하며, 후자를 **종속변수**(dependent variable 또는 response variable)라고 한다. 예컨대, 공부시간과 학점 관계에서, 전자는 후자에 영향을 미치므로 독립변수가 되고, 후자는 종속변수가 된다.

회귀분석(regression analysis)은 독립변수가 종속변수에 미치는 영향력 크기를 조사하여 독립변수의 일정한 값에 대응하는 종속변수값을 예측하는 기법을 의미한다. 공부시간과 학점 사이에서 어떤 관계가 있을 때, 일단 공부시간에 대한 수준이 결정되면 회귀분석을 통하여 학점을 예상할 수 있을 것이다.

회귀분석은 세 가지의 주요 목적을 갖는다. 첫째, 기술적인 목적을 갖는다. 변수들, 즉 공부시간과 학점 사이의 관계를 기술하고 설명할 수 있다. 둘째, 통제목적을 갖는다. 예를 들어, 근무태도와 생산성 사이의 관계 혹은 결근율과 생산량 사이의 관계를 조사하여 생산 및 운영관리의 효율적인 통제에 회귀분석을 이용할 수 있다. 셋째, 예측의 목적을 갖는다. 기업에서 생산량을 추정함으로써 비용을 예측할 수 있으며 아파트 가구당 평수를 앎으로써 전기소모량을 예상할 수 있다.

회귀분석은 **단순회귀분석**(simple regression analysis)과 **중회귀분석**(multiple regression analysis)으로 나눈다. 이에 대한 구분방법은 다음 표를 참조하면 쉽게 이해할 수 있다.

[표 9-1] 회귀분석의 종류

구 분	독립변수	종속변수
단순회귀분석	1	1
중회귀분석	多(2개 이상)	1
일반선형분석	多	多

1 단순회귀분석

단순회귀분석(simple regression analysis)의 목적은 두 변수, 즉 하나의 독립변수와 종속변수 사이의 관계를 알아내는 것이다.

1.1 산포도 그리기

두 변수 사이의 관계를 알아보기 위해서 연구하는 회귀분석에서 우리는 종속변수인 전기소모량이 독립변수인 평수의 변화에 따라 어떻게 조직적으로 변하는가를 알고자 한다. 앞의 제6장에서 **산포도(scatter diagram)**에 대한 설명을 하였으므로 여기서는 생략하기로 한다.

이제 모집단에 대한 단순회귀의 선형모형식을 알아보자.

단순회귀직선모형

$$Y_i = \beta_0 + \beta_1 X + \varepsilon_i \qquad \text{(식 9-1)}$$

여기서, Y_i : i번째 반응치

β_0 : 절편 모수

β_1 : 기울기 모수

X_i : 이미 알려진 독립변수의 i번째 값

ε_i : 오차이며 분포는 $N(0, \sigma^2)$

$Cov(\varepsilon_i, \varepsilon_j)$: 0 (단 $i \neq j$)

다음으로 회귀모형의 가정을 정리하면 다음과 같다.

회귀모형의 가정

① X는 확률변수가 아니라 확정된 값이다.

② 모든 오차는 정규분포를 이루며, 평균이 0, 분산은 σ^2으로 X값에 관계없이 동일하다. 즉, $\varepsilon_i \sim N(0, \sigma^2)$

③ 서로 다른 관찰치의 오차는 독립적이다.
즉, $Cov(\varepsilon_i, \varepsilon_j) = 0$ (단 $i \neq j$)

④ $Y \sim N(\beta_0 + \beta_1 X, \sigma^2)$

따라서,

$$E(Y_i) = E(\beta_0 + \beta_i X_i + \varepsilon_i) = \beta_0 + \beta_i X_i + E\varepsilon_i \qquad (식\ 9\text{-}2)$$
$$= \beta_0 + \beta_1 X_i$$

그러므로 i번째에 있는 X의 값이 X_i라 하면, 종속변수 Y_i는 평균이 $E(Y_i) = \beta_0 + \beta_1 X_i$인 확률분포에서 나온 것이다.

선형회귀모형 $E(Y_i) = \beta_0 + \beta_1 X_i$에서 β_0는 절편이고 β_1은 기울기이다. 직선의 모형은 β_0와 β_1의 값에 따라 달라지며, 이 값들은 모집단을 완전히 파악하지 않으면 알 수 없는 계수들이다. 두 변수 간의 관계를 알기 위해서는 우리는 두 계수를 구해야 한다. 주어진 표본 관찰치들로부터 구해진 회귀직선을(편의상 i를 생략)

$$\hat{Y} = b_0 + b_1 X \qquad (식\ 9\text{-}3)$$

라 하면 b_0와 b_1은 각각 β_0와 β_1의 추정치가 된다. 표본에 대하여 회귀모수 β_0아 β_1이 좋은 추정량을 발견하기 위해서 최소자승법(least square method)을 이용할 수 있다.

최소자승법이란 잔차(residual)제곱의 합을 최소화시키는 b_0와 b_1의 값을 구하는 방법을 말한다. 여기서 잔차란 실제 관찰치 Y_i와 예측치 $\hat{Y}_i$(Y-hat으로 읽음) 사이의 차이값을 뜻하므로, 잔차 e_i는

$$e_i = Y_i - \hat{Y}_i \tag{식 9-4}$$

이다. 변수들 사이의 관계를 정확하게 기술하거나 예측을 하려면 이 잔차는 최소가 되어야 할 것이다. 이것을 위해서 잔차제곱의 합을 최소화한다면 같은 목적을 이룰 수 있다. 따라서 $\sum_{i=1}^{n} e_i^2$ 를 최소화시키는 b_0와 b_1의 값을 구하면 된다. 식 (9-5)를 Q라 놓으면,

$$Q = \sum_{i=1}^{n} e_i^2 = \sum_{i=1}^{n} (Y_i - \hat{Y}_i)^2 = \sum_{i=1}^{n} (Y_i - b_0 - b_i X_i)^2 \tag{식 9-5}$$

이 된다. 위 식을 b_0와 b_1에 대하여 편미분하고 그 결과를 0으로 놓으면,

$$\begin{aligned} \frac{\partial Q}{\partial b_0} &= 2\sum_{i=1}^{n} (Y_i - b_0 - b_i X_i)(-1) = 0 \\ \frac{\partial Q}{\partial b_1} &= 2\sum_{i=1}^{n} (Y_i - b_0 - b_i X_i)(-X_i) = 0 \end{aligned} \tag{식 9-6}$$

의 두 식을 얻으며, 이것을 정리하면,

$$\begin{aligned} \sum Y_i &= nb_0 + b_1 \sum X_i \\ \sum X_i Y_i &= b_0 \sum X + b_1 \sum X_i^2 \end{aligned} \tag{식 9-7}$$

이 얻어지며, 이 두 식을 正規方程式(normal equation)이라고 한다. 이 정규방정식을 b_0와 b_1에 대하여 풀면 다음과 같다.

회귀직선모형의 기울기와 절편

$$b_1 = \frac{n\sum X_i Y_i - (\sum X_i)(\sum Y_i)}{n\sum X_i^2 - (\sum X_i)^2} = \frac{\sum (X_i - \overline{X})(Y_i - \overline{Y})}{(X_i - \overline{X}_i)^2}$$

$$b_0 = \frac{1}{n}(\sum Y_i - b_1 \sum X_i) = \overline{Y} - b_1 \overline{X} \qquad \text{(식 9-8)}$$

1.2 회귀식의 정도(精度)

앞에서 주어진 자료를 바탕으로 회귀모형을 일차함수로 나타낸 후에 최소자승법에 의하여 회귀직선을 구하는 방법을 설명하였다. 그러나 회귀선만으로 관찰치들을 어느 정도 잘 설명하고 있는지 여부를 알 수 없다. 회귀선의 정도, 즉 회귀선이 관찰자료를 어느 정도로 설명하는지를 추정하여야 한다.

회귀선의 정도를 추정하는 방법으로는 **추정의 표준오차**(standard error the estimate), **결정계수**(coefficient determination) 두 가지가 있다. 먼저, 추정의 표준오차는 다음과 같은 식으로 계산한다.

$$S_{y.x} = \sqrt{\frac{\sum (Y_i - \hat{Y}_i)^2}{n-2}} = \sqrt{\frac{\sum e_i^2}{n-2}} \qquad \text{(식 9-9)}$$

이 값이 0에 가까울수록 회귀식이 독립변수 X와 종속변수 Y의 관계를 적절하게 설명한다고 볼 수 있다.

추정의 표준오차는 척도에 따라 값이 달라질 수 있어 해석이 어려운 경우가 많다. 이 문제를 어느 정도 해결해 주는 방법으로 **결정계수**(coefficient of determination)가 있다. 결정계수는 종속변수의 변동 중 회귀식에 의해 설명되는 비율을 의미한다. 결정계수를 구하기 전에 먼저 필요한 개념을 소개하기로 한다.

관찰치 Y_i의 총편차는 다음과 같이 두 부분으로 나눌 수 있다.

$$(Y_i - \overline{Y}) = (Y_i - \hat{Y}_i) + (\hat{Y}_i - \overline{Y}) \quad \text{(식 9-10)}$$

(총편차) (설명 안되는 편차) (설명되는 편차)

등식 오른쪽의 첫 번째 편차는 회귀선에 의해서 나타낼 수 없으므로 이것을 설명 안되는 편차라 부른다. 두 번째 편차는 회귀선으로 나타낼 수 있기 때문에 설명되는 편차라고 부른다. 관찰치 Y_i는 회귀선으로는 표현할 길이 없으며, 추정치 $\hat{Y}_i$는 회귀선에 의해 계산이 가능하며, 그리고 회귀선은 평균치 $\overline{Y}$를 지나기 때문이다. 이와 같이 총편차는 설명 안되는 편차와 설명되는 편차로 나눌 수 있다.

표본의 결정계수

$$\gamma^2 = \frac{SSR}{SST} = 1 - \frac{SSE}{SST} \quad \text{(식 9-11)}$$

이것은 총변동 중에서 회귀선에 의하여 설명되는 비율을 나타내며, γ^2의 범위는 $0 \le \gamma^2 \le 1$이다. 만일에 모든 관찰치들과 회귀선이 일치한다면 $SSE = 0$이 되어 $\gamma^2 = 1$이 된다. 이렇게 되면 X와 Y사이의 상관관계는 100% 있다고 본다. 왜냐하면 $\gamma^2 = \pm\sqrt{\gamma^2}$ 이기 때문이다. γ^2의 값이 1에 가까울수록 회귀선은 표본의 자료를 설명하는 데 유용성이 높다. 이와 반대로, 관찰치들이 회귀선에서 멀리 떨어져 있게 된다면 SSE는 커지게 되며, γ^2의 값은 0에 가까워진다. 이 경우에 회귀선은 쓸모없는 회귀모형이 되고 만다. 따라서 표본결정계수 γ^2의 값에 따라 모형의 유용성을 판단할 수 있다.

1.3 회귀선의 적합성

회귀선이 통계적으로 유의한가(statistically significant)를 검정하는 것은 매우 중요하다. 회귀모형이 아무리 설명력이 높다하더라도 유의하지 못하면 소용이 없기 때문이다. **회귀선의 적합성**(goodness of fit) 여부, 즉 주어진 자료에 적합(fit)시킨 회귀선이 유의한가는 분산분석(analysis of variance)을 통하여 알 수 있다. 이를 위해 분산분석표를 만들면 다음과 같다.

[표 9-2] 단순회귀의 분산분석표

원 천	제곱합(SS)	자유도(DF)	평균제곱(MS)	F
회 귀	$SSR=\sum(\hat{Y}_i-\overline{Y})^2$	k	$MSR=\dfrac{SSR}{k}$	$\dfrac{MSR}{MSE}$
잔 차	$SSE=\sum(Y_i-\hat{Y}_i)^2$	$n-(k+1)$	$MSE=\dfrac{SSE}{n-k-1}$	
합 계	$SST=\sum(Y_i-\overline{Y})^2$	$n-1$		

(k = 독립변수의 수이며, 그 값은 1이다)

위 표에서 평균제곱은 제곱합을 각각의 자유도로 나눈 것이다. 통계량 MSR/MSE는 자유도(k, $n-(k+1)$)의 F분포를 한다고 알려져 있다. 회귀의 평균제곱 MSR이 잔차의 평균제곱 MSE보다 상대적으로 크다면 X와 Y의 관계를 설명하는 회귀선에 의하여 설명되는 부분이 설명 안되는 부분보다 크기 때문이다.

회귀선의 검정에 대한 귀무가설과 대립가설은 다음과 같다.

H_0 : 회귀선은 유의하지 못하다. 또는 ($\beta_1 = 0$)

H_1 : 회귀선은 유의하다. 또는 ($\beta_1 \neq 0$)

회귀모형이 통계적으로 유의하면 계속해서 모집단의 회귀모형에 대하여 추론을 하여야 한다. 만약 분산분석에서 회귀선이 유의하지 않다고 결론이 내려지면 그 회귀모형은 폐기되어야 한다.

1.4 회귀모형의 추론

앞 절에서 개발된 회귀모형의 가정이 모두 성립하며 회귀선이 유의하다고 하자. 그런데 이 회귀선은 단지 표본에서 도출된 것이다. 우리는 표본에서 구한 표본회귀선의 방정식으로부터 모집단 회귀선을 추정해야 하는데, 이것을 회귀분석의 **통계적 추론**(statistical inference)이라고 한다.

단순회귀분석의 모집단 회귀모형을,

$$Y_i = \beta_0 + \beta_1 X_i + \varepsilon_i \qquad \text{(식 9-12)}$$

여기서, β_0, β_1 : 모수

X_i : 알려진 상수

ε_i : 독립적이며, $N(0, \sigma^2)$

$Cov(\varepsilon_i, \varepsilon_j) : 0$ (단 $i \neq j$)

이라고 하자. 실제 모집단에 속해 있는 관찰치를 모두 얻는 것은 불가능하므로, 모집단으로부터 n 개의 관찰치를 추출하여서 표본회귀직선

$$\hat{Y}_i = \beta_0 + \beta_1 X_i \qquad \text{(식 9-13)}$$

을 추정하는 것이다. 여기서 $\hat{Y}_i$는 Y_i, b_0는 β_0 그리고 b_1은 β_1의 점추정량들이다. 이 추정량들은 평균과 분산을 가지고 있으므로 모수들에 대한 구간추정과 가설검정을 할 수 있는 통계적 근거를 마련해 준다.

(1) β_1의 신뢰구간 추정

$H_0 : \beta_1 = 0$

$H_1 : \beta_1 \neq 0$

만약 귀무가설이 기각되지 않으면 독립변수가 종속변수를 예측하는 데 도움이 되지 못하는 것을 나타낸다. 위의 가설검정을 위한 검정통계량은 다음

과 같은 분포를 따른다.

가설검정 통계량 t 분포

$$\frac{b_1-\beta_1}{S_{b_1}} \text{ 은 } t(n-2) \text{ 분포를 한다.} \qquad \text{(식 9-14)}$$

n개의 표본에서 $n-2$의 자유도를 가지게 된 이유는 β_0, β_1의 두 모수가 추정되어야 하기 때문에 2개의 자유도를 잃게 된 것이다.

(2) β_0의 신뢰구간추정

회귀선의 절편인 β_0의 추론은 흔한 경우가 아니다. 이것에 대한 추론은 그 모형의 기울기가 0인 경우에 하게 된다. β_0의 신뢰구간은 다음과 같다.

β_0의 신뢰구간

$$\beta_0 \in b_0 \pm t(\frac{a}{0},\ n-2) \cdot S_{b0} \qquad \text{(식 9-15)}$$

여기서, $S_{b0} = \sqrt{\frac{MSE}{n\sum(X_i - \bar{X})^2}}$, $MSE = \frac{\sum(Y_i - \hat{Y}_i)^2}{n-2}$

(3) $E(\hat{Y}_h)$의 신뢰구간추정

회귀분석의 중요한 목적 중의 하나는 Y확률분포의 평균을 추정하는 것이다. 독립변수(X)의 어떤 수준치를 X_h라 하면 X_h는 회귀모형의 범위 안에 있는 값이다. $X = X_h$일 때 평균반응치를 $E(Y_h)$라고 하면 $\hat{Y}_h$는 이것의 점추정량이다.

$$Y_h = b_0 + b_1 X_h$$

이제 $\hat{Y}_h$의 표본분포에 대하여 알아보자. $\hat{Y}_h$의 표본분포는 정규적이며, 기대치와 분산은 다음과 같다.

$\bar{Y}_h$ 의 기대치와 분산

$$E(\hat{Y}_h) = E(Y_h)$$

$$Var(\hat{Y}_h) = \sigma^2 \left[\frac{1}{n} + \frac{(X_h - \bar{X})^2}{\sum (X_i - \bar{X})^2} \right] \quad \text{(식 9-16)}$$

회귀분석의 절차

① 산포도를 그려서 자료변동의 대략적인 추세를 살펴본다.
② 회귀모형의 형태를 결정한다. 일반적으로 곡선보다는 직선의 선형 모형이 많이 이용된다.
③ 회귀모형의 계수와 정도를 구한다.
④ 회귀모형이 통계적으로 유의한가를 검정한다.
⑤ 유의한 회귀모형에 대하여 추론을 한다.

1.5 상관계수

우리는 표본 관찰치들로부터 구해진 회귀직선 $\hat{Y}_i = b_0 + b_1 X_i$ 를 얻을 수 있다. 이때 X_i 는 주어진 값이고 Y_i 만이 확률변수라고 가정하였다. 여기서 오차 $Y_i - \hat{Y}_i$의 크기를 평균개념에 의해서 회귀의 표준오차로 측정하였다. 그러나 상관분석에서는 X, Y 두 변수를 모두 확률변수로 가정하며 두 변수의 선형관계가 얼마나 강한가 하는 것을 지수로 측정하게 된다. 앞의 제7장에서 설명한 바와 같이 두 변수의 선형관계의 방향과 정도를 나타내는 측정치를 상관계수(correlation coefficient)라고 하는데, 모집단의 상관계수 ρ(rho)는 다음과 같다.

$$\rho = \frac{\sigma_{xy}}{\sigma_x \sigma_y}, \quad -1 \le \rho \le 1$$
(식 9-17)

여기서, σ_{xy}는 X와 Y 두 변수의 공분산이며, σ_x와 σ_y는 각각 X와 Y의 표준오차이다.

이제 $\sum(X_i - \overline{X}) = \sum X_i^*$, $\sum(Y_i - \overline{Y}) = \sum Y_i^*$이라고 하자. 모집단 상관계수는 표본상관계수를 나타내는

$$r = \frac{\sum X_i^* Y_i^*}{\sqrt{\sum X_i^{*2}}\sqrt{\sum Y_i^{*2}}}$$
(식 9-18)

에 의하여 추정된다. 최소자승법에 의하여 얻어진 회귀직선의 기울기

$$b_1 = \frac{\sum X_i^* Y_i^*}{\sum X_i^{*2}}$$
(식 9-19)

이므로, 식 (9 18)과 식 (9-19)에서

$$r = b_1 \frac{\sqrt{\sum X_i^{*2}}}{\sqrt{\sum Y_i^{*2}}} = b_1 \frac{S_x}{S_y}$$
(식 9-20)

또는

$$b_1 = r \frac{\sqrt{\sum Y_i^{*2}}}{\sqrt{\sum X_i^{*2}}} = r \frac{S_y}{S_x}$$

여기서 알 수 있는 것은 b_1이 일정하다고 할 때 Y에 비해 X의 표준편차가

클수록 상관관계는 커진다고 할 수 있다.

1.6 회귀모형의 타당성

회귀모형이 정해졌을 때, 누구도 이것이 적절하다고 쉽게 단언할 수 없다. 따라서, 본격적인 회귀분석을 하기 전에 자료분석을 위한 회귀모형의 타당성을 검토하는 것은 중요하다.

첫째, 결정계수 γ^2이 지나치게 작아서 0에 가까우면 회귀선은 적합하지 못하다.

둘째, 분산분석에서 회귀식이 유의하다는 가설이 기각된 경우에는 다른 모형을 개발하여야 한다.

셋째, 적합결여검정(lack-if-fit test)을 통하여 모형의 타당성을 조사한다.

넷째, 잔차(residual)를 검토하여 회귀모형의 타당성을 조사한다.

2 중회귀분석

2.1 중회귀모형

앞 절에서는 독립변수와 종속변수가 각각 하나인 경우의 회귀분석을 공부하였다. 여러 개의 독립변수가 있어, 독립변수들이 종속변수에 어떻게 영향을 미치고 있는가를 분석하는 것이 **중회귀분석(multiple regression analysis)**이다.

중회귀모형

$$Y = \beta_0 + \beta_1 X_1 + \beta_2 X_2 + \varepsilon \qquad \text{(식 9-21)}$$

여기서, β_0, β_1, β_2는 회귀계수이다,

ε는 오차항으로서 $N(0,\ \sigma^2)$이며 독립적이다.

2.2 중회귀식의 정도(精度)

회귀식의 정도는 회귀식이 관찰자료를 어느 정도 설명하고 있는가를 나타낸다. 이를 위해서는 추정의 표준오차와 결정계수가 있다. 전자는 앞 절에서 설명한 개념과 유사하며 흔히 사용되지는 않는다. 여기서는 연구자들에 가장 많이 이용하는 결정계수에 대해서 설명한다.

결정계수는 표본자료로부터 추정한 회귀방정식의 표본을 어느 정도로 나타내어 설명하고 있는가를 보여 준다. 단순회귀분석에서 표본결정계수 γ^2의 식은 다음과 같다.

$$\gamma^2 = 1 - \frac{SSE}{SST} = \frac{SSR}{SST} \qquad \text{(식 9-22)}$$

이 표본결정계수와 약간 다른 것을 소개하면 다음과 같다.

$$\gamma_a^2 = 1 - \frac{S_{y \cdot x}'^2}{S_y^2} = 1 - \frac{\sum(Y-\hat{Y})^2 / n-2}{\sum(Y-\overline{Y})^2 / n-1}$$
$$= 1 - \frac{SSE / n-2}{SST / n-1} \qquad \text{(식 9-23)}$$

이 γ_α^2을 **수정결정계수**(adjusted coefficient of determination)라고 부른다. 이 결정계수는 각각의 적절한 자유도에 의하여 수정었기 때문이다. 모집단의 결정계수를 추정할 때에 일반적으로 γ^2보다는 γ_α^2이 더 많이 사용된다. 그런데 표본의 수가 큰 경우에는 두 표본결정계수는 거의 같아진다.

중회귀분석에 있어서 고려해야 할 중요한 개념은 독립변수들 사이의 상관관계를 나타내는 **다중공선성**(multicollinearity)이다. 이 다중공선성은 각 독립변수의 역할을 강조하는 데에서 문제가 야기된다. 대부분의 경우 독립변수들은 종속변수에 대하여 합동으로 영향을 주며, 이 문제를 해결하려면 각 독립변수의 기여도를 개별적으로 분리해 볼 필요가 있다.

2.3 중회귀식의 적합성

회귀식이 통계적으로 유의한지 여부를 검정하기 위하여 독립변수가 k 개인 중회귀식의 분산분석표를 만들면 [표 9-3]과 같다.

[표 9-3] 중회귀분석의 분산분석표

원 천	제곱합(SS)	자유도(DF)	평균제곱(MS)	F
회 귀	$SSR=\sum(\hat{Y}_i-\overline{Y})^2$	k	$MSR=\frac{SSR}{k}$	$\frac{MSR}{MSE}$
잔 차	$SSE=\sum(Y_i-\hat{Y}_i)^2$	$n-(k+1)$	$MSE=\frac{SSE}{n-k-1}$	
합 계	$SST=\sum(Y_i-\overline{Y})^2$	$n-1$		

검정 절차는 단순회귀분석에 준한다. 검정을 위하여 가설을 세우면

H_0 : $\beta_1=\beta_2=0$, $p>\alpha=0.05$
H_1 : 적어도 둘 중의 하나는 0이 아니다. $p<\alpha=0.05$

3 Amos 분석예제

[Amos 예제] 다음은 가구당 아파트 평수(x1), 가족수(x2)와 전기소모량(y)의 자료이다. 아파트 평수(x1)와 가족수(x2)가 전기소모량(y)에 미치는 영향을 분석하여 보자.

가구	평수(평)	가족수(명)	전기소모량(kw)
1	25	3	100
2	52	6	256
3	38	5	152
4	32	5	140
5	25	4	150
6	45	7	183
7	40	5	175
8	55	4	203
9	28	2	152
10	42	4	198

(자료 : re.txt)

위 자료를 이용하여 중회귀모형분석을 실시해 보기로 하자.

(1) 자료변환

우선, 엑셀창에서 상관분석을 실시한 후 다음과 같이 데이터를 정리하도록 한다.

[그림 9-1] 상관행렬 저장

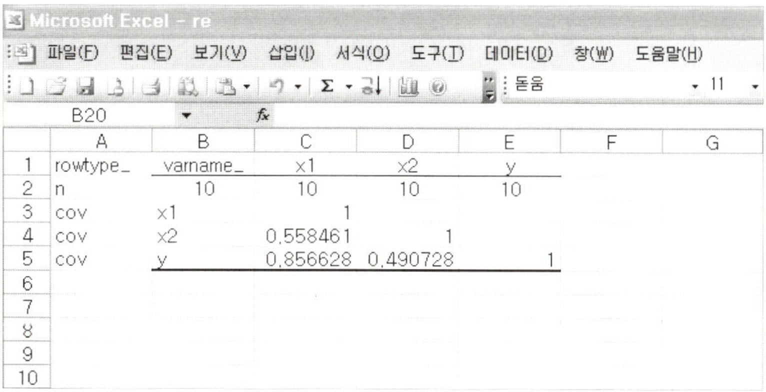

	A	B	C	D	E	F	G
1	rowtype_	varname_	x1	x2	y		
2	n	10	10	10	10		
3	cov	x1	1				
4	cov	x2	0.558461	1			
5	cov	y	0.856628	0.490728	1		
6							
7							
8							
9							
10							

(자료 : re.xls)

앞의 상관행렬 저장에서는 표준편차를 표시하지 않았기 때문에 상관행렬을 공분산(cov)행렬로 입력하였다. 상관행렬로 입력하든 공분산행렬로 입력하든 동일한 결과를 얻을 수 있으니 걱정할 필요는 없다. 상관행렬 데이터를 re.xls로 저장한다.

(2) Amos 실행

Amos Graphic을 이용하여 다음과 같은 경로도형을 구축한다.

[그림 9-2] 회귀분석 경로도형 구축

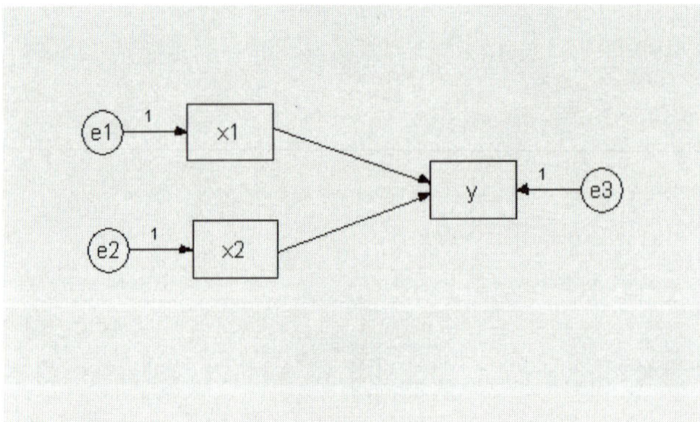

(자료 : ch9-1.amw)

File ⇒ Data Files...를 누르고 데이터 파일(re.xls)이 있는 곳의 위치를 지정한다. 그런 다음 OK 단추를 누르고 Calculate estimate(▥) 단추를 누르면 결과물을 얻을 수 있다.

(3) Amos 결과물

[결과 9-1] 전체의 적합도

Notes for Model (Default model)
Computation of degrees of freedom (Default model)
Number of distinct sample moments: 6
Number of distinct parameters to be estimated: 5
Degrees of freedom (6 - 5): 1
Result (Default model)
Minimum was achieved
Chi-square = 3.364
Degrees of freedom = 1
Probability level = .067

[결과 9-1 설명] 전체의 적합도 : 자유도(Degrees of freedom)는 1임을 알 수 있다. 카이자승 통계량은 3.364, 확률은 0.067임을 알 수 있다. 이 부분에 대한 설명은 다음 제12장 이후에서 더욱 자세히 공부할 수 있다.

[결과 9-2] 회귀계수와 분산

Estimates (Group number 1 - Default model)

Scalar Estimates (Group number 1 - Default model)

Maximum Likelihood Estimates

Regression Weights: (Group number 1 - Default model)

	Estimate	S.E.	C.R.	P	Label
y <--- x1	.847	.172	4.925	***	
y <--- x2	.018	.172	.104	.917	

Variances: (Group number 1 - Default model)

	Estimate	S.E.	C.R.	P	Label
e1	.900	.424	2.121	.034	
e2	.900	.424	2.121	.034	
e3	.239	.113	2.121	.034	

[결과 9-2 설명] 회귀계수와 분산 : x1(평수)는 y(전기소모량)에 유의한 영향을 주고 있다($p = 0.000 < \alpha = 0.05$). 반면에 x2(가족수)는 y(전기소모량)에 유의한 영향을 미치지 않는 것으로 나타났다($p = 0.917 > \alpha = 0.05$).

4 리스렐분석(다중회귀분석)

【리스렐 예제 1】 다음은 가구당 아파트 평수(x1), 가족수(x2)와 전기소모량(y)의 자료이다. 아파트 평수(x1)와 가족수(x2)가 전기소모량(y)에 미치는 영향을 분석하여 보자.

가구	평수(평)	가족수(명)	전기소모량(kw)
1	25	3	100
2	52	6	256
3	38	5	152
4	32	5	140
5	25	4	150
6	45	7	183
7	40	5	175
8	55	4	203
9	28	2	152
10	42	4	198

위 자료를 이용하여 중회귀모형분석을 실시해 보기로 하자.

4.1 PLS방식

(1) 자료입력

다음과 같이 엑셀창에서 자료를 입력한다. 여기서는 re.txt로 저장하기로 한다.

[그림 9-3] 엑셀에서 저장

파일(F) 편집(E) 보기(V) 삽입(I) 서식(O) 도구(T) 데이터(D) 창(W) 도움말(H)

D11

	A	B	C	D	E	F	G
1	x1	x2	y				
2	25	3	100				
3	52	6	256				
4	38	5	152				
5	32	5	140				
6	25	4	150				
7	45	7	183				
8	40	5	175				
9	55	4	203				
10	28	2	152				
11	42	4	198				
12							

(자료 : re.txt)

(2) 리스렐에시 불러오기

리스렐을 열고 File ⇒ Import Data in Free Format를 누른다. 여기서, 찾는 위치(디렉토리)를 확인한 다음, 파일 형식(T): 란에서 Tab Delimited Data (*.txt)를 지정한다. 여기서는 re.txt 파일을 지정한다. 그리고 Enter Number of Variables(변수의 수)는 3 , Variables names at top of file를 다음과 같이 지정한다.

[그림 9-4] 변수 불러오기

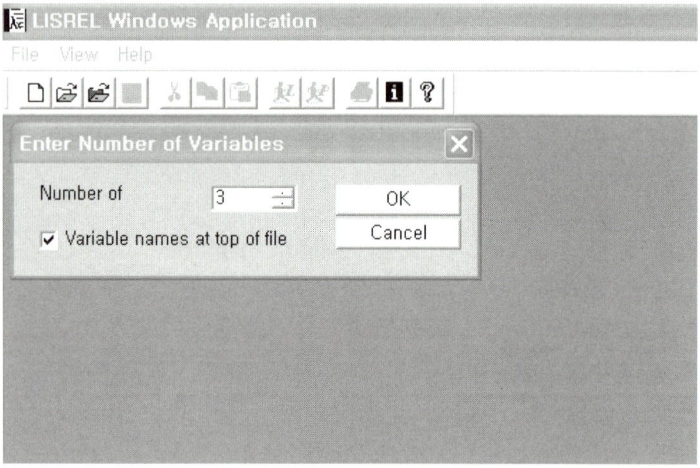

여기서, OK 단추를 클릭하면 다음과 같은 화면을 얻을 수 있다.

[그림 9-5] 데이터 불러오기 완료

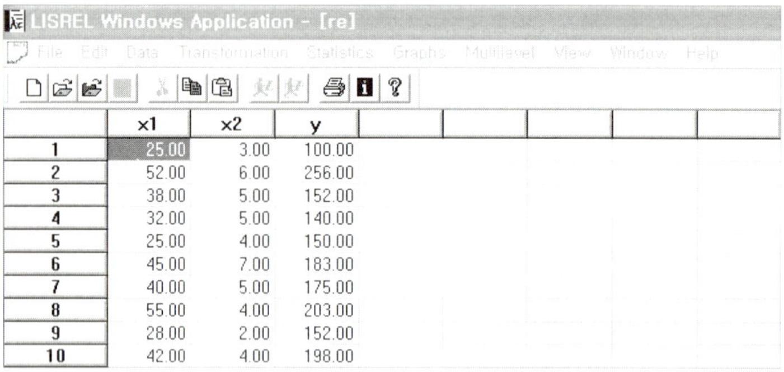

회귀분석을 위해서는 다음과 같은 순서로 진행한다. 그러면 다음과 같은 회귀분석창을 얻을 수 있다.

Statistics

Regressions...

[그림 9-6] 회귀분석창

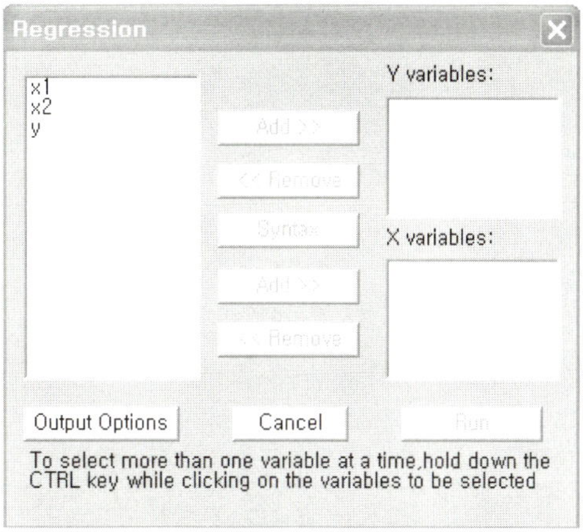

여기서, y(전기소모량)변수를 Y변수(Y variables)란에, x1(평수), x2(가족수)를 X변수(X variables)란에 다음과 같이 옮겨 놓는다. 그러면 다음과 같은 화면을 얻을 수 있다.

[그림 9-7] 회귀분석변수 지정창

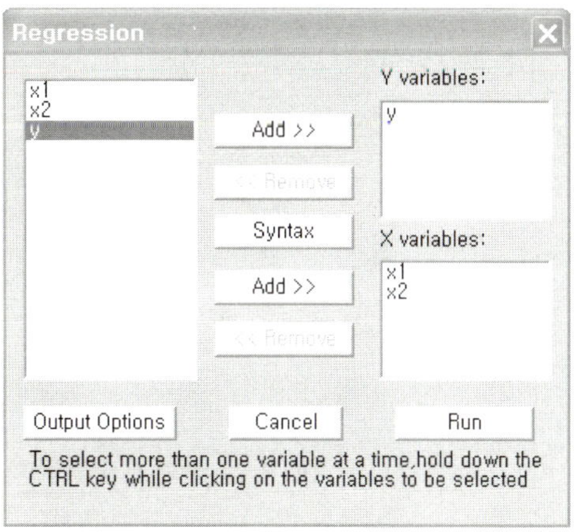

여기서, 실행단추(Run)를 누른다. 그러면 다음과 같은 결과를 얻을 수 있다.

(3) 결과해석

[결과 9-3] 표준화된 추정회귀식

```
Estimated Equations

         y  =  0.0     + 0.964*x1  - 0.0723*x2  + Error, R² = 0.863
             (0.133)  (0.163)      (0.163)
              0.0       5.925      -0.444

 Error Variance  =  0.176
```

[결과 9-3 해석] 표준화된 추정회귀식은 $\hat{y} = 0.0 + 0.964 * X_1 - 0.0723 * X_2 +$ Error이다. 이 추정회귀식의 설명력(R^2)은 86.3%이다. 여기서 유의한 변수는 X1(평수)이다($t = 5.925 > |\pm 1.96|$). 앞의 결과에서 괄호 안에 있는 수치는 표준오차이고 바로 밑에 있는 수치는 t값을 나타낸다.

4.2 상관행렬 전환 후 리스렐 프로그램 명령문 창에서 실행하는 방법

앞장에서 무응답치가 있으면 프로그램 실행이 안되거나 앞으로 다룰 구조방정식 모형의 적합지수가 산출되지 않는 원인이 될 수 있다. 분석자는 먼저, SPSS 프로그램과 Excel 프로그램으로 공분산분석이나 상관분석을 실시한다.

리스렐 프로그램에서 명령문 창을 이용하여 회귀분석을 실시하기 위해서 다음과 같은 순서로 진행하면 된다.

File

New (Ctrl + N)

[그림 9-8] 명령문 창(Syntax Only)

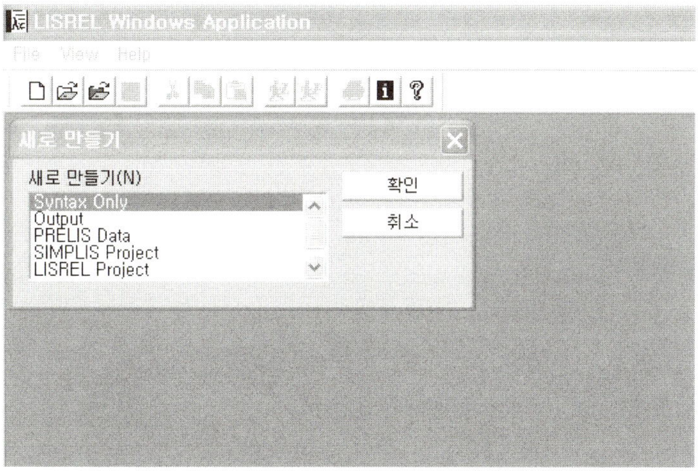

명령문 창(Syntax Only)을 지정하고 확인 단추를 누르면 다음과 같은 창이 나온다.

[그림 9-9] 명령창 입력

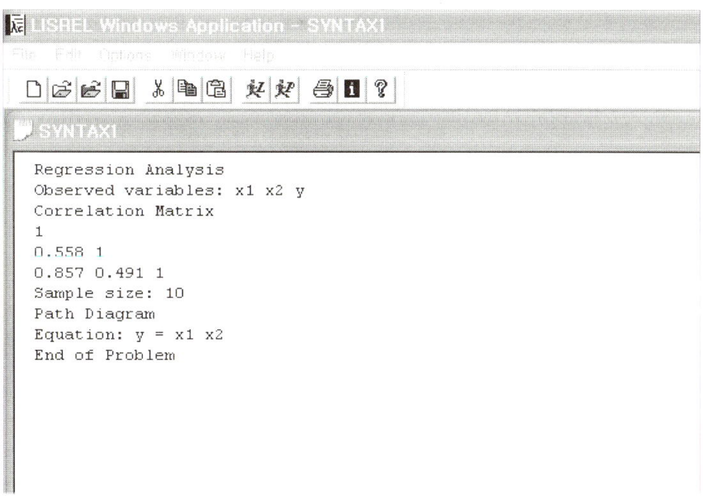

명령문 창에 대한 설명을 하면 다음과 같다.

```
Regression Analysis                          ①
Observed variables: x1 x2 y                  ②
Correlation Matrix                           ③
1
0.558 1
0.857 0.491 1
Sample size: 10                              ④
Path Diagram                                 ⑤
Equation: y = x1 x2                          ⑥
End of Problem                               ⑦
```

첫 번째 행(①)에는 제목을 입력한다. 두 번째 행(②)에는 변수명(Observed variables)을 입력한다. 다음 행(③)에는 상관행렬(Correlation Matrix)을 타이핑하고 통계분석 프로그램에서 구한 상관행렬을 입력한다. 상관행렬 자료를 입력하고 난 다음, 표본의 크기(Sample size)를 입력한다(④번). 다음 행(⑤번) 결과물에 경로도형(Path Diagram)이 나타나도록 입력한다. 그리고 해당 회귀방정식(Equation: y = x1 x2)을 입력한다(⑥번). 마지막으로 프로그램 명령문이 끝난 것을 나타내기 위해서 End of Problem을 입력한다(⑦번).

명령문 입력이 끝나고 난 다음, File ⇒ Save As...단추를 누르고 파일을 저장한다. 여기서는 re.ls8로 저장하기로 한다. 그러면 다음과 같은 그림을 얻을 수 있다.

[그림 9-10] 명령문 저장창

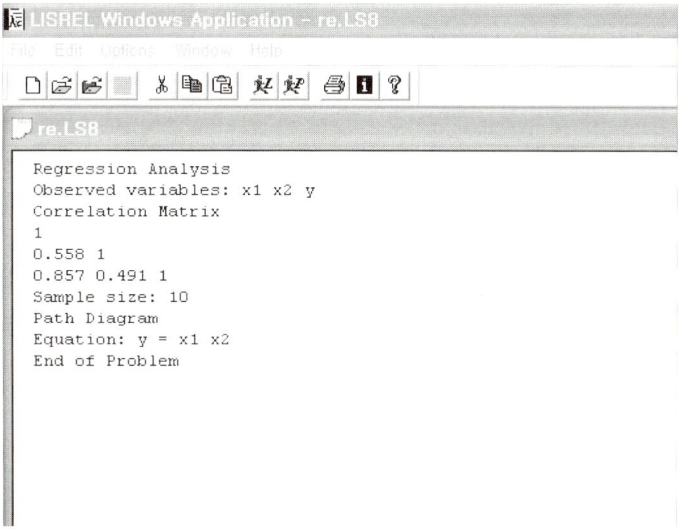

(자료 : re.ls8)

그리고 리스렐 실행단추( )를 누르면 다음과 같은 결과를 얻을 수 있다.

4.3 결과해석

[결과 9-4] 상관행렬

Correlation Matrix

	y	x1	x2
	--------	--------	--------
y	1.00		
x1	0.86	1.00	
x2	0.49	0.56	1.00

[결과 9-4 설명] 전기소모량(y), 아파트 평수(x1), 그리고 가족수(x2)의 상관행렬이 나타나 있다. 전기소모량(y)과 아파트 평수(x1) 간의 관계가 0.86으로 유의한 상관관계를 보임을 알 수 있다.

[결과 9-5] 반복과 최대우도법

```
Regression Analysis
Number of Iterations = 0
LISREL Estimates (Maximum Likelihood)
          Structural Equations
```

[결과 9-5 설명] 최적의 해를 도출하기 위한 반복의 횟수(Number of Iteration)는 0이고, **최대우도법(Maximum Likelihood)**을 사용하여 회귀분석의 모형을 추정하였음을 알 수 있다. 여기서, **최대우도법**이란 측정변수가 다변량 정규분포(multivariate normal distribution)를 따른다는 가정하에서 사용하는 방법이다. 이에 대한 내용은 다음에 보다 상세하게 설명할 예정이다.

[결과 9-6] 추정 회귀식

```
y = 0.85*x1 + 0.019*x2, Errorvar.= 0.27, R² = 0.73
    (0.23)     (0.23)              (0.14)
    3.61       0.079                1.87
```

[결과 9-6 설명] 회귀 추정식은 $\hat{Y} = 0.85 \times X_1 + 0.19 \times X_2$임을 알 수 있다. 괄호 안에 있는 숫자는 표준오차를 나타내고, 바로 밑에 있는 숫자는 t값을 나타낸다. 이 추정 회귀식의 설명력(R^2)은 73.0%이다. 여기서 유의한 변수는 X1(평수)이다($t = 3.61 > |\pm 1.96|$). 앞의 결과에서 괄호 안에 있는 수치는 표준오차이고 바로 밑에 있는 수치는 t값을 나타낸다.

[결과 9-7] 모형의 적합도와 적합지수

```
Goodness of Fit Statistics

                              Degrees of Freedom = 0
                 Minimum Fit Function Chi-Square = 0.00 (P = 1.00)
Normal Theory Weighted Least Squares Chi-Square = 0.00 (P = 1.00)

                 The Model is Saturated, the Fit is Perfect !
```

[결과 9-7 설명] 여기에 대한 내용은 차후에 보다 자세하게 설명하기로 한다. 모형의 적합도가 나타나 있다. 모형의 적합도(Goodness of Fit)는 모형의 전반적인 적합도를 판단하는 지수를 말한다. 여기서는 조사된 자료가 모형에 잘 맞는다는 귀무가설(H_0)의 채택 또는 기각 여부를 판단하게 된다. 자유도(Degrees of Freedom)는 0이고, 카이자승 통계량은 0이고 이 확률(P)은 1임을 알 수 있다. 본 모형은 **포화모형(Saturated Model)**임을 알 수 있다. 포화모형이란 정보의 수와 미지수(경로계수의 수) 같은 경우를 말한다. 지금까지 설명한 내용은 구조방정식 장에서 보다 자세하게 설명하기로 한다.

[결과 9-8] 경로도형

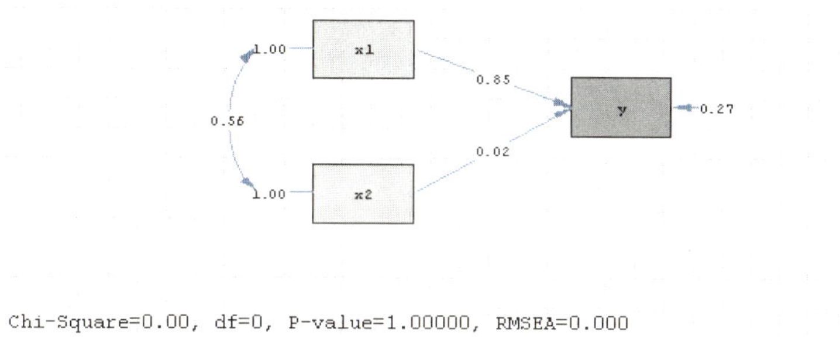

[결과 9-8 설명] 앞의 [결과 9-6]에 나타난 추정 회귀식 $\hat{Y} = 0.85 \times X_1 + 0.19 \times X_2$이 그림으로 나타나 있다. 카이자승 통계량($\chi^2$)은 0이고, 자유도(df : degree of freedom) = 0, 이에 대한 확률치는 1이다. 앞의 Amos 결과와 자유도와 확률치에서 차이가 있는 것은 리스렐 프로그램에서는 컴퓨터가 스스로 X_1변수와 X_2변수의 오차항을 연결하여 자유도 1의 감소를 가져왔으며 이것은 포화모형이 되어 확률값은 1이 된 것이다. RMSEA(Root Mean Square Error of Approximation)는 모형추정 결과로 발생한 오차($S-\Sigma(\theta)$)의 근사값 지수를 말한다. 이 값이 0이다. 여기에 대한 설명도 구조방정식 장에서 보다 상세하게 설명하기로 한다.

5 리스렐분석(선형회귀분석)

【리스렐 예제 2】 다음은 학생들의 학점에 영향을 미치는 변수와의 관계를 알아보기 위한 자료이다. y1 = 필수학점, y2 = 선택학점, x1 = 고등학교 시절 지식정도, x2 = 전년도 IQ, x3 = 교육동기부여 정도를 나타낸다. $y_1 = f(x_1, x_2, x_3)$, $y_2 = f(x_1, x_2, x_3)$의 관계를 나타내는 선형회귀분석을 실시하여 보도록 하자.

y1	y2	x1	x2	x3
0.8	2.0	72.0	114.0	17.3
2.2	2.2	78.0	117.0	17.6
1.6	2.0	84.0	117.0	15.0
2.6	3.7	95.0	120.0	18.0
2.7	3.2	88.0	117.0	18.7
2.1	3.2	83.0	123.0	17.9
3.0	3.7	92.0	118.0	17.3
3.0	3.1	86.0	114.0	18.1
3.2	2.6	88.0	114.0	16.0
2.6	3.2	80.0	115.0	16.4
2.7	2.8	87.0	114.0	17.6
3.0	2.4	94.0	112.0	19.5
1.6	1.4	73.0	115.0	12.7
0.9	1.0	80.0	111.0	17.0
1.9	1.2	83.0	112.0	16.1

(자료 : re2.sav)

5.1 분석과정

① 리스렐 분석을 위해서 SPSS 프로그램이나 Excel을 이용하여 상관행렬

을 구한다.

② 리스렐 프로그램을 불러온 뒤 다음과 같은 과정을 거친다.

File

New (Ctrl + N)

③ File에서 Syntax only를 누른다. 그리고 다음과 같은 명령문을 작성하고 re2.LS8로 저장한다.

[그림 9-11] 리스렐 명령어 작성

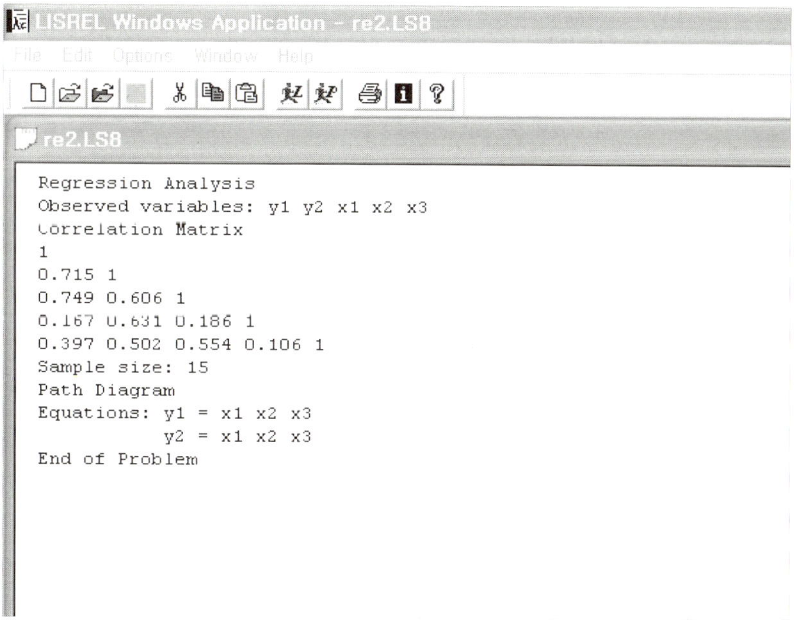

(자료 : re2.ls8)

5.2 명령어 확인

앞에서 작성한 명령어를 확인하면 다음과 같다.

```
Regression Analysis                              ①
Observed variables: y1 y2 x1 x2 x3               ②
Correlation Matrix                               ③
1
0.715 1
0.749 0.606 1
0.167 0.631 0.186 1
0.397 0.502 0.554 0.106 1
Sample size: 15                                  ④
Path Diagram                                     ⑤
Equations: y1 = x1 x2 x3                         ⑥
           y2 = x1 x2 x3
End of Problem                                   ⑦
```

첫 번째 행(①)에는 제목을 입력한다. 두 번째 행(②)에는 변수명(Observed variables)을 입력한다. 다음 행(③)에는 상관행렬(Correlation Matrix)을 타이핑하고 SPSS나 리스렐 통계분석 프로그램에서 구한 상관행렬을 입력한다. 상관행렬 자료를 입력하고 난 다음, 표본의 크기(Sample size)를 입력한다(④번). 다음 행(⑤번)에는 결과물에 경로도형(Path Diagram)이 나타나도록 입력한다. 그리고 해당 회귀 방정식(Equations: y1 = x1 x2 x3, y2 = x1 x2 x3)을 입력한다(⑥번). 마지막으로 프로그램 명령문이 끝난 것을 나타내기 위해서 End of Problem을 입력한다(⑦번).

모든 명령문 입력과정을 끝내고 리스렐 실행단추( )를 누르면 다음과 같은 결과를 얻을 수 있다.

5.3 결과해석

[결과 9-9] 추정 회귀식

```
y1 = 0.76x1 + 0.029*x2 - 0.026*x3, Errorvar. = 0.44,  R^2 = 0.56
     (0.24)   (0.20)     (0.24)                 (0.19)
     3.13     0.14       -0.11                  2.35

y2 = 0.37*x1 + 0.54*x2 + 0.24*x3, Errorvar. = 0.32,  R^2 = 0.68
     (0.21)    (0.17)    (0.20)                (0.13)
     1.82      3.11      1.17                  2.35
```

[결과 9-9 설명] 첫 번째 회귀 추정식은 $\hat{Y}_1 = 0.76 \times X_1 + 0.029 \times X_2 - 0.026 \times X_3$임을 알 수 있다. 괄호 안에 있는 숫자는 표준오차를 나타내고, 바로 밑에 있는 숫자는 t값을 나타낸다. 이 추정 회귀식의 설명력(R^2)은 56.0%이다. 여기서 유의한 변수는 X1(고등학교 시절 지식 정도)이다($t = 3.13 > |\pm 1.96|$). 앞의 결과에서 괄호 안에 있는 수치는 표준오차이고 바로 밑에 있는 수치는 t값을 나타낸다.

두 번째 회귀 추정식은 $\hat{Y}_2 = 0.37 \times X_1 + 0.54 \times X_2 + 0.24 \times X_3$임을 알 수 있다. 괄호 안에 있는 숫자는 표준오차를 나타내고, 바로 밑에 있는 숫자는 t값을 나타낸다. 이 추정 회귀식의 설명력(R^2)은 68%이다. 여기서 유의한 변수는 X2(전년도 IQ)이다($t = 3.11 > |\pm 1.96|$). 결과에서 괄호 안에 있는 수치는 표준오차이고 바로 밑에 있는 수치는 t값을 나타낸다.

[결과 9-10] 경로도형

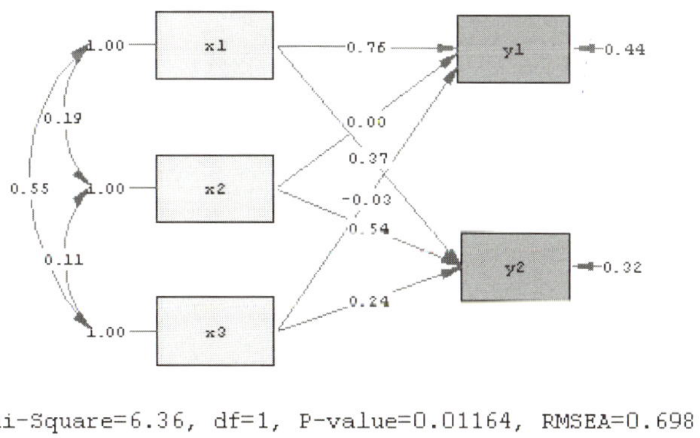

[결과 9-10 설명] 앞의 [결과 9-9]에서 설명한 추정 회귀식에 관련된 회귀계수들이 그림에 나타나 있다. 카이자승 통계량(χ^2)은 6.36이고, 자유도(df) = 1, 확률치(p-value)는 0.01164이다. RMSEA(Root Mean Square Error of Approximation)는 0.698이다.

10 CHAPTER

경로분석

1. 경로분석의 개념
2. 경로분석의 기본가정
3. 경로도형에서의 효과
4. 공변량의 분해

학습목표

1. 경로분석의 방법과 기본가정을 알아본다.
2. 경로분석에서 직접효과, 간접효과, 의사효과를 알아본다.
3. 공변량의 분해방법을 확인해 본다.

미쳐야 미친다(不狂不及)

세상은 만만하지 않다. 그저 하고 대충해서 이룰 수 있는 일은 어디에도 없다. 혹 운이 좋아 작은 성취를 이룬다 해도 결코 오래가지 않는다. 노력이 따르지 않은 한때의 행운은 복권당첨처럼 오히려 그의 인생을 망치기도 한다.
불광불급(不狂不及)이라 했다. 미치지 않으면 미치지 못한다는 말이다. 남이 미치지 못할 경지에 도달하려면 미치지 않고는 안 된다. 미쳐야 미친다. 미치려면(及) 미쳐라(狂). 지켜보는 이에게 광기(狂氣)로 비칠 만큼 정신의 뼈대를 하얗게 세우고, 미친 듯이 몰두하지 않고는 결코 남들보다 우뚝한 보람을 나타낼 수가 없다.

정민

1 경로분석의 개념

경로분석(Path Analysis)은 1930년대 Sewell Wright에 의해서 개발된 방법으로 변수 사이의 관계를 규명하는 방법이다. 경로분석에서는 공분산이나 상관계수에 의하여 인과분석을 실시하게 된다. 연구자는 경로분석을 통해서는 중회귀분석에서 파악하기 어려운 직접효과와 간접효과, 의사효과를 쉽게 파악할 수 있다. 즉, 경로분석은 연구자에 의해서 선정된 변수 간의 관계의 선형구조방정식의 회귀계수를 추정하는 것이다. 반면에 회귀분석은 독립변수들이 종속변수에 대해 가지는 직접효과만을 대상으로 분석하는 기법이다.

경로분석의 인과관계적인 시스템에는 두 종류의 변수군이 포함되는데 독립변수 군에는 X_1, X_2, … X_a, 종속변수군에는 Y_1, Y_2, … Y_a 등이 포함된다. 다수의 회귀식이 연결되어 있는 경우 경제계량분석에서는 **동시방정식모형**(simultaneous equations model)이라고 한다. 경로분석기법은 경제학자, 생물학자, 사회학자들에 의해서 많이 이용된다.

정리하면, 경로분석은 변수들 간의 관계성을 고려하는 경우에 사용된다. 2개 이상의 독립변수와 2개 이상의 종속변수 사이의 관계를 파악한다는 점에서 **정준상관분석**(canonical correlation)과 유사하다. 따라서 경로분석은 하나의 종속변수를 갖는 회귀분석과 다르다. 특히, 구조방정식모형과 다른 점은 요인분석을 통한 잠재요인의 연결이 없다는 점에 있다.

2 경로분석의 기본가정

경로분석의 기본적인 가정을 살펴보면 다음과 같다.

- 독립변수와 종속변수의 관계는 직선적(linear)이고 합산적(additive)이다.
- 경로도형의 방향은 일방적이다. 즉, 이것은 한 번 진행한 화살표는 역방향으로 진행할 수 없음을 의미한다.

- 변수의 측정은 완벽하다.
- 측정오차가 없다.
- 잔차(측정오차) 사이에는 상관관계가 존재하지 않는다.
- 변수들은 양적척도(등간척도, 비율척도)로 구성되어야 한다.

3 경로도형에서의 효과

앞에서 설명한 것처럼 경로분석은 변수 간의 공분산이나 상관관계를 이용하여 인과적인 효과를 분석하는 방법이다. 연구자는 인과분석에 있어 경로도형을 주로 이용하는데, **경로도형**(path diagram)은 변수 간의 관계를 그림에 의해서 나타낸 것을 말한다. 경로분석을 통해서 얻을 수 있는 공변량은 변수 간의 전체적인 효과로 다음과 같이 분해할 수 있다.

공변량(전체효과) = 인과효과(직접효과 + 간접효과) + 의사효과

[그림 10-1] 두 변수 사이의 경로도형

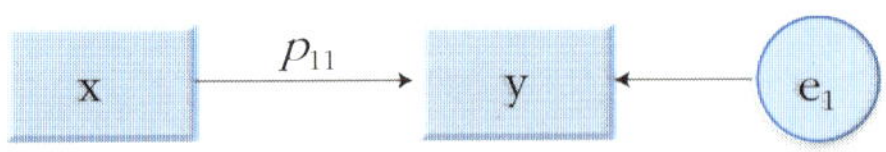

두 변수 x와 y 사이의 경로도형을 나타낸 것이다. 사각형(ㅁ)은 변수를 나타내며, 직선의 화살표는 x변수에서 y변수로의 영향 정도를 나타낸다. p_{11}은 독립변수(x)와 종속변수(y)를 회귀분석한 후 얻은 표준화 회귀계수(β_{11})를 의미한다. 표준화 회귀계수는 자료를 표준화시키고 얻은 회귀계수로 변수 간의 상대적인 영향력의 판단기준이 되기 때문에 주로 사용된다. 여기서, e_1은 x에 의해서 설명되지 못하는 부분으로 **잔차**(residual)라고 한다. 즉, 잔차는 **오차**(error)라고도 하는데, 오차는 경로도형 내의 지정변수에 의해서 설명되지

않는 경우를 말한다.

다음에서 세 변수의 관계 사이의 직접효과, 간접효과, 의사효과에 대하여 구체적으로 알아보자.

3.1 직접효과

경로도형에서 직접효과는 직접 인과관계를 나타낸 것으로 이론적인 구성 체계 내에서 하나의 독립변수(x1)가 종속변수(x2)에 영향을 미치는 것을 나타낸다. **직접효과**(direct effect)는 독립변수가 종속변수의 증감에 영향을 미치는 경우를 말한다. 다음의 그림에서는 각각 p_{21}, p_{32}, p_{31}은 직접효과의 경로계수이다.

[그림 10-2] 직접효과, 간접효과

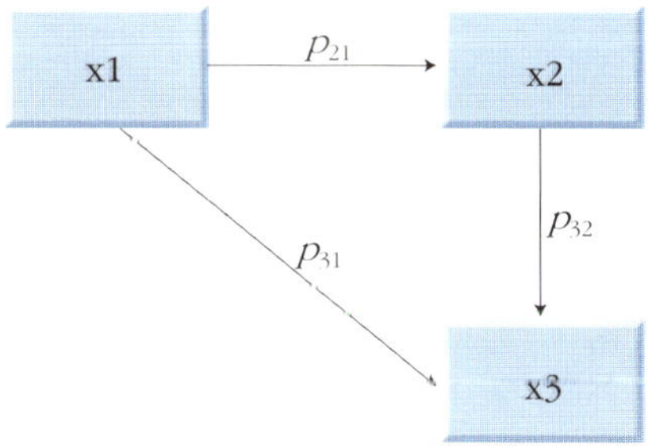

경로계수의 표기법은 도달하는 변수명을 먼저 쓰고 화살표가 출발한 곳의 변수를 나중에 쓴다. p_{21}은 변수 x1에서 출발하여 x2에 미치는 영향력을 의미한다. 경로계수에 대한 해석하는 방법을 살펴보면 $p_{21} = 0.923$은 x1변수가 1단위 증가할 때마다 x2변수가 0.923만큼씩 증가하는 것으로 해석하면 된다.

3.2 간접효과

간접효과(indirect effect)는 독립변수의 효과가 하나 이상의 중간변수에 의해서 매개되어 종속변수에 영향을 미치는 경우를 나타낸다. 앞의 [그림 10-2]에서 x1과 x3 사이에는 x2 변수가 매개되어 있음을 알 수 있다. 이 경우에 간접효과가 발생하는데 간접효과의 크기의 경로계수의 곱인 $p_{21} \times p_{32}$로 나타낸다. 추가적으로 설명하면 x1과 x3 사이에는 직접효과와 간접효과가 동시에 발생하는 것을 알 수 있다. 연구자가 연구결과를 해석하는데 주의할 사항으로 효과의 크기를 판단할 때 직접효과만으로 판단하면 효과의 크기를 정확하게 파악할 수 없다는 사실이다.

3.3 의사효과

제3변수효과 또는 **의사효과(spurious effect)**는 두 독립변수가 직접적인 연결은 없으나 제3의 변수에 의해서 동시에 영향을 받음으로 인해서 두 변수 간에 관계가 있는 것처럼 보이는 경우를 말한다. 앞의 그림에서 의사효과의 크기는 $p_{21} \times p_{32}$이다. 결국, x2와 x3변수 사이에는 직접효과와 의사효과가 발생하는 것을 알 수 있다.

4 공변량의 분해

다음은 앞에서 설명한 공변량의 분해를 이해하기 위해서 다음의 예제를 사용한다. 다음 자료는 사회진출을 앞두고 있는 4학년 학생들을 대상으로 10명의 표본을 추출하여 조사한 자료이다.

[표 10-1] 졸업반 학생들의 의식성향 조사자료

x1(동기부여)	x2(성적)	x3(성취감)
3	3.2	4
4	3.5	4
2	2.5	3
5	4.1	4
3	3.6	3
4	3.7	4
1	2.0	2
2	2.0	2
3	3.5	3
4	3.9	4

위 자료를 이용하여 공변량의 분해에 대하여 실제적으로 이해해 보도록 하자.

4.1 3변수로 구성된 경로도형의 공변량 분해

(1) 이론설명

나음은 3변수의 관계를 연구모형과 경로분석 결과를 나타낸 것이다. 물론 이러한 관계성은 기존의 강력한 이론적 배경이 있거나 논리적인 설명이 가능하여야 할 것이다. 다음 그림은 세 변수들 간의 경로계수, 즉 표준화된 회귀계수(β)를 나타낸 것이다.

[그림 10-3] 세 변수의 관련성에 관한 연구모형

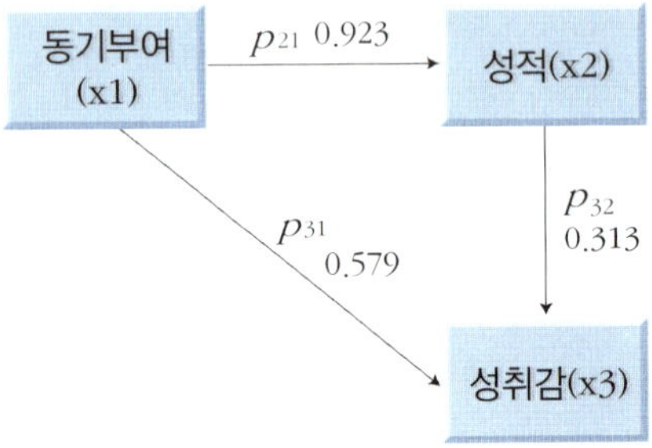

이 결과를 가지고 공변량을 분해해 보면 다음과 같다.

[표 10-2] 세 변수로 구성된 경로도형의 공변량 분해

	X1X2 (동기부여, 성적)	X1X3 (동기부여, 성취감)	X2X3 (성적, 성취감)
(a) 공변량(전체효과)	γ_{21} 0.923	γ_{31} 0.868	γ_{32} 0.847
(b) 인과효과	γ_{21} 0.923	γ_{31} 0.868	p_{32} 0.313
직접효과	p_{21} 0.923	p_{31} 0.579	p_{32} 0.313
간접효과	-	$p_{21} \times p_{32}$ 0.289	-
(c) 의사효과	-	-	$p_{21} \times p_{31}$ 0.534 $(\gamma_{32} - p_{32})$

여기서 공변량효과는 인과효과와 의사효과의 합임을 알 수 있다. 이러한 공변량의 전체효과는 세 변수의 상관행렬과 동일한 결과를 보여주고 있다. 즉, 인과분석에서의 공변량은 상관계수와 일치함을 알 수 있다. SPSS나 Excel 프로그램을 이용하여 상관분석을 실시하면 다음과 같은 결과를 얻을 수 있다.

[표 10-3] 세 변수의 상관행렬

	X1	X2	X3
X1	1		
X2	0.923	1	
X3	0.868	0.847	1

(2) Amos 실행

[1단계] 다음과 같이 Excel에서 상관행렬 자료를 저장한다.

[그림 10-4] 상관행렬

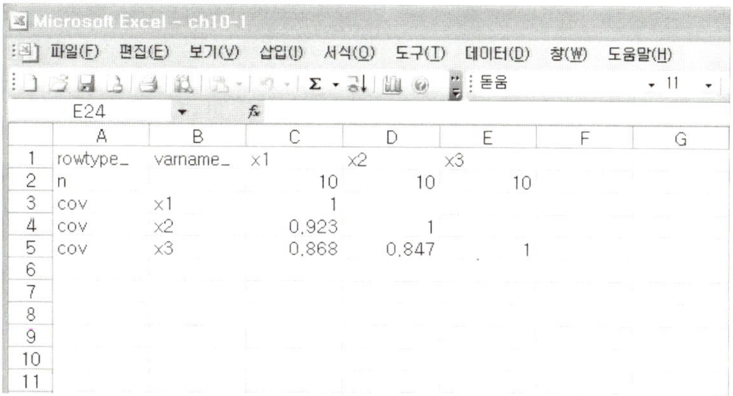

Microsoft Excel - ch10-1

파일(F) 편집(E) 보기(V) 삽입(I) 서식(O) 도구(T) 데이터(D) 창(W) 도움말(H)

E24

	A	B	C	D	E	F	G
1	rowtype_	varname_	x1	x2	x3		
2	n		10	10	10		
3	cov	x1	1				
4	cov	x2	0.923	1			
5	cov	x3	0.868	0.847	1		
6							
7							
8							
9							
10							
11							

(자료 : ch10-1.xls)

[2단계] Amos 프로그램에서 다음과 같은 경로도형을 구축한다.

[그림 10-5] 경로도형 구축

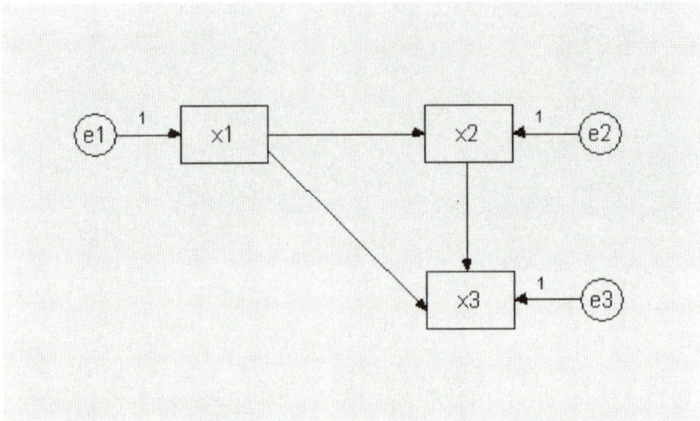

(자료 : ch10-1.amw)

[3단계] 구축된 경로도형에 데이터(ch10-1.xls)를 연결한다. 그런 다음 OK 단추를 클릭한다. 그리고 직접효과, 간접효과, 총효과를 확인하기 위해서 View/Set ⇒ Analysis Properties ⇒ Indirect & Total effects를 누른다. 그리고 (Calculate estimate) 단추를 누르면 결과물을 얻을 수 있다.

[결과 10-1] 직접효과 및 간접효과

Total Effects (Group number 1 - Default model)

	x1	x2
x2	.923	.000
x3	.868	.310

Direct Effects (Group number 1 - Default model)

	x1	x2
x2	.923	.000
x3	.582	.310

Indirect Effects (Group number 1 - Default model)

	x1	x2
x2	.000	.000
x3	.286	.000

[결과 10-1 설명] 총효과를 살펴보면, x2(성적)변수는 x1(동기부여)의 직접효과(0.923) 영향을 받고 있다. x3(성취감)은 x1(동기부여)에 의한 직접효과(0.868)와 x2(성적)의 간접효과 영향 0.286(0.923×0.310)을 받고 있음을 나타내고 있다.

(3) 리스렐 실행

리스렐을 이용한 직·간접효과를 확인하기 위해서 다음과 같이 리스렐 창에 입력하여야 한다.

[그림 10-6] 경로분석 명령문

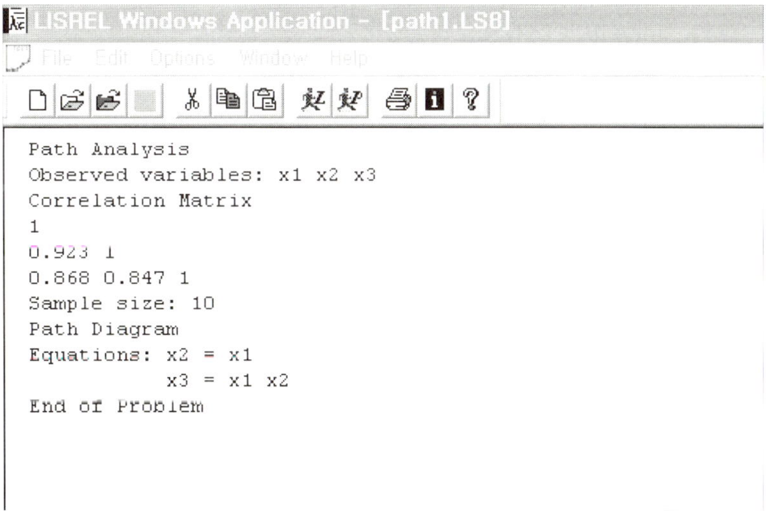

(자료 : path1.LS8)

이처럼 입력을 하고 실행() 단추를 누르면 다음과 같은 결과를 얻을 수 있다.

[결과 10-2] 직접효과와 간접효과

```
x2  =  0.92*x1, Errorvar. =  0.14  , R² =  0.85
      (0.14)              (0.074)
       6.78                2.00

x3  =  0.31*x2  +  0.58*x1, Errorvar. =  0.23 , R² =  0.77
       (0.44)      (0.44)               (0.12)
        0.70        1.31                 2.00
```

[결과 10-2 설명] x2(성적)변수는 x1(동기부여)의 직접효과의 영향을 받고 있다. 이 식의 설명력(γ^2)은 0.85이다. x3(성취감)은 x1(동기부여)에 의한 직접효과와 x2(성적)의 간접효과 영향을 받고 있음을 나타내고 있다. 이러한 결과는 앞의 Amos 프로그램으로 운용한 결과와 동일함을 알 수 있다. 두 번째 식의 설명력(γ^2)은 0.77이다. 리스렐 프로그램에 의한 결과물에서 괄호 안의 값은 표준오차를, 괄호(표준오차) 바로 밑에 있는 값은 *t*값을 나타낸다.

4.2 독립변수간 공변량이 비인과적인 경로도형에서의 공변량 분해

(1) 재귀모형과 비재귀모형

변수 간의 관련성이 상호 인과적으로 연결되어 있는 경우, 다시 말해서 변수 간에 서로 영향을 주고 받는 경우에 해당되는 경우로 이 경우를 **비재귀모형**(non-recursive model)이라고도 한다. 이에 반해서 **재귀모형**(recursive model)은 변수 간의 연결이 순차적으로 되어 있는 경우에 해당된다. 재귀모형은 일반적인 경로모형으로 이해하면 될 것이다. 이것을 그림으로 나타내면 다음과 같다.

[그림 10-7] 재귀모형과 비재귀모형

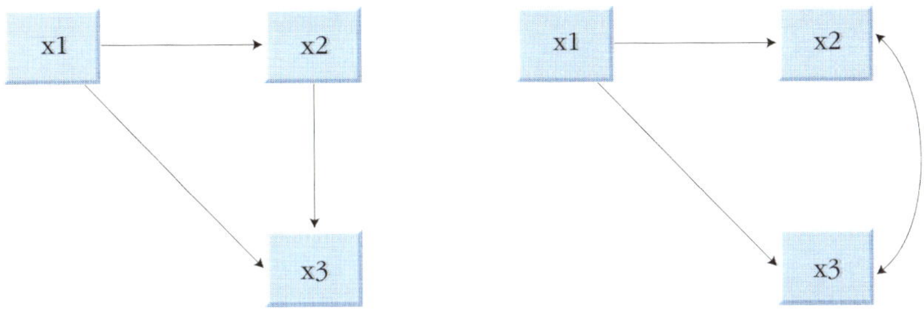

(a) 재귀모형 (b) 비재귀모형

(2) 독립변수간 공변량이 비인과적인 경로도형에서의 공변량 분해

앞에서 사용한 예제를 통해서 비인과적인 경로도형에서의 공변량 분해를 설명하기로 한다. 다음 그림은 독립변수간 공변량이 비인과적인 경우의 경로도형을 그림으로 나타낸 것이다. 여기서는 노동조합과 관련된 문제를 예시로 다뤄보도록 하자.

[그림 10-8] 독립변수간 공변량이 비인과적인 경로도형

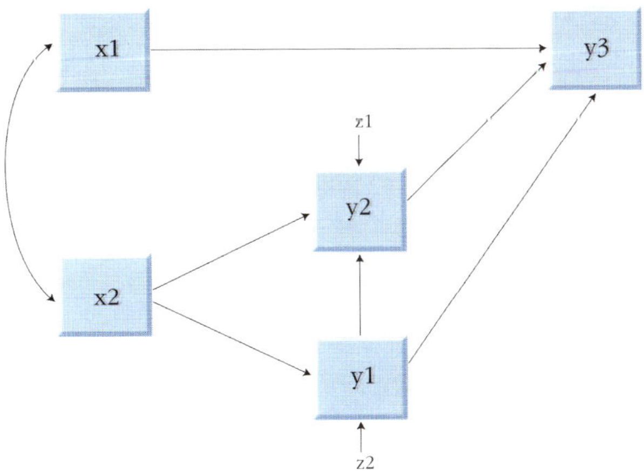

여기서, y1 = 경영자 존중, y2 = 노조활동 지지, y3 = 노동조합에 대한 우호적인 감정, x1 = 나이, x2 = 근무년수(로그변환)에 관한 변수이다. 앞 그림

에서 x1변수와 x2변수 사이의 관계가 비인과적 연결, 즉 비재귀적인 모형에 해당되는 경우이다. 각 변수 간의 공분산 행렬을 구한 결과를 나타내면 다음과 같다.

[표 10-4] 공분산행렬

y1	y2	y3	x1	x2
14.610				
-5.250	11.017			
-8.057	11.087	31.971		
-0.482	0.677	1.559	1.021	
-18.857	17.861	28.250	7.139	215.662

경로분석을 위한 리스렐 프로그램을 다음 그림과 같이 작성하도록 하자.

[그림 10-9] 경로분석 프로그램

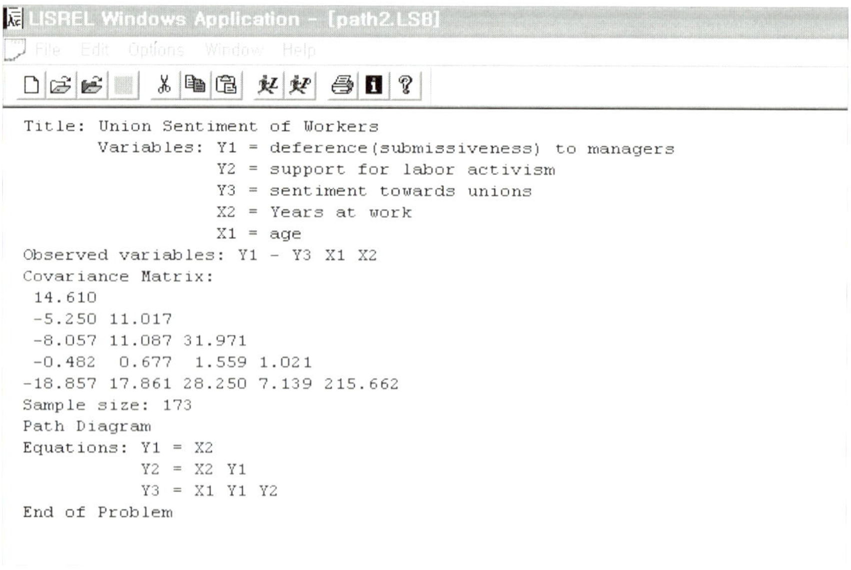


```
Title: Union Sentiment of Workers
       Variables: Y1 = deference(submissiveness) to managers
                  Y2 = support for labor activism
                  Y3 = sentiment towards unions
                  X2 = Years at work
                  X1 = age
Observed variables: Y1 - Y3 X1 X2
Covariance Matrix:
 14.610
 -5.250 11.017
 -8.057 11.087 31.971
 -0.482  0.677  1.559 1.021
-18.857 17.861 28.250 7.139 215.662
Sample size: 173
Path Diagram
Equations: Y1 = X2
           Y2 = X2 Y1
           Y3 = X1 Y1 Y2
End of Problem
```

(자료 : path2.LS8)

앞의 내용처럼 관련 내용에 관해 입력을 하고 실행(, Run LISREL) 단추를 누르면 다음과 같은 결과를 얻을 수 있다.

[결과 10-3] 직접효과와 간접효과

```
Y1 = -0.087*X2, Errorvar.= 12.96,  R² = 0.11
      (0.019)              (1.41)
      -4.65                 9.22

Y2 = -0.28*Y1 + 0.058*X2, Errorvar.= 8.49 , R² = 0.23
      (0.062)    (0.016)              (0.92)
      -4.58       3.59                 9.22

Y3 = -0.22*Y1 + 0.85*Y2 + 0.86*X1, Errorvar.= 19.45, R² = 0.39
      (0.098)    (0.11)    (0.34)              (2.11)
      -2.23       7.53      2.52                9.22
```

[결과 10-3 설명] 첫 번째 식에서 근무년수(x2)가 많을수록 경영자 존중(y1) 정도는 낮아짐을 알 수 있다($-4.65>t=|\pm1.96|$). 두 번째 노조활동 지지(y2)는 경영자에 대한 존중 정도(y1)가 1단위씩 높아지면 −0.28만큼씩 낮아지고, 근무년수(x2)가 많을수록 노조활동에 지지가 높아지는 것을 알 수 있다. 노동조합에 대한 우호적인 감정(y3)은 경영자에 존중 정도(y1)가 높을수록 낮아지고, 노조활동의 지지 정도(y2)와 나이(x1)가 많을수록 노동조합에 대한 우호적인 감정은 더욱 커지는 것을 확인할 수 있다.

다음으로 청소년 767명을 대상으로 야망과 목표달성에 관한 경로분석 예제를 다뤄 보기로 하자. 다음은 경로도형을 나타낸 것이다.

[그림 10-10] 야망과 목표달성에 관한 경로도형

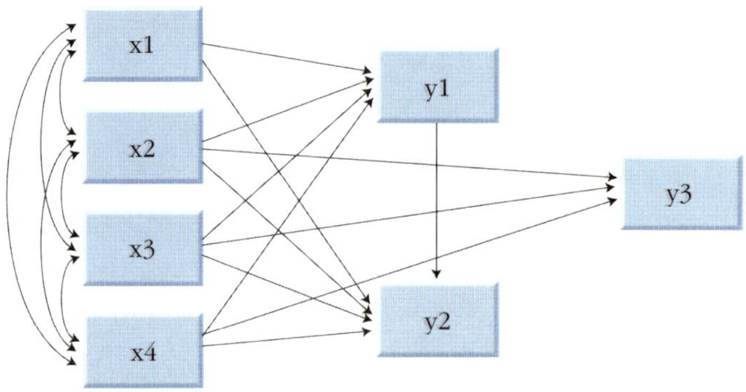

여기서, x1 = 재능, x2 = 자녀수, x3 = 아버지의 교육 정도, x4 = 아버지의 직업, y1 = 학점, y2 = 교육기대, y3 = 직업 열망 등을 나타낸다. 각 변수 간의 상관행렬을 구한 결과를 나타내면 다음과 같다.

[표 10-5] 상관행렬

x1	x2	x3	x4	y1	y2	y3
1						
-.100	1					
0.277	-0.152	1				
0.250	-0.108	0.611	1			
0.572	-0.105	0.294	0.248	1		
0.489	-0.213	0.446	0.410	0.597	1	
0.335	--0.153	0.303	0.331	0.478	0.651	1

경로분석을 위한 리스렐 프로그램을 다음 그림과 같이 작성하도록 하자.

[그림 10-11] 경로분석 명령어

```
LISREL Windows Application - [path3.LS8]
File  Edit  Options  Window  Help

Title: Ambition and attainment
       Variables: X1 = intelligence
                  X2 = number of siblings
                  X3 = father's education
                  x4 = father's occupation
                  y1 = grades
                  y2 = educational expectation
                  y3 = occupational aspiration
Observed variables: X1 - X4 Y1 - Y3
Correlations Matrix:
1.000
-.100 1.000
 .277 -.152 1.000
 .250 -.108  .611 1.000
 .572 -.105  .294  .248 1.000
 .489 -.213  .446  .410  .597 1.000
 .335 -.153  .303  .331  .478  .651 1.000
Sample size: 767
Path Diagram
Equations: Y1 = X1 X2 X3 X4
           Y2 = X1 X2 X3 X4
           Y2 = Y1
           Y3 = Y1 Y2
End of Problem
```

(자료 : path3.ls8)

앞의 내용처럼 관련 내용에 관해 입력을 하고 실행(실행 아이콘) 단추를 누르면 다음과 같은 결과를 얻을 수 있다.

[그림 10-12] 경로도형

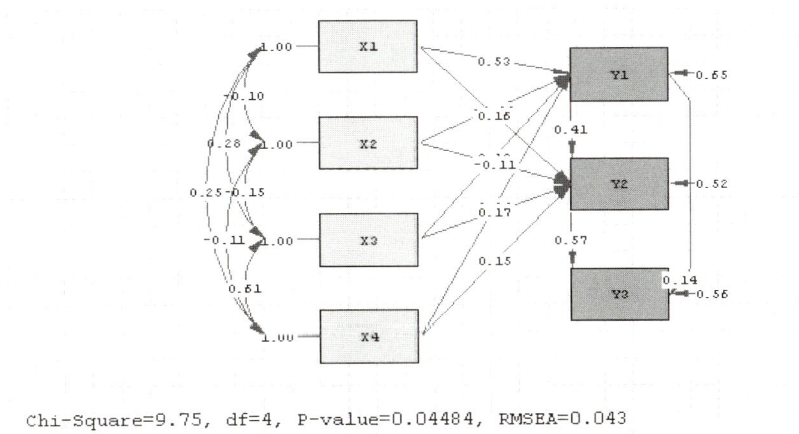

[결과 10-4] 직접효과와 간접효과

Y1 = 0.53*X1 − 0.030*X2 + 0.12*X3 + 0.041*X4, Errorvar. = 0.65, R^2 = 0.35
(0.031) (0.030) (0.038) (0.037) (0.033)
17.16 −1.01 3.16 1.09 19.52

Y2 = 0.41*Y1 + 0.16*X1 − 0.11*X2 + 0.17*X3 + 0.15*X4, Errorvar. = 0.52, R^2 =0.48
(0.032) (0.032) (0.026) (0.034) (0.033) (0.026)
12.55 4.99 −4.23 5.12 4.59 19.52

Y3 = 0.14*Y1 + 0.57*Y2, Errorvar. = 0.56 , R^2 = 0.44
(0.034) (0.034) (0.029)
4.09 16.76 19.52

[결과 10-4 설명] 첫 번째 식에서 재능(x1)과 아버지의 교육 정도(x3)가 높을수록 학점(y1)은 높은 것으로 나타났다(각각 $17.16 > t = |\pm 1.96|$, $3.16 > t = |\pm 1.96|$임). 종속변수 Y1의 R^2은 0.35로 독립변수들에 의해서 35% 설명되고 있음을 나타낸다. 두 번째 식 교육기대(y2)는 학점(y1), 재능(x1), 자녀수(x2), 아버지의 교육 정도(x3), 아버지의 직업(x4)에 의해서 유의한 영향을 받는 것으로 나타났다(모두 유의함). 마지막 식에서 직업 열망(y3)은 학점(y1)과 교육기대(y2)에 의해서 유의한 영향을 받는 것으로 나타났다(각각 $4.09 > t = |\pm 1.96|$, $16.76 > t = |\pm 1.96|$임).

앞의 [그림 10-12]에서도 확인할 수 있는 것처럼, x1과 y2 변수 사이에는 x1와 y2 간의 직접효과 0.16, 간접효과($0.53 \times 0.41 = 0.22$)가 있어 총효과는 0.38(0.16+0.22)임을 알 수 있다.

Part 3

구조방정식모형(SEM) 분석

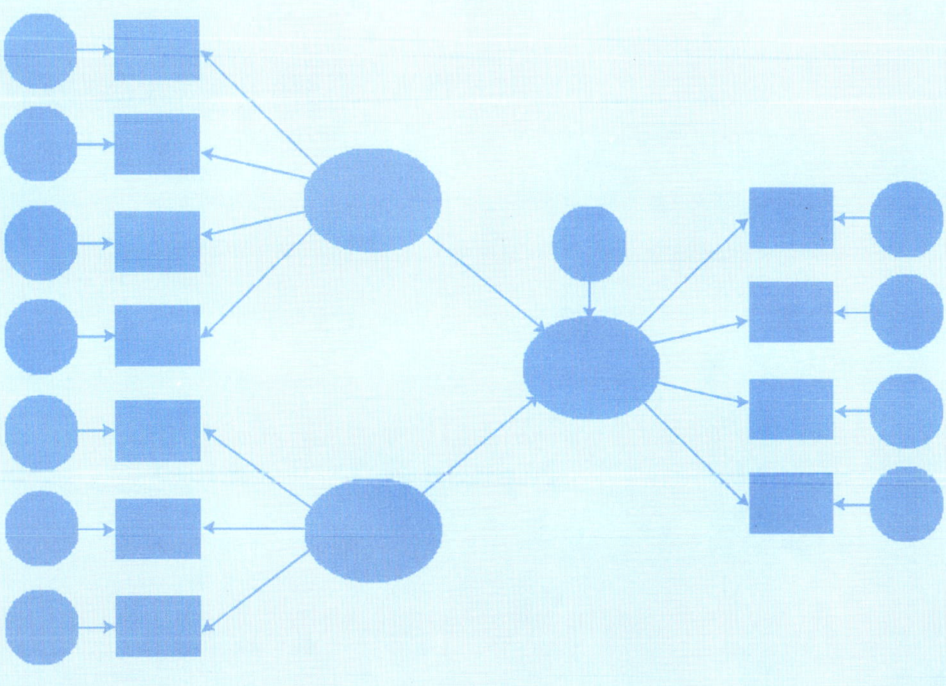

성공적인 논문작성과 조사연구

제1장 성공적인 글쓰기와 논문작성
제2장 논문작성법
제3장 조사연구
제4장 신뢰성분석과 타당성분석

끊임없는 연구

SEM 프로그램과 기초분석

제5장 Amos 프로그램 다루기
제6장 리스렐(Lisrel) 다루기
제7장 상관분석
제8장 주성분분석
제9장 회귀분석
제10장 경로분석

구조방정식모형분석

제11장 구조방정식모형 기초
제12장 확인요인분석
제13장 구조방정식모형 예제
제14장 구조방정식 심층분석

성공적인 논문작성

제15장 논문작성 예시

11 CHAPTER

구조방정식모형 기초

학습목표

1. 연구에서 개념과 정의를 확인한다.
2. 연구모형, 즉 개념틀에 관해서 알아본다.
3. 인과관계의 정의와 인과관계의 성립조건에 대하여 알아본다
4. 인과관계 표시방법을 알아본다.
5. 구조방정식모형의 정의와 연구절차를 확인한다.

다나카 고이치, 자신을 경영하는 생각의 기술의 일부 중에서

스스로 자신의 연구 성과를 발표하려는 노력을 하지 않으면 아무리 뛰어난 천재도 그 빛을 잃고 말기 때문일까.

"예전에는 남앞에서 당당하게 발표를 하지 못했습니다. 그 때문에 많은 손해를 보았지요. 그래서 나는 누구보다 자신의 연구성과를 제대로 설명하지 못하는 사람들의 마음을 잘 압니다. 그렇기 때문에 그들에게 남앞에서 이야기하는 훈련을 하라고 말하는 것입니다. 사람들 앞에서 발표를 하지 않으면 연구한 보람을 찾을 수 없기 때문입니다."

오토미 히로야스

1 개념과 정의란?

과학은 자연의 섭리를 파악하는 학문이라고 한다. 과학에서는 체계적인 절차를 강조한다. 연구에서도 과학적인 절차와 연구를 강조한다. Kerlinger(1986)가 진정한 지식은 사물의 현상에 대한 자체에 대한 지식이라기보다는 현상 간의 관계에 대한 파악에 있다고 언급한 것처럼 현상 및 개념 간의 관계파악은 인간의 사고확장을 가져온다.

과학적인 연구의 주요 목적은 특정 현상에 대하여 예측·설명할 수 있는 인과관계를 규명하는 데 있다고 할 수 있다. 사회과학 관련 논문을 보게 되면 연구절차상 개념에 대한 이론적인 배경을 조사한 다음 개념과 개념 간의 인과관계를 보여주는 논문을 많이 볼 수 있다. **개념(concept)**이란 이론 구성의 가장 기본적인 요소로서 경험세계의 사물, 현상, 사건, 사실이 갖는 속성(property)에 대하여 인식세계(과학세계)에서 의미를 부여하는 용어이다. 개념은 과학이 의미(meaning)를 부여하는 개념화 과정을 거쳐 생성되는데, 하나의 개념이 개념화되기 위해서는 개념의 명칭과 그 이론적인 정의가 있어야 한다.

이론 구축과정에서 개념(concept)과 더불어 **구성(construct)**이 널리 쓰인다. 구성이란 특수한 과학적인 목적을 위해 의도적으로 생성된 것이나 채택된 의미로 요인분석에서 언급되는 요인(factor)과 유사한 개념으로 생각하면 될 것이다. 즉, 개념(concept)은 특수한 현상들이 갖는 특징들을 일반화시켜 추상적으로 표현한 것을 말한다. 또한, 구성(construct)이란 개념 중에서 연구자가 특정한 연구를 위하여 의도적으로 선택하여 추가적인 의미를 부여한 개념을 말한다.

다음으로 **정의(definition)**는 과학적 용어의 의미를 구체적으로 기술한 것을 말한다. 개념은 경험세계의 관심대상에 대하여 의미를 부여한 추상적 용어이고, 이러한 용어의 의미를 밝혀 기술한 것이 정의이다. 사회과학에서 정의는 개념적 정의와 조작적 정의 두 가지로 나눌 수 있다.

- 개념적 정의(conceptual definition)
  - 연구하고자 하는 개념에 대한 추상적, 언어적 표현으로서 사전에 동의된 개념을 이용한 진술
  - 개념적, 추상적, 언어적 표현으로 다른 개념들의 의미와 구분해 줌
- 조작적 정의(operational definition)
  - 개념적 정의를 실제로 관찰 가능한 현상과 연결시켜 구체화시킨 진술
  - 연구에서 선택된 개념, 즉 구성을 실제현상에서 측정가능하도록 관찰 가능한 형태로 정의해 놓은 것

2 개념틀

사회현상에 대한 알맞은 **개념틀**(conceptual framework)은 연구문제를 확실하고 가설검정을 할 수 있게 하는 데 도움을 준다. 개념적인 틀은 제기된 연구문제에 관련된 개념들 간의 관계를 체계적인 그림으로 나타낸 것을 말한다. 사회과학에서는 연구자가 설정한 개념틀을 연구모형이라고 한다. 연구모형은 기존 연구들의 흐름파악과 새로운 가설을 도출하는 데 이용된다. 이것을 그림으로 나타내면 [그림 11-1]과 같다.

[그림 11-1]의 연구모형은 서비스 분야에서 주로 다루어지는 서비스품질 모형으로 일명, RATER(Reliability, Assurance, Tangibles, Empathy, Responsiveness)모형이라고 한다. 서비스 기관에서의 고객만족은 신뢰 서비스, 확신 서비스, 유형 서비스, 감정이입 서비스, 대응 서비스에 영향을 받음을 나타내고 있다. 또한 고객만족은 기존 고객의 재이용과 구전행위에 영향을 미침을 알 수 있다. 연구모형에서 사용되는 실선은 **인과관계**(causal relationship), 즉 영향관계의 방향을 표시해 주거나 또는 시간의 흐름을 표시해 준다. 화살표의 시작점은 중요개념의 출발 혹은 시간적으로 먼저 발생한 것을 나타내고 화살촉과 맞닿아 있는 개념은 차후에 발생한 개념을 나타낸다.

[그림 11-1] 연구모형

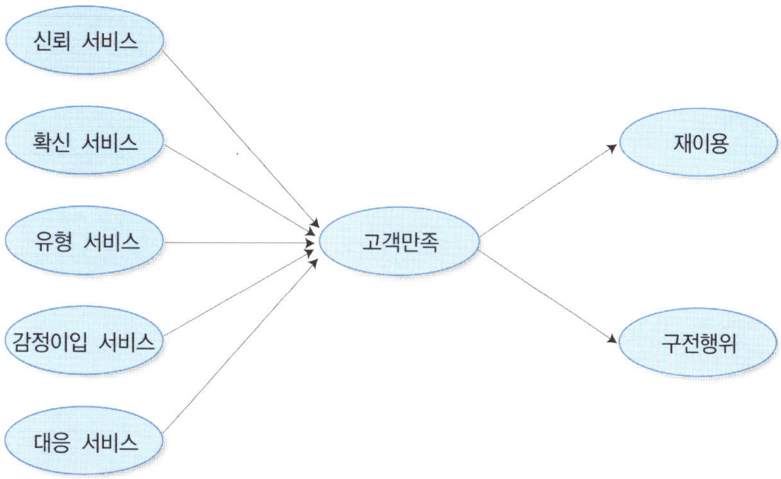

3 인과관계 정의

과학적 이론은 필연성에 대하여 주로 논리적 규칙 혹은 인과성의 규칙에 의존하는 논리적인 근거를 통해 연역체계나 인과체계로 조직된 일련의 명제라고 할 수 있다. 자연의 섭리를 파악하는 과학은 원인과 결과를 끊임없이 탐구하는 과정이라고 할 수 있다. 세상의 모든 문제를 모두 인과관계로 설명할 수 있는 것은 아니다.

그러나 자연과학에서 기상학자들이 무원칙적으로 보이는 자연현상의 원칙을 '카오스 이론'과 '플랙탈 이론'을 통해서 설명하려고 노력하고 있는 것처럼, 사건에 원인과 결과에 대한 인과관계를 믿는 사회과학자라면 이를 입증하려고 끊임없는 노력을 해야 할 것이다. 따라서 인과관계연구는 자연과학에서보다 사회과학에서 더 중요성을 갖는다고 할 수 있다. 이유는 다음과 같이 정리할 수 있다.

- 자연과학에서는 폐쇄된 시스템을 중요시 여기나 사회과학은 외생변수의

영향 가능성을 고려하는 개방시스템으로 간주하고 있다.

- 자연과학은 인과관계가 결정적이나 사회과학 관점에서는 확률적이다.
- 자연과학은 축소주의, 즉 인과관계가 명확히 들어날 때까지 수준을 낮추기 때문에 원인이 결과보다 우선함을 전제하지는 않는다.

일반적으로 사회과학에서는 결정적인 문장으로 인과관계를 설명하지 않는다. 왜냐하면 특정한 현상에 영향을 미치는 변수가 너무 많고 특정한 독립변수 이외의 기타 변수들의 영향을 완벽하게 통제할 수 없기 때문에 인과관계를 명확하고도 결론적으로 밝히기 어렵기 때문이다.

정리하면, 인과관계연구는 원인과 결과를 파악하기 위해서 증거를 획득하기 위한 절차라고 할 수 있다. 인과관계연구는 어떤 현상에 대한 원인변수(독립변수), 결과변수(종속변수)를 구성하는 변수를 고려하거나 원인변수들과 결과변수들 사이의 관계를 파악하는데 목적이 있다. 여기서 원인은 여러 가지 측면에서 과학적인 법칙을 정립하는 데 핵심적인 문제를 의미한다. 원인은 예정된 현상을 발생시키거나 변화시키는 요인으로, 예를 들어 장기간의 과음이 간암유발의 주된 원인이라고 할 수 있다. 원인이 인과적 사고를 통해서 발생시킨 개념을 결과라고 할 수 있다. 앞의 예에서 간암유발은 과음으로 인한 결과라고 할 수 있다.

✤ 인과관계 ✤

인과관계는 원인으로 추정되는 변수와 결과로 추정되는 변수가 동시에 존재하며 상호연관성을 가지고 변화하는 경우를 말한다.

4 인과관계 성립조건

인과관계란 종속변수에 영향을 주는 독립변수들 이외의 외생변수의 통제를 전제로 원인변수인 독립변수가 결과변수인 종속변수에 미치는 영향의 방향과 그 크기를 나타낸다. 인과관계가 성립되기 위해서는 다음의 세 가지 조건이 요구된다.

4.1 병발발생조건(concommitant variance)

병발발생조건은 원인변수(독립변수)와 결과변수(종속변수)의 값이 둘 다 변화해야 한다는 것이다. 독립변수나 종속변수 중의 어느 하나가 변하지 않고 고정되어 있으면 두 변수 간의 인과관계는 성립될 수 없다.

이를 통계적으로 검증하기 위해서는 얻어진 자료의 변화가 서로 공분산 정도 또는 상관관계가 존재해야 하는데, 이때 상관도가 통계적 유의성이 있어야 하는 동시에 그 강도(magnitude)가 일정한 수준 이상으로 크게 나타나야 한다. 예를 들어, 지능지수(IQ)가 높은 학생의 성적이 우수하다면 지능지수는 성적의 원인이 될 수 있다. 앞에서 언급한 상관관계는 인과관계 성립의 충분조건이 아닌 필요조건이라고 할 수 있다.

4.2 시간적 우선순위(time order)

원인이 되는 변수가 먼저 변화된 후에 종속변수의 변화가 이루어져야 한다는 것이다. 독립변수가 종속변수에 영향을 미치는 것이므로 독립변수의 강도(수준)변화가 먼저 일어나야 하는 것은 당연한 이치이다. 많은 사람들은 흡연(독립변수)이 폐암(종속변수)의 주된 원인으로 생각하고 있다. 시간적인 우선순위의 가정은 장래의 사건이 과거나 현재의 사건을 결정할 수 없다는 사고에서 비롯되었다고 할 수 있다. 예컨대, 음주행위는 취하게 되는 원인으로 시간적으로 취한 결과에 대하여 우선하는 것을 누구나 쉽게 알 수 있다.

4.3 외생변수의 통제(control extraneous variables)

인과관계는 원인변수인 독립변수 이외의 결과변수인 종속변수에 영향을 미칠 수 있는 제3의 변수의 영향을 제거한 상태(eliminating spurious relations)에서 독립변수와 종속변수 간의 관계가 검증되어야 한다. 제3의 변수를 통제한 후 독립변수와 종속변수 간의 관련성을 비허위성(nonspuriousness)이라고 한다.

다음은 허위적인 관계(spurious relationship)에 대하여 구체적으로 알아보도록 한다. 일반적으로 실험연구에서 외생변수가 독립변수와 종속변수에 미치는 영향을 제거해야 독립변수와 종속변수 사이의 인과관계를 정밀하게 파악할 수 있다. 비허위적 관계는 제3의 변수에 의해서 설명할 수 없는 두 변수간의 관련성을 말한다.

인과관계가 성립하기 위해서는 제3의 변수로 설명할 수 있는 허위적인 관계가 존재해서는 안된다. 예를 들어, 어느 市에서 화재의 크기(X_1)와 소방관의 수(X_2), 피해액(Y) 등의 상관관계에 대하여 알아보자. 연구자는 화재의 크기(X_1)는 소방관의 수(X_2), 피해액(Y)에 영향을 줄 것이라는 연구가설을 설정할 수 있다. 그러나 이러한 가설검정은 잘못된 것이다. 즉, 화재의 심각성을 통제할 수 있다면 화재가 심각하지 않을 때 소방관들이 진화에 나설 필요도 없고 피해액도 최소화된다는 사실을 알 수 있다.

이처럼 외생변수인 제3변수(화재의 크기)가 통제되지 않은 상태에서 독립변수(소방관의 수)와 종속변수(피해액)의 관계에 영향을 줄 때 독립변수와 종속변수 사이의 관계를 허위적인 관계라고 한다. 이것을 그림으로 나타내면 [그림 11-2]와 같다.

[그림 11-2] 허위적인 관계

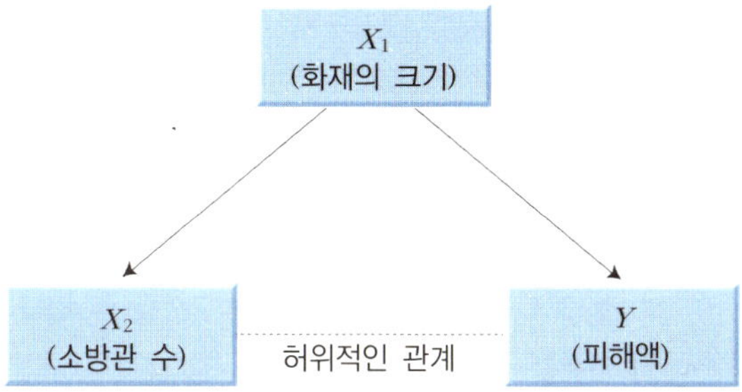

여기서, X_1, X_2, Y는 공분산의 정도가 존재함을 알 수 있다.

인과연구에 있어서 결과의 타당성을 평가하기 위한 과정은 다음과 같고, 이 중 어느 한 단계에서라도 문제가 발생하면 명확하고 완벽한 인과관계를 밝히기는 어렵다.

① 독립변수와 종속변수 간에 통계적으로 유의한 상관관계가 나타나고 그 강도가 일정수준 이상으로 나타나는지를 검증한다(statistical conclusion validity).

② 독립변수와 종속변수 사이에 다른 변수의 영향이 개입되지 않았는지를 검증한다(internal validity).

③ 해당변수가 연구하고자 하는 개념을 잘 대표하고 있는지를 검증한다. 즉, 변수값이 해당 개념(construct)을 적절히 대표하고 있는 조작적 정의(operational definition)에 의해서 측정되었는지의 여부를 검증한다(construct validity).

④ 연구결과가 연구대상이 되는 모집단에 적용하였을 경우 일반화가 되는지의 여부를 검증한다. 상황이나 시간과 공간의 범위를 확대해서도 원인변수(독립변수)와 결과변수(종속변수)의 관계가 성립되는지의 여부를 검증한다(external validity).

✤ 인과관계 성립조건 ✤

- 원인변수가 결과변수보다 시간적으로 선행하여야 한다.
- 미시 개체수준을 전제로 하지 않는다. 아주 미시적인 변수 간의 관계는 중요하지 않다.
- 폐쇄시스템이 아닌 개방시스템으로 간주한다.
- 인과관계에서는 결과를 발생시키는 원인이 여러 가지 있을 수 있다.
- 이론이 완벽할 수 없고 확률적일 수밖에 없다.
- 많은 외생변수가 존재하면 가능한 경우 이를 통제하여야 한다.

5 인과관계 표시방법

사회과학연구에서 많은 연구모형의 대부분은 인과모형으로 나타내고 있다. 이러한 모형은 하나 또는 두 개 이상의 독립변수와 종속변수의 관계를 기술하는 데 사용된다. 다음 [그림 11-3]은 다양한 인과관계를 나타낸 것이다.

그림 (a)는 직접 인과관계를 나타낸 것으로 이론적인 구성체계 내에서 하나의 독립변수(x)가 종속변수(y)에 영향을 미치는 것을 나타낸다. **직접효과(direct effect)**는 독립변수가 종속변수의 증감에 영향을 미치는 경우를 말한다.

간접효과(indirect effect)는 독립변수의 효과가 하나 이상의 중간변수에 의해서 매개되어 종속변수에 영향을 미치는 경우를 나타낸다. 그림 (b)가 간접효과에 해당된다. 그림 (c)는 제3의 변수효과(허위적인 효과, spurious effect) 또는 의사효과를 나타내는 것으로 이것은 두 독립변수가 직접적인 연결은 없으나 제3의 변수에 의해서 동시에 영향을 받으므로 두 변수 간에 관계가 있는 것처럼 보이는 경우를 말한다. 그림 (c)에서의 의사관계는 x와 y에 영향을 미치는 z변수의 관계를 의미한다. 그림 (d)는 상호-직접 인과관계로 독립변수와 종속변수가 서로 영향을 주고받는 관계를 나타낸다. 그림 (e)는 분석불가능 관계로 독립변수와 종속변수는 관계가 있으나 관련성의 원천이 확인되지 않는 경우를 나타낸다. 그림 (f)는 조절 인과관계로 제 3의 변수 z에 의해서 조절되는 독립변수(x)와 종속변수(y)의 관련성을 의미한다. 즉, 독립변수와 종속변수의 순수한 관련성은 조절변수(z)에 의해서 의존하는 것을 나타내고 있다. 조절변수는 주로 인구통계학적인 변수, 즉 명목척도로 구성되는 경우가 많다. 조절효과에 대하여 처리하는 방법은 제14장에서 다루기로 한다.

[그림 11-3] 인과관계의 유형

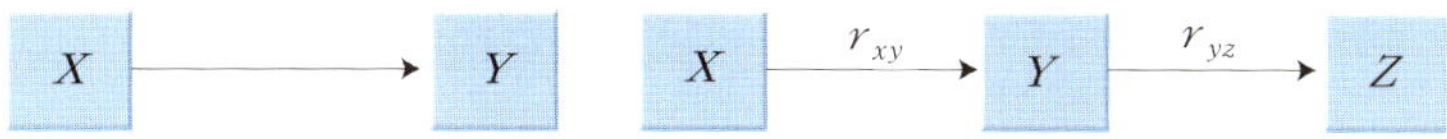

(a) 직접인과관계 (b) 간접인과관계

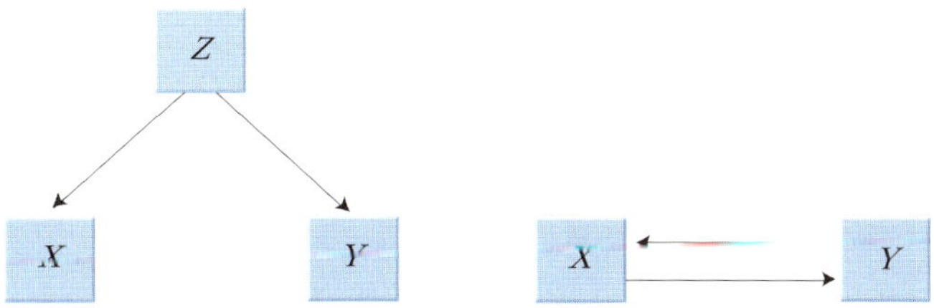

(c) 의사관계 (d) 상호-직접인과관계

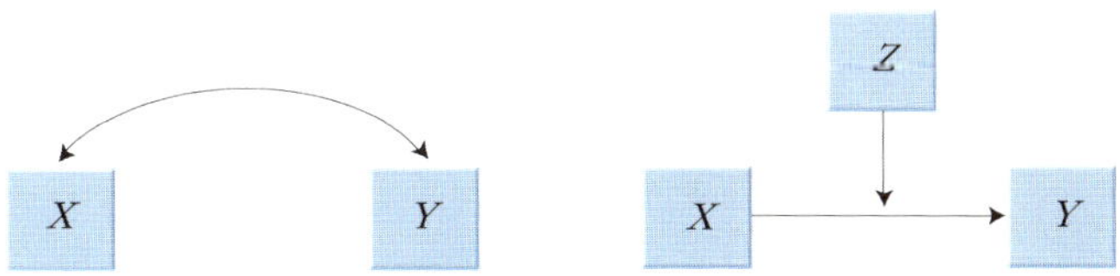

(e) 분석불가능관계 (f) 조절인과관계

6 구조방정식모형이란?

6.1 구조방정식모형의 개요

사회과학을 연구하는 대부분의 학자들은 인과분석을 검증하기 위해서 구조방정식모형을 자주 이용한다. 구조방정식모형은 경영학, 심리학, 생물학, 교육분야, 유전학, 사회학, 간호·의료분야, 스포츠경영 분야 등 다양한 분야에서 적용되고 있다. **구조방정식(SEM : Structural Equation Modeling)**은 어떤 현상에 대한 체계적인 이론을 분석하기 위한 다변량 분석기법으로 가설검정(주로 확인적인)에 주로 사용되는 통계적인 분석방법이다.

구조방정식모형은 **측정모형(Measurement Model)**과 **이론모형(Structural Model)**을 통해서 모형 간의 인과관계를 파악하는 방정식모형을 의미한다. 구조방정식모형은 공분산구조방정식이라고도 부른다. 공분산구조방정식(Covariance Structural Modeling)은 구성개념 간의 이론적 인과관계와 측정지표를 통한 경험적 인과관계를 분석할 수 있도록 개발된 통계기법을 말한다. 결론적으로 말하면 구조방정식모형은 인과분석을 위해서 요인분석과 회귀분석 및 경로분석을 개선적으로 결합한 형태라고 할 수 있다. 이것을 식으로 나타내면 다음과 같다.

$$
\begin{aligned}
Y_1 &= X_{11} + X_{12} + X_{13} + \cdots + X_{1n} \\
Y_2 &= X_{21} + X_{22} + X_{23} + \cdots + X_{2n} \qquad \text{(식 11-1)} \\
Y_m &= X_{m1} + X_{m2} + X_{m3} + \cdots + X_{mn}
\end{aligned}
$$

(양적 변수) (양적, 질적 변수)

구조방정식모형분석의 기본적인 과정은 이론적인 배경하에서 측정변수를 통한 잠재요인을 발견하고 잠재요인 간에 인과관계의 가설을 설정하는 것이다. 일반적인 구조방정식을 경로도형으로 나타내면 [그림 11-4]와 같다.

[그림 11-4] 구조방정식모형

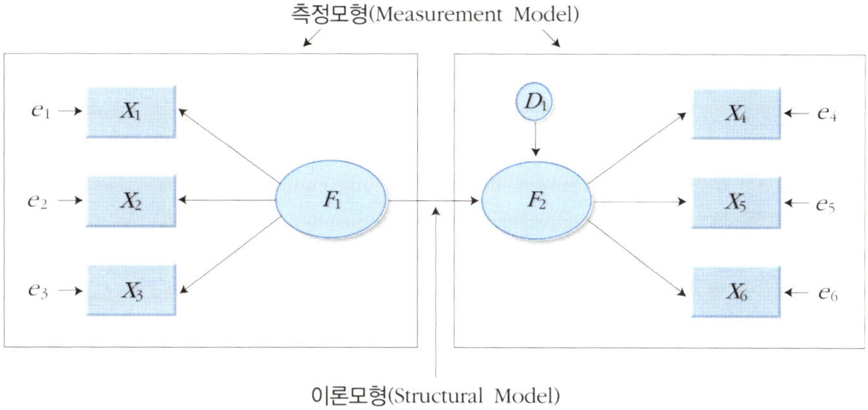

위 그림에서 측정변수(X_1, X_2, X_3, X_4, X_4, X_6)는 사각형(ㅁ) 안에 표시하고, 두 개의 잠재요인(F_1, F_2)은 원(○) 또는 타원으로 표시하였다. 여기서 e_1-e_5는 측정변수와 관련된 오차를 나타낸다. 여기서 측정오차란 이론변수(F_1, F_2)를 측정하는 측정변수의 오차를 말한다. F_2 위에는 오차항(equation error)이 'D_1'으로 표시되어 있다. 이론모형에서의 **오차**는 **잔차**(residual)라고도 하는데 이론모형 내에서 지정된 변수에 의해서 설명되지 않는 부분을 나타낸다. 앞의 그림은 요인 F_1이 요인 F_2에 영향을 주는 것을 나타내고 있다.

다음은 Lisrel 프로그램에서 이용되는 표기법을 간략하게 나타낸 것이다. 여기서, 리스렐의 표기법을 사용한 이유는 리스렐 표기의 체계적인 이해를 통해서 보다 쉽게 구조방정식모형을 이해할 수 있을 것이라는 생각에서이다. 구체적인 구조방정식의 표기방법은 [표 11-1]과 같다.

[표 11-1] 구조방정식 모형 표기방법

표 기	설 명
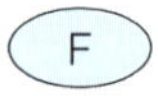	잠재요인
	측정변수
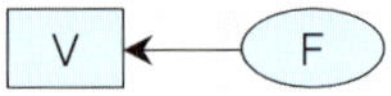	측정변수와 잠재요인 간의 경로
	잠재요인 간의 경로계수
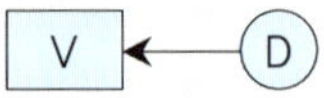	잠재요인 예측과정에서 발생한 잔차
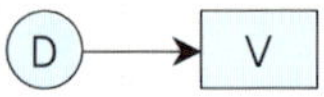	측정변수와 관련된 오차

6.2 측정모형

측정모형(Measurement Model)은 사회과학 및 행동과학 등의 보고서 및 논문작성에 중요하다. 측정모형은 사람들의 태도, 감정, 그리고 동기에 관한 요약을 측정하고 나타내는 데 사용한다. 측정모형은 두 가지 문제를 갖는다. 첫째, 측정도구의 신뢰성과 타당성에 관한 문제이다. 둘째, 변수들과 변수 사이의 상대적 영향력에 대한 문제이다. 측정모형은 관찰변수가 얼마나 잘 잠재요인(latent variables)에 대한 측정도구로서 도움을 주는지를 나타낸다. x의 변수군과 이 변수군으로 구성된 요인(factor)과의 관계를 수식으로 나타낸 것을 의미하거나, 또는 y의 변수군과 y변수군으로 구성된 요인과의 관계를 수식으로 표기한 것을 나타낸다. 보다 쉽게 설명하면, 측정변수와 이론변수(요인)의 관계를 나타내는 모형을 측정모형이라고 한다. 이것을 그림으로 나타내면 다음 [그림 11-5]와 같다.

[그림 11-5] X 측정모형

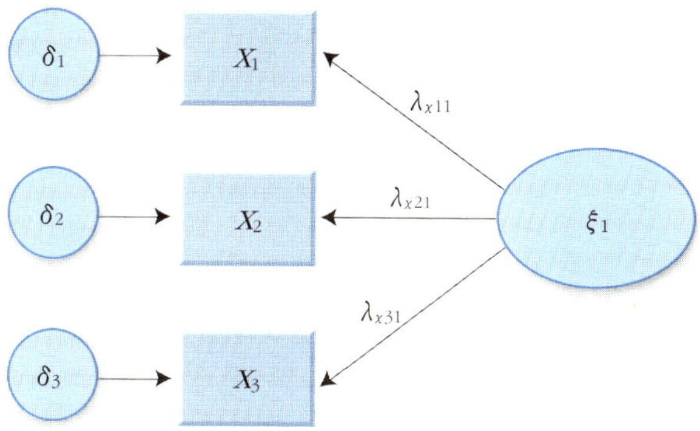

이것을 수식으로 나타내면 다음과 같다.

$$X_1 = \lambda_{x11}\xi_1 + \delta_1$$
$$X_2 = \lambda_{x21}\xi_1 + \delta_2$$
$$X_3 = \lambda_{x31}\xi_1 + \delta_3 \qquad (식\ 11\text{-}2)$$

이러한 것을 x에 관한 측정모형이라고 하는데, **외생개념(Exogenous Constructs)**이라고 한다. 이 식을 정리하면 나음과 같이 나타낼 수 있다.

$$X = \Lambda_x\xi + \delta \qquad (식\ 11\text{-}3)$$

여기서, Λ_x : 경로계수

ξ : 외생개념

δ : 잔차

를 나타낸다. 경로계수에 하부체를 표시하는 방법은 화살표의 도착방향을 먼저 표기하고 다음으로 화살표가 출발하는 곳의 위치를 다음으로 표시한다. 예를 들어, λ_{x11}은 요인(ξ_1)에서 출발하여 변수 X_1로 도착하는 것을 나타낸다. 보다 쉽게 표현하면, $\lambda_{(도착경로\ 하부체,\ 출발경로\ 하부체)}$라고 생각하면 된다. 잔차

(residual)란 이론 모형 내의 지정변수에 의해서 설명되지 않는 부분으로 일반적으로 오차(error)라고도 한다.

다음 그림은 y에 관한 측정모형을 나타낸 것이다.

[그림 11-6] Y 측정모형

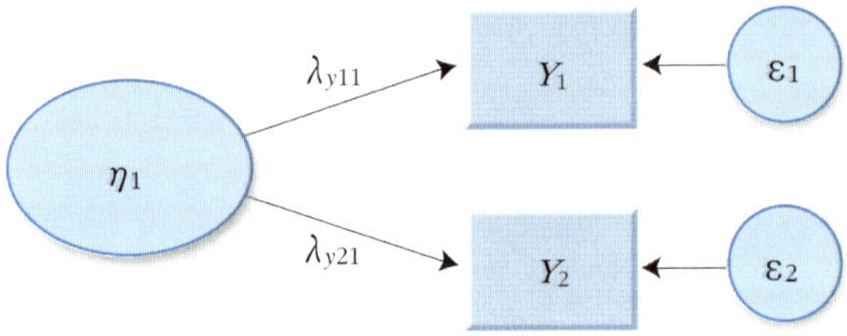

이것을 수식으로 나타내면 다음과 같다.

$$Y_1 = \lambda_{y11}\eta_1 + \varepsilon_1$$
$$Y_2 = \lambda_{y21}\eta_1 + \varepsilon_2 \qquad \text{(식 11-4)}$$

이러한 것을 y에 관한 측정모형이라고 하는데, 여기서, 측정변수로 설명되는 요인 η_1을 **내생개념(endogenous constructs)**라고 한다. 이 식을 정리하면 다음과 같이 나타낼 수 있다.

$$Y = \Lambda_y \eta + \varepsilon \qquad \text{(식 11-5)}$$

여기서, Λ_y : 경로계수
η : 내생개념
ε : 잔차(오차)변수

를 나타낸다.

앞으로 x에 관한 측정모형과 y에 관한 측정모형에서 경로도형 구축 시에 해당 측정모형에서 여러 경로계수 중 반드시 한 개의 경로계수에는 '1'을 부여하는 것을 잊지 말아야 한다. 이는 척도가 다른 변수의 요인에 흘러 들어가거나 이론요인의 척도를 측정변수의 척도에 일치시키기 위한 목적이 있다. 측정모형에서 주요한 개념은 측정(measurement), 신뢰성(reliability), 타당성(validity)이다. 분석과정에서 이러한 내용은 기본적으로 언급되어야 할 사항이다.

6.3 이론모델(structural model)

이론모델(structural model)은 x에 관한 측정모형을 통한 외생개념과 y에 관한 측정모형을 통한 내생개념을 회귀분석적으로나 경로분석적으로 결합하여 관계화한 모형을 의미한다. 물론 y에 관한 측정모형을 통한 내생개념 사이의 결합모형도 포함된다. 즉, 이론모델은 이론변수 간에 어떤 구조적인 관계를 가지고 있는가 하는 것을 나타내는데, 이러한 관계는 연구가설에 의해서 정해진다. 여기서, 내생개념과 내생개념을 인과관계적으로 연결할 수도 있다. 다음 그림은 외생개념과 내생개념을 이론모형화한 것이다.

[그림 11-7] 이론모형

이것을 전체적인 식으로 나타내면 다음과 같다.

$$\eta = \Gamma\xi + \beta\eta + \zeta \qquad \text{(식 11-6)}$$

앞에서 γ_{11}은 ξ_1에서 화살표가 출발하여 η_1로 도착하는 것을 나타낸다. 종속적인 내생개념(η_1, η_2) 사이에는 β를 사용하는데, 여기서 β_{21}은 개념 η_1에서 출발하여 η_2에 도착하는 것을 말한다.

일반적으로 **구조방정식모형의 가정**은 잔차요인과 잠재요인 간의 상관관계가 없고, 원인잠재요인과 측정오차 사이에 상관관계가 없으며, 결과잠재요인과 측정오차 사이에는 상관관계가 없다. 또한 잔차요인과 측정오차 사이에는 상관관계가 없으며 결과잠재요인과 대각선 원소는 0이라는 가정을 만족해야 한다.

구조방정식모형분석의 절차는 이론적인 배경에 근거하여 측정변수를 통한 잠재요인을 발견하고 잠재요인들 간의 인과관계 가설검정을 한다.

7 구조방정식모형 연구절차

구조방정식모형은 연구자들이 기존의 요인분석(탐색적인 요인분석)보다 강력한 확인요인분석을 할 수 있고 요인과 변수사이의 관계성을 구체화하는데 도움을 준다. 설문지 구성에서 요인별로 설문문항을 별도로 구분하여 작성하였다면 탐색적인 요인분석을 생략해도 무방하다 하겠다.

논문작성과 보고서 작성을 위해서 구조방정식분석방법을 사용하는 경우에 있어서 체계적인 구조방정식모형의 연구절차를 그림으로 나타내면 [그림 11-8]과 같다.

① 제1단계 : 문제인식

연구자가 관심을 갖고 연구하고자 하는 문제를 파악하는 단계이다. 이 단계에서 대부분의 연구자는 인과적인 접근방법, 즉 구조모형방정식 분석에 의해서 문제를 해결하려는 생각을 가지고 있을 것이다. 만약, 논문이나 보고서를 작성하는 연구자라면 많은 관련자료의 수집과 읽기가 무엇보다 중요하다고 하겠다.

② 제2단계 : 연구모형과 연구가설 개발

연구자는 설문지를 통한 설문을 하기에 앞서 연구모형을 구축하게 된다. 연구모형은 기존이론과 연구결과를 토대로 해서 구축하는 것이 과학적인 연

[그림 11-8] 구조방정식모형의 연구절차

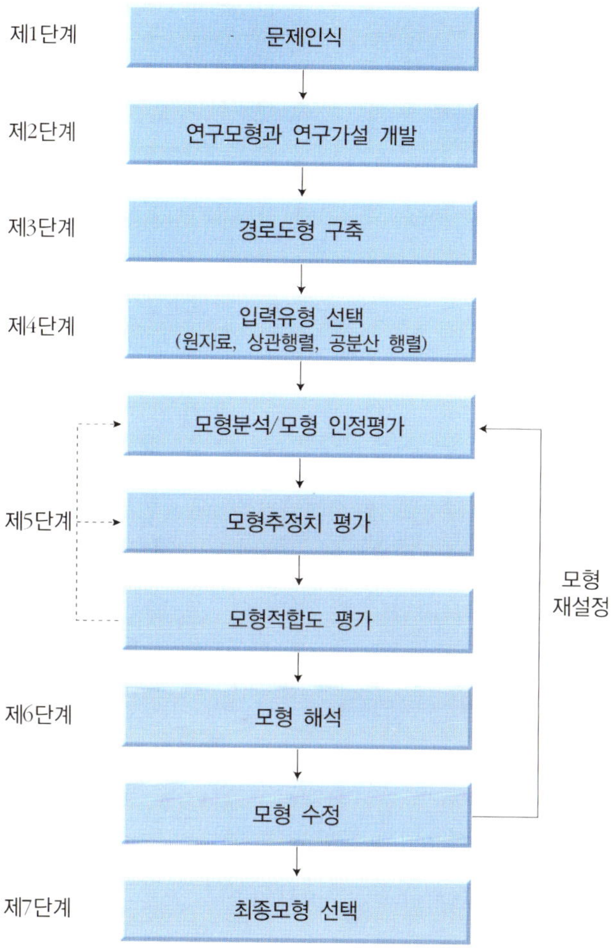

구방법이라고 할 수 있다. 이 과정에서 연구자는 초기 연구모형과 함께 적어도 2개 정도의 수정모형을 구상하는 복수모형 구축전략도 바람직하겠다. 이것은 모형의 적합도 평가과정에서 적합도를 만족하지 못하는 경우 다른 제안모형을 제시할 수 있는 여지를 마련하기 위해서이다. 연구자가 연구모형을 설정하는 데 있어 모형이 너무 복잡하면 모형의 **간명성**(Parsimony)에 위배되어 나중에 해석하는데 어려움을 겪게 된다는 사실을 잊지 말아야 할 것이다.

연구모형이 어느 정도 구체화되면 연구자는 연구모형에 기초하여 연구가설을 설정할 수 있다.

③ 제3단계 : 경로도형구축

자료파일을 불러온 상태에서 구조방정식모형 분석 패키지를 이용하여 분석을 하기 위한 시작단계라고 할 수 있다. AMOS Graphic를 통해서 미리 연구모형을 그리거나 LISREL 프로그램을 통해서 간단한 수학식으로 작성하면 된다.

④ 제4단계 : 입력유형의 선택

구조방정식모형의 분석에 앞서 자료를 입력하는 방법은 크게 SPSS이나 Excel에서 원자료입력, 공분산행렬입력, 그리고 상관행렬입력 등이 사용된다.

- **원자료입력** : SPSS상에서의 원자료입력은 대부분 연구자에게 익숙한 방법으로 SPSS상에 원자료를 입력하여 Amos패키지를 이용하여 분석하는 방법으로 가장 간편한 방법이 될 수 있다. 그러나 무응답치가 있는 경우 약간의 주의가 요망된다.
- **공분산 행렬(비표준화 자료입력)** : 구조방정식모형은 분산/공분산행렬을 이용할 수 있게 되어 있다. 따라서 분산/공분산행렬을 공변량 구조방정식이라고 부르기도 한다. 공분산행렬의 자료를 이용하면 상이한 연구에 대한 비교 목적과 미지수 계산에 보다 안정된 값을 제공하고, 구체적인 단위를 유지하기 위해서일 경우 의사전달에 효율성을 갖는다. 그러나 변수들 간의 단위가 다를 경우, 효과의 비교가 용이하지 않기 때문에 공분산자료를 이용하지 않는다. 즉, 측정단위와 관련성이 없는 경우 미지수 해석을 위해서 공분산행렬을 이용한다. 연구자가 사용 변수의 고유측정단위를 없애기 위해서는 표준화나 상관자료를 사용하게 된다.
- **상관행렬(표준화 자료입력)** : 요인의 측정단위가 회귀분석의 베타값(β) 처럼 표준화되어 있어 분석결과의 계수에 대한 상호비교를 할 수 있다. 상관행렬은 측정단위가 임의적이거나 측정단위에 익숙해져 있지 않은 경우 또는 하나의 모델 내에서 상이한 변수들의 효과 크기 비교 시에 모

든 변수에 대해서 표준화 자료를 사용한다. 구조방정식분석을 위한 표본의 수는 학자마다 다르지만 100개에서 200개 정도를 하는 것이 적당하다고 한다.

⑤ 제5단계 : 모형의 분석 및 모형의 인정평가

모형의 분석 및 모형의 인정평가

구조방정식모형분석 전문 프로그램을 이용하여 모형분석이 실행된 후 모형의 인정을 평가하게 된다. 사실, 모형의 분석과 모형의 인정단계라고 할 수 있다. **모형의 인정**(model identification)은 모형이 가치있는 모형으로 받아들여질지 여부를 평가하는 것을 말한다. 다시 말해서 모형이 수집된 자료에 적용해 볼 수 있는지를 심사하는 과정이라고 할 수 있다.

모형의 인정절차를 진행하다 보면, 요인들 간의 모수들이 인정되는가 하면 인정되지 않은 경우도 있다. 구조방정식모형 분석에서 연구자는 측정모형의 신뢰성과 타당성을 높이기 위해서 모형의 수정 및 개발에 신경을 쓰게 된다. 사회과학에서 연구자는 전체적인 구조방정식을 생각하면서 모형이 적합한지 판단하게 된다. 이것을 앞에서 말한 모형인정이라고 한다. 모형의 인정과정에서 문제점이 발생할 수 있는데 다음과 같다.

- 경로계수의 표준오차가 매우 큰 경우(일반적으로 2.5 이상인 경우를 말함)
- 오차의 분산이 마이너스(Negative Error Variance)이거나 추정치가 이상하게 큰 경우(Heywoodcase)
- 추정된 상관계수가 매우 큰 경우(1에 가까운 경우)

이러한 모형인정의 문제가 발생하는 경우 모형의 인정을 높이기 위한 전략으로는 다음과 같다.

- 변수 또는 요인 간에 불필요한 경로가 있으면 경로계수를 0으로 고정시킨다.
- 추정할 경로계수를 감소시켜서 자유도를 증가시킨다. 예컨대, 두 요인

간의 상관 정도가 매우 큰 경우(0.9 이상인 경우) 서로 다른 방향으로 화살표를 향하게 표시하는 **동일화제약(equalization)**을 사용한다.

- 잠재요인의 오차분산을 고정시킨다(0.005 이하의 값으로 고정시켜 준다).
- 문제가 있는 변수를 과감하게 제거한다.

위와 같은 인정을 높이기 위한 네 가지 조치들은 이론적인 배경이 있는 상태에서 가능하다고 할 수 있다.

모형의 종류

우리가 익숙한 조건문은 x → y로 나타낼 수 있다. 여기서 y는 필요조건이라고 한다. 모형의 인정을 조건문으로 나타내면 "모형인정 → 통계결과"로 나타낼 수 있다. 이것은 모형으로 인정받기 위해서는 통계결과가 필요사항이 될 수 있다. 필요조건이 충족되면 모형으로 인정받을 수도 있다.

구조방정식에서 모형이 인정을 받기 위한 필요조건은 정보의 수와 미지수를 비교하여야 한다. 여기서 자유도는 모형의 간명도를 설명하기 위하여 사용되는 모수의 수를 뺀 나머지로 모수의 수가 적을수록 모형은 아주 간명함을 나타낸다.

자유도 = 정보의 수 − 미지수(경로계수의 수)

여기서, 정보의 수(p^*) = $\dfrac{k(k+1)}{2}$, k = 측정변수의 수,

미지수(경로계수) = 변수 간의 통계적인 인과관계를 밝혀냄.

정보의 수를 알아보기 위해서 변수 세 개(v1, v2, v3) 사이의 상관행렬로 나타내면 다음과 같다.

[그림 11-9] 정보의 수

	V_1	V_2	V_3
V_1	#		
V_2	#	#	
V_3	#	#	#

여기서, 정보의 수(p^*, #) $= \dfrac{K \times (K+1)}{2} = \dfrac{3(3+1)}{2} = 6$이다.

모형의 적합성 평가

모형의 적합성은 모형과 실제 공분산 자료 사이의 일치성(consistency)의 정도 또는 일치도를 나타낸다. 즉, 모형의 적합성 평가는 기본적으로 표본자료의 특성(S)과 이론적 특성(Σ)이 어느 정도 일치하느냐에 대한 적합도 판단 과정을 의미한다. 모형이 인정되기 위한 필요조건은 측정변수 x, y가 제공해 주는 정보의 수가 추정되는 미지수(모수, 자유특징수라도 함)의 수보다 많거나 같아야 된다. 이 경우를 **간명모형**(overidentified model)이라고 한다. 정보의 수보다 미지수의 수가 큰 경우를 **부정모형**(unidentified model)이라고 한다. 정보의 수와 미지수의 수가 같은 경우를 **포화모형**(just-identified model or saturated model)이라고 한다. Amos에서는 모형인정 또는 부정모형의 신호를 통해서 모형인정 여부에 대한 정보를 제공해 준다.

정리하면, 모형이 포화모형이나 간명모형의 가능성을 보이면 모형인정의 필요조건이 충족되어 "모형인정의 가능성"이 있다고 말할 수 있다. 실제로 모형으로 인정받기 위해서는 필요충분조건을 만족해야 한다. 필요충분조건은 모형에 포함된 미지수 측정변수의 분산, 공분산행렬에 의해서 풀릴 수 있다는 것을 보여주어야 한다. 이러한 조건은 모형에서 취급하고 있는 모수의 수가 많아지면 대단히 어려워진다.

자유도(df) : 정보의 수(s) − 미지수(t) = $k(k+1)/2 - t$
간명모형 : 정보의 수 > 미지수
부정모형 : 정보의 수 < 미지수
포화모형 : 정보의 수 = 미지수

구조방정식 관련 분석프로그램에서는 자료를 입력하고 모형구조를 입력한다. 여기서 관찰자료는 독립적이며 무작위적이고, 모든 관계는 선형관계를 보여야 한다. 리스렐 프로그램은 미지수의 계산결과를 산출하고 모형 관련 평가자료, 즉 적합도 평가를 출력한다. 구조방정식모형의 프로그램에서는 위반 추정치가 발생하지 않을 경우 모형의 적합도 평가를 할 수 있다. 연구자는 적합도 관련 지수를 통해서 모형의 적합성 여부를 판단하게 된다.

모형에 대한 적합성 평가는 공분산 구조모형이 가정에 얼마나 적합한가를 살펴보는 절차라고 할 수 있다. 모형의 적합성 평가는 기본적으로 **절대적합지수**(Absolute Fit Measures), **증분적합지수**(Incremental Fit Measures), **간명부합지수**(Parsimonious Fit Measures) 등을 이용한다. 이 지수들은 측정모형의 신뢰성 분석과 타당성 분석에서 사용되고 또한 이론모형의 적합성을 판단하는 주요 지표로 사용된다. 여기서는 해당 지표별 자주 사용되는 지수에 대하여 설명하기로 한다.

● **절대적합지수** : 모델의 전반적인 부합도를 평가하는 지수

본 장에서는 모형의 적합도를 평가하는 데 사용되는 대표적인 지표 몇 가지만 언급하기로 한다.

- χ^2(카이제곱) : 자료가 정규분포를 보인다는 이론에 근거하여 모형의 완전성, 모형이 모집단 자료에 완전하게 적합하다는 귀무가설을 검정한다. 앞에서 언급한 것처럼, 전반적인 모형의 적합도를 나타내는 데는 자유도와 χ^2을 함께 나타낸다. 만약, 모형이 정확하게 구체화되고 자료의 분포가정이 만족스럽다면 분석가들은 점증적인 카이제곱 분포를 통해서 검정 통계량을 사용할 수 있다. χ^2의 통계치가 크다는 것은 적합도가

나빠 연구모형이 통계적으로 기각될 가능성이 큼을 의미한다. 카이자승 통계량을 계산하는 식은 다음과 같다.

$$\chi^2 = (N-1) \cdot (S-\Sigma(\theta)) \quad \text{(식 11-7)}$$

카이제곱값이 매우 크고 확률치가 매우 작을 경우에도 모델은 맞고 모델검증 조건들이 모두 다 틀린 경우도 있을 수 있다. 연구자가 충분히 사전적인 지식과 이론배경을 통해서 연구모형을 구축한 경우 통계적인 결과치를 무조건 신뢰하여 무조건 모형을 버리는 것은 바람직하지 않다. 연구자는 카이제곱 값이 나쁘게 나왔더라도 무조건 귀무가설을 기각하기보다는 개선의 여지를 파악하여야 한다. 통계적으로 유의한 χ^2은 귀무가설을 기각해서 모형은 불완전하고 부적합하다는 가능성을 시사한다. 다음은 모형의 적합도에 대한 가설설정을 나타낸다.

H_0 : 모형은 모집단 자료에 적합하다. 또는 $\Sigma = \Sigma(\theta)$

H_1 : 모형은 모집단 자료에 적합하지 않다. $\Sigma \neq \Sigma(\theta)$

여기서, Σ = 모집단 공분산, $\Sigma(\theta)$ = 특정 모형에 의해서 제안된 공분산 행렬을 의미함.

유의확률(sig.) > α = 0.05인 경우에 귀무가설을 채택하여 모형은 모집단의 자료에 적합하다는 귀무가설을 채택하게 된다. 귀무가설을 카이제곱을 통한 모형의 유의성 검정은 표본에 따라 민감하게 달라질 수 있어 실제 구조방정식과 다른 모형을 채택하거나 귀무가설을 기각시킬 수 있다. 카이제곱검정은 표본의 크기가 커지면 아주 작은 편차($S-\Sigma(\theta)$)도 통계적으로 유의해져 '모형이 적합하다'는 귀무가설을 기각할 확률이 높아진다. 대안적으로 Q값을 사용하는 경우가 있다. 일반적으로 Q값이 3 이하인 경우를 모형이 적합한 것으로 판단한다(Wheaton et al., 1977).

$$Q = \frac{\chi^2}{df} \tag{식 11-8}$$

- 적합도지수(GFI : Goodness of Fit Index 또는 $\hat{\gamma}$) : 0.9 이상인 경우 좋은 모형으로 판단함.

$$GFI = 1 - \frac{\text{오차변량}}{\text{전체변량}} \tag{식 11-9}$$

$$\hat{\gamma} = tr\,(\hat{\sigma}^T W \hat{\sigma} / tr(S^T WS) \tag{식 11-10}$$

여기서, tr : 트레이스(정방행렬일 때, 대각선 원소의 합)

$\hat{\sigma}$: 모수 추정치

T : 전치행렬

W : $P^* \times P^*$의 가중치 행렬

S : 측정변수의 표준편차

GFI는 주어진 모형이 전체 자료를 얼마나 잘 설명하는지를 나타내는 지표로 회귀분석에서 다중상관치(R^2)와 관련이 있다. 즉, 최소자승법에 의한 구조방정식의 결정계수라고 할 수 있다. 이 지표는 엄격하게 다변량 정규분포의 가정을 중시하는 카이제곱과 달리 다변량 정규분포의 위반에 별 영향을 받지 않는다.

- 조정된 적합지수(AGFI : Adjusted GFI) : 0.9 이상

$$AGFI = 1 - \frac{(p+q)(p+q+1)}{2 \times df}(1 - GFI) \tag{식 11-11}$$

여기서, p : 독립변수의 수, q : 종속변수의 수, df : 자유도

GFI는 자유도에 의해서 조정해 준 것을 의미한다. 이것은 회귀분석의 조정된 결정계수로 생각하면 될 것이다.

몬테카를로 시뮬레이션 실험 결과, 앞의 GFI와 AGFI는 표본수에 따라 달라지는데 소표본인 경우($n < 100$)는 값들이 작아지고 대표본인 경우($n > 100$)는 높아지는 것으로 나타났다.

- **평균제곱잔차제곱근(RMSR : Root Mean-Square Residual)** : 관찰행렬과 추정행렬 사이의 잔차평균으로 0.05~0.08 이하이면 적당한 모형으로 판단하면 된다. RMSR의 크기는 자료의 측정단위에 의해서 좌우되는 성질이 있다.

증분적합지수 : 기초모형에 대한 제안모형의 부합도 평가

증분적합지수는 **기초모형**(null model or independent model)과 **제안모형**(proposed model)의 비교를 통해 모형의 개선 정도를 파악하는 지수이다. 기초모형은 측정변수 사이에 공분산 또는 상관관계가 없는 모형으로 독립모형이라고도 한다. 제안모형은 이론적인 배경하에서 연구자가 설정한 모형으로 생각하면 된다.

- **비표순적합지수(NNFI : Non-Normed Fit Index)** : Turker-Lewis Measure(TL)이라고도 한다. 이 지수는 분자인 기초모형과 제안모형의 차이를, 분모인 기초모형에서 1을 차감한 비율로 0.9보다 크면 잘 맞는 모형이라고 할 수 있다.

$$NNFI = \frac{\chi_0^2 / df_0 - \chi_p^2 / df_p}{\chi_0^2 / df_0 - 1} \qquad \text{(식 11-12)}$$

여기서, χ_0^2, df_0는 기초모형의 카이자승치 자유도, χ_p^2, df_p는 제안모형의 카이자승치 자유도를 의미한다.

NNFI는 표본의 크기에 영향을 받지 않는 지수로 소표본에서도 대표본과 거의 비슷한 값을 보인다. 앞의 절대적합지수 계열의 GFI 또는 AGFI에서는 자유도를 이용하여 관찰행렬과 실제행렬 사이의 불일치를 최소화시킬수록 GFI나 AGFI값이 작아지는 경향이 있으나 NNFI에서는

이러한 현상이 발생하지 않는다.

- **표준적합지수**(NFI : Normed Fit Index) : 표준화시킨 부합치로 0.9보다 크면 모형의 적합도에 만족한다고 할 수 있다. 표준적합지수는 소표본인 경우는 너무 작아지고 표본이 500 이상인 경우는 0.99 이상을 보이는 경향이 있다.

$$NFI = \frac{\chi_0^2 - \chi_p^2}{\chi_0^2} \qquad \text{(식 11-13)}$$

여기서, χ_0^2 : 기초모형의 카이자승치, χ_p^2 : 제안모형의 카이자승치

- Delta 2 : 기초모형과 목표모형의 차이를 평가하는 데 사용되는 지표를 말한다. Delta 2는 표본에 따라 값이 달라질 수 있는 NFI 값을 조정한 값으로 0.9 이상이면 적합하다. Delta 2는 기초모형과 표본에 따라 값이 크게 달라지지 않는 장점이 있다.

$$Delta \;\; 2 = \frac{\chi_0^2 - \chi_t^2}{\chi_0^2 - df_t} \qquad \text{(식 11-14)}$$

여기서, χ_0^2 : 기초모형의 카이자승치, χ_t^2 : 목표모형의 카이자승치, df_t : 목표모형의 자유도

간명적합지수

간명적합지수는 제안모형의 적합수준, 즉 모형의 복잡성과 객관성의 차이를 비교하는 것을 말한다. 여기서 **간명성**(parsimony)이란 모형이 각 추정계수에 필요한 적합도에 최대로 도달하는 정도를 나타낸다.

- PGFI(Parsimonious Goodness-of-Fit Index, 간명기초적합지수) : 높을수록 우수한 모형임.

$$PGFI = [2df \,/\, p(p+1)]GFI \qquad \text{(식 11-15)}$$

- PNFI(Parsimonious Normed-of-Fit Index, **간명표준적합지수**) : NFI의 수정 지수로 적합모형에 도달하는 데 사용된 자유도로 계산된 지수를 말한다. 높을수록 우수한 모형임(권장수준 : 0.6 이상).

$$PNFI = \frac{df_p}{df_0} \times NFI \qquad \text{(식 11-16)}$$

- AIC(Akaike Information Criteria, **아카이 정보지수**) : 0에 가까울수록 적합도가 우수하며 간명성이 높은 모형임.

$$AIC = T + 2r \qquad \text{(식 11-17)}$$

여기서, T : 평가모형의 검정통계량(χ^2), r : 자유모수의 수

앞에서 언급한 몇 가지 지수에 대한 판단기준은 학자마다 의견이 서로 다른 것이 사실이다. 앞의 기본적인 요건을 만족하지 못하는 경우 다음의 기준을 설정하는 것은 중요하다.

- **카이제곱** : 제안된 모델의 적합도를 측정하기 위해서 χ^2을 이용한다. 이 지표는 사용된 표본의 크기에 영향을 받으며 어떠한 상황에서도 계산될 수 있다는 문제점을 보여주고 있다. 따라서 다음과 같은 지표를 사용한다.
- **가이제곱/자유도 비율(Q값)** : 이 지표는 자유도의 증감에 따른 χ^2사료의 변화를 보여주는 섯이다. 비율이 1에 가까울수록 제시된 모형과 자료 사이의 높은 적합도를 보여준다.
- Root-Mean-square residual(RMSR) : RMSR은 수집된 자료로부터 계산되는 공분산행렬을 가정한 공분산행렬과 비교하여 산출하는 분산-공분산 행렬이다. 일반적으로 RMSR이 적을수록 제시된 모델이 주어진 자료에 적합되는 것을 의미한다. 이 지표는 서로 다른 모형들이 주어진 자료에 적합한 정도를 비교하기 위한 용도로 사용된다.
- Tucker-Lewis Index(TLI) : TLI의 장점은 자료의 크기에 민감하지 않다는 것이다. 이것은 χ^2 지표의 문제를 보조할 수 있는 지표이다. TLI는 구조모형의 분산이 전체적인 분산에서 차지하는 비율과 흡사하다. 따라서

작은 숫자의 TLI는 수집된 자료에 제시된 모형이 잘 적합하는 것을 보여주는 것이다.

- Delta 2 : 표본의 수에 따라 값이 달라질 수 있는 NFI 값을 조정한 값으로 0.9 이상이면 적합하다. Delta 2의 값은 기초모형과 표본에 따라 값이 크게 달라지지 않는 장점이 있다.

지금까지 구조방정식모형의 적합도를 정리한다는 측면에서 구조방정식을 이용하여 평가하는 주로 사용하는 지수를 표로 나타내면 다음과 같다.

[표 11-1] 적합도 판단지수

	부합지수	최악모델	최적모델
절대부합지수	χ^2 (카이자승 통계량)	확률값 0.05 이하	0.05 이상 (확률치가 큰 경우)
	GFI (기초부합치)	0	1
	AGFI (조정부합치)	0	1
	RMR (원소간 평균차이)	0.05 이상	0.05 이하
증분부합지수	NFI (표준부합지수)	0	1
	NNFI (비표준적합지수)	0	1

연구자가 기억해야 할 사항은 이러한 적합도 판단지수들은 확인적요인분석과 구조방정식모형분석에 동일하게 적용된다는 것이다. 자료를 분석하기 전에 설정한 경험자료에 모형을 일차로 적용하면 그 모형의 부합도를 판단할 수 있다. 이때 그 모형이 경험자료에 잘 부합하지 않을 경우 그 결과를 바탕으로 모형찾기를 시작한다.

모형을 찾는 방법에는 **단일모형전략**과 **복수모형전략**으로 구분이 가능하다.

단일모형전략은 하나의 가설을 하나의 자료에 부합시켜 잘 맞을 경우 잘 부합되는 모형을 구한 것이고 잘 안맞을 경우 자료분석에서 주어지는 세부적인 지수들의 해석 및 이론 개발에 도움이 되는 내용적 논의를 바탕으로 나은 모형을 찾아가는 것이다.

복수모형전략은 두 개 이상의 경쟁적인 가설을 세우고 각각의 자료에 부합시킨 결과를 가지고 평가하여 가장 적합한 모형을 선택하는 방법이다. 공분산구조모형은 탐색적인 입장보다는 확인적인 입장에서 실시하는 접근으로 단일모형전략에 비해 복수모형전략이 우선되는 방법이다. 단, 이미 선행연구가 이루어진 모형이나 반복연구를 한다든지 이론적 구조가 충분하지 않은 주제에 대해서는 단일모형전략을 사용할 수 있다.

모형의 수정이 모형적합도의 개선을 가져올 수 있지만 모형의 간명성까지는 증가시켜 주지는 못하며, 제안모형이 재설정될 만한 이론적인 지지를 발견하기란 쉽지 않다. 연구자는 연구모형을 설정함에 있어 이론적인 배경하에서 대체적인 제안모형을 염두에 두어야 한다. 모형의 재추정이나 모형확장 또는 투입행렬의 선택을 신중히 고려하는 것도 연구자가 기억해야 될 사항이다.

수정모델 및 제안모형의 적합도를 평가하기 위해서는 다음과 같은 표로 정리해 나타내는 것이 용이하다는 의견도 있다.

[표 11-2] 수정모형의 적합도 평가

모형	χ^2	*df*	확률값	*Q*	*GFI*	*AGFI*	*RMR*	*NFI*	*NNFI*	*AIC*
기초모형										
제안모형 1										
제안모형 2										
제안모형 1과 2의 비교										

여기서 *Q* : χ^2 / *df*

GFI : 기초적합지수

AGFI : 조정부합지수
NFI : 표준부합지수
NNFI : 비표준부합지수
RMR : 원소간 평균차이(표본공분산과 암시공분산과의 차이)
AIC : 아카이 정보지수

만약, 연구자가 복수모형전략으로 연구를 진행한다면 앞의 [표 11-2]를 이용한 수정모형 적합도평가를 할 수 있다.

⑥ 제6단계 : 모형 해석

모형의 적합도 지수에 의해서 모형의 적합도가 만족하는 모형을 선정한 후 연구자는 각 경로별로 각 추정치에 대한 해석을 하고 결론을 논리적으로 도출한다. 이론적인 연구모형과 표본자료가 적합하지 않으면 연구자는 논리성을 배경으로 수정모형을 제시할 수 있다.

⑦ 제7단계 : 최종모형 선택

앞에서 실시한 제1단계에서부터 제6단계까지를 거처 연구자는 최종 모형을 선정한다. 이 모형은 연구자가 연구하는 관련분야의 예측모형을 제시하는 것으로 연구의 의의가 있다 할 수 있다.

구조방정식모형 분석시에 고려해야 할 사항

① 실제적인 경험과 이론에 근거하지 않는 연구모형은 연구진행에서 부담요인으로 작용할 수 있다. 충분한 읽기(Reading)가 선행되어야 한다.

② 구조방정식 모형분석에 앞서 각 자료에 대한 분포의 가정이 만족스러운지 확인해야 한다.

③ 카이제곱이 모형의 적합도를 판단하는 유일의 지표는 아니다. 다른 적합지수를 나타나는 지표도 확인해야 한다.

④ 단일적합지수에만 의존하여 모형의 적합도를 판단하는 것은 바람직하지 않다. 몇 개의 적합지수를 동시에 고려하는 지혜가 필요하다. 즉, 절대적합지수계열과 증분적합지수계열의 값을 동시에 판단해야 한다.

⑤ 사회변화와 맞물려 학문분야에서도 변화가 극심한 만큼 연구의 유연성을 높이기 위해서 단일모형보다는 두 개 이상의 복수모형(제안모형)을 고려하는 것이 좋다. 복수모형은 연구자가 관련분야에서 가망성 있는 탐색모형을 선택하는 데 도움을 줄 수 있다.

⑥ 연구자는 통계량과 적합지수를 통해서 결과해석 및 결론도출을 쉽게 할 수 있다. 그러나, 건전한 판단과 실제적인 전문지식이 통계적인 유의성보다 중요할 수 있음을 기억해야 한다.

✣ 읽어볼 내용 ✣

우리는 단기적인 인과관계를 신뢰한다. 뱀이 친구를 물었고, 그는 고통으로 비명을 지르다가 죽었다. 이때 사람들은 "친구가 뱀에 물렸기 때문에 죽은 것이다"라고 결론 내린다. 대부분의 경우 그러한 판단은 옳다. 하지만 원인과 결과의 문제가 되면 그와 같은 단순한 사고는 쉽게 함정에 빠진다. 불완전한 원인을 신봉하는 고대 문명에 대해 생각한다면, 예를 들어 처녀를 강간했기 때문에 자신들이 전쟁에서 승리했다고 믿는 전사들에 관한 내용을 읽는다면, 오늘날 사람들은 씨익 미소를 지을 것이다. 하지만 우리는 역시 불완전한 원인을 믿기는 마찬가지다. 특히 자신이 기득권을 가진 분야에서 전문가라는 자들이 진리를 주장할 때, 그런 경향은 더더욱 심해진다.

출처 : 괴짜경제학, 스트븐 레빗, 스티븐 더브너 지음, 안진환 옮김, 웅진 지식하우스(2005)

CHAPTER 12

확인요인분석

1. 확인요인분석이란?
2. 수정지수
3. Amos 이용 확인요인분석 예제
4. 리스렐 이용 확인요인분석 예제

학습목표

1. 확인요인분석의 정의에 대하여 알아본다.
2. 수정지수의 정의와 사용이유를 알아본다.
3. Amos를 이용한 확인요인분석 방법을 터득한다.
4. Lisrel을 이용한 확인요인분석 방법을 터득한다.

인생에 주어진 의무는
다른 아무것도 없다네.
그저 행복하라는 한 가지 의무뿐.
우리는 행복하기 위해 세상에 왔지.

헤르만 헤세

1 확인요인분석이란?

일반적으로 요인분석은 **탐색요인분석**(EFA : Exploratory Factor Analysis)과 **확인요인분석**(CFA : Confirmatory Factor Analysis)으로 나뉜다. 탐색요인분석은 연구자가 사전에 관측변수들과 요인들 사이의 특정한 구조를 정하지 않고 경험자료(empirical data)의 손실을 최소화하면서 요인(factor)을 추출해 내는 분석방법을 의미한다. 따라서 연구자들은 설문지를 구성할 때 사전에 상의한 요인에 대하여 별도로 배치하지 않는다. 탐색적인 요인분석을 위해서 SPSS, SAS, Amos, LISREL 등이 사용된다.

확인요인분석(CFA : Confirmatory Factor Analysis)은 사전에 탐색적인 연구가 이루어졌거나 미리 가정한 모형으로 자료를 충분히 설명할 수 있는지 여부에 대한 관점에서 분석을 진행하는 방법이다. 연구자는 확인요인분석을 통해서 요인을 구성하는 4개 이상의 측정변수에 대한 통제, 적합도 검증 등을 할 수 있다. 확인요인분석의 가정은 측정변수 간의 상관관계는 배후에 숨겨져 있는 석은 수의 삼재요인이 미지는 영향에 의하여 발생한다고 가성한다. 이것을 수학적인 식으로 나타내면 다음과 같다.

$$x_i = \lambda_{i1}\xi_1 + \lambda_{i2}\xi_2 + \cdots + \lambda_{in}\xi_n + \delta_i \qquad \text{(식 12-1)}$$

하나의 **개념**(construct)에 대하여 적어도 세 개 이상의 측정변수를 사용하는 것이 일반화되어 있다. 정리하면 확인요인분석은 기존 이론과 연구배경이 있는 경우 명확한 관련성을 확인하기 위한 다변량 분석기법이라고 할 수 있다. 다음 [그림 12-1]은 확인요인분석에 대한 예를 그림으로 나타낸 것이다.

연구자는 기존의 이론이나 경험적인 연구결과로부터 분석대상이 되는 변수(indicator, variable)들에 관한 사전지식이나 이론적인 결과(strong theoretical foundations)를 가지고 있어, 그 내용에 대하여 연구모형을 구성하고 가설의 형식으로 나타낼 수 있다. 다시 말해서, 확인요인분석은 이미 탐색적으

[그림 12-1] 확인요인분석 예

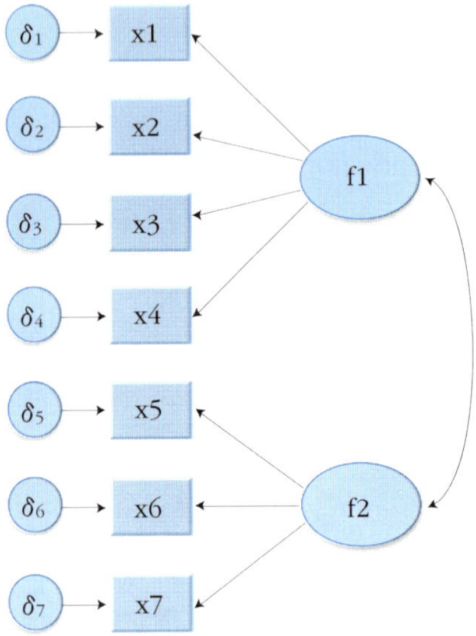

로 연구가 되었거나 이론적인 논의에 의해서 측정구조 형태가 강하게 가설화되고 이것을 확인하는 과정을 거친다. 이 점이 탐색적인 요인분석과 구별된다. 탐색요인분석과 확인요인분석의 차이점을 표로 나타내면 다음과 같다.

[표 12-1] 탐색요인분석과 확인요인분석의 구분

탐색요인분석	내 용	확인요인분석
모든 공통요인들(예 : ξ_1, ξ_2, ξ_3) 간에 상관성이 존재함	공통요인들 간의 상관성 여부	모든 공통요인들(예 : ξ_1, ξ_2, ξ_3) 간에 상관성이 존재하지 않음
모든 관찰변수는 모든 공통요인에 의해서 영향을 받음	요인과 변수의 영향 관계	관찰변수는 하나의 공통요인에 의해서 영향을 받음
오차항 간에 서로 상관성이 존재하지 않음	오차항 간의 상관성 여부	오차항 간에 상관성이 존재함

확인요인분석의 결과는 전체적인 적합지수를 통해서 연구모형에 대한 적합도 검정을 통해서 실제자료를 조명한다. 이러한 절차를 거치기 때문에 확

인요인분석은 크론바하 알파(Cronbach's alpha)를 포함한 신뢰성 계수보다는 요인에 대한 단일 차원성에 대한 엄격한 검정이라고 할 수 있다. 구조방정식 모형분석 프로그램을 통한 확인요인분석에서는 전반적인 적합지수를 만족하는지 여부를 판단하고 다음으로 측정모형에 대한 모수(parameter)를 확인하는 절차를 밟으면 된다. 요인적재치(factor loading)는 **개념신뢰도**(construct validity)와 **분산추출값**(variance extracted)을 계산할 수 있다. 다음은 개념신뢰도와 분산추출값의 계산식을 나타낸 것이다.

$$\text{개념신뢰도} = \frac{(\text{표준부하량의 합})^2}{[(\text{표준부하량의 합})^2 + \text{측정오차의 합}]} \qquad (\text{식 } 12\text{-}2)$$

$$\text{분산추출값} = \frac{\text{표준부하량 제곱의 합}}{[\text{표준부하량 제곱의 합} + \text{측정오차의 합}]} \qquad (\text{식 } 12\text{-}3)$$

개념신뢰도의 경우는 0.7 이상이면 신뢰성이 있는 것으로 판단하고 분산추출 값은 0.5 이상이면 개념타당성이 있는 것으로 확인할 수 있다. 또한 리스렐의 결과에서는 회귀식의 설명력을 나타내는 γ^2이 나타난다. 이는 측정변수들 전체가 이론변수에 의해서 설명되는 분산을 말하며 0.5 이상이면 적당한 것으로 판단하면 된다(Sharma, 1996).

2 수정지수

수정지수는 모형에서 고정모수(fixed parameter)와 제약모수(constrained parameter)를 계산할 수 있다. 수정지수는 특정 제약모수가 자유화되거나 모형이 재계산된다면 카이자승이 얼마나 줄어들 것인지를 나타낸다. 이러한 수정지수는 대략적으로 카이자승의 차이와 동일하다. 즉 모든 모수가 계산되는 모형과 모형에서 고정되거나 제약된 경우의 차이와 같다. 최대의 수정지수는 연구자에게 모형에서 적합지수를 최대화할 수 있도록 개선하기 위해 어느 모수를 자유화시킬 것인지를 알려준다. 수정지수는 **기대모수 변화값**(EPC : expected parameter change)과 관련이 있다. 이 지수는 모수가 자유화되면 모수가 양의 방향과 음의 방향으로 얼마만큼 변화하는지를 나타낸다. 만약, 측정변수와 잠재요인의 측정단위에 특별한 관심이 없다면 기대모수 변화값을 사용하는 것이 좋을 것이다.

다음과 같은 방법으로 수정지수를 통한 모형평가와 모형수정이 이루어져야 한다. 만약, 카이자승통계량이 표준보다 상대적으로 크다면 수정지수를 고찰하고 최대 수정지수를 통해 모수를 유연하게 할 수 있다. 이 모수연결이 실제적으로 해석될 수 있다면 해당 모수를 자유화시킬 수 있다. 그러나 큰 수정지수가 논리적으로 모수를 유연하게 자유화시킬 수 없다면 제2의 최대 수정지수를 고려하면 된다. 어떤 모수가 사전적으로 부정, 긍정을 보인다면 수정지수와 관련된 기대모수 변화는 잘못된 예고를 나타내기 때문에 후보모형에서 배제시킬 수 있다.

3 Amos 이용 확인요인분석 예제

다음 예제는 초등학생들의 심리상태를 파악하기 위한 요인분석을 위한 문제이다. 표본은 145명의 초등학생들을 대상으로 조사한 내용이다. 각각 요인의 구성은 $Visual = f(x_1, x_2, x_3)$, $Verbal = f(x_4, x_5, x_6)$, $Speed = f(x_7, x_8, x_9)$이다. 다음은 각 변수 간의 상관행렬자료이다.

[표 12-2] 상관행렬 자료

	x1	x2	x3	x4	x5	x6	x7	x8	x9
x1	1.000								
x2	0.318	1.000							
x3	0.436	0.419	1.000						
x4	0.335	0.234	0.323	1.000					
x5	0.304	0.157	0.283	0.722	1.000				
x6	0.326	0.195	0.350	0.714	0.685	1.000			
x7	0.116	0.057	0.056	0.203	0.246	0.170	1.000		
x8	0.314	0.145	0.229	0.095	0.181	0.113	0.585	1.000	
x9	0.489	0.239	0.361	0.309	0.345	0.280	0.408	0.512	1.000

확인요인분석의 연구모형을 그림으로 나타내면 다음과 같다.

[그림 12-2] 확인요인분석

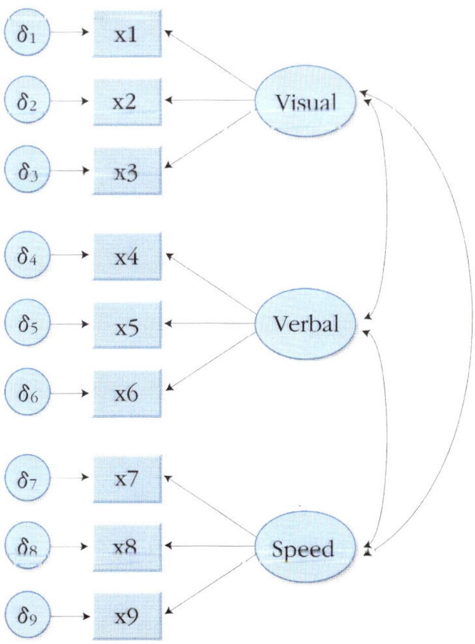

[1단계] 다음과 같이 Excel창에서 자료를 입력하고 저장을 한다.

[그림 12-3] 자료저장

	A	B	C	D	E	F	G	H	I	J	K
1	rowtype_	varname_	x1	x2	x3	x4	x5	x6	x7	x8	x9
2	n	145	145	145	145	145	145	145	145	145	145
3	cov	x1	1								
4	cov	x2	0.318	1							
5	cov	x3	0.436	0.419	1						
6	cov	x4	0.335	0.234	0.323	1					
7	cov	x5	0.304	0.157	0.283	0.722	1				
8	cov	x6	0.326	0.195	0.35	0.714	0.685	1			
9	cov	x7	0.116	0.057	0.056	0.203	0.246	0.17	1		
10	cov	x8	0.314	0.145	0.229	0.095	0.181	0.113	0.585	1	
11	cov	x9	0.489	0.239	0.361	0.309	0.345	0.28	0.408	0.512	1

(자료 : ch12-1.xls)

[2단계] Amos프로그램에서 다음과 같은 확인요인분석모형을 구축한다. 참고로 확인요인분석시에 요인과 변수 사이에 '1'을 표시하여야 한다. 이는 요인과 변수 사이의 경로를 터주거나 상대적인 비교를 하기 위한 것으로 이해하면 된다. 만약 '1'을 표시하지 않으면 프로그램이 작동하지 않는 원인이 될 수 있다.

[그림 12-4] Amos 경로도형

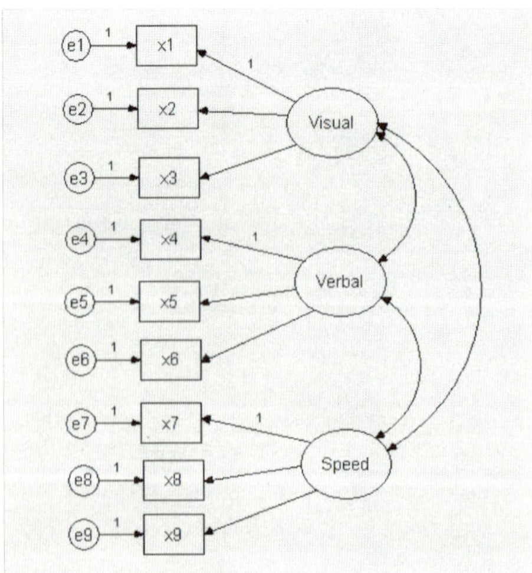

(자료 : 12-1.amw)

[3단계] 경로도형을 구축한 다음 저장을 하고 View/Set ⇒ Analysis Properties... ⇒ Output를 누른 다음 아래와 같이 표준화 계수(Standardized estimate)를 지정한다.

[그림 12-5] 결과지정창

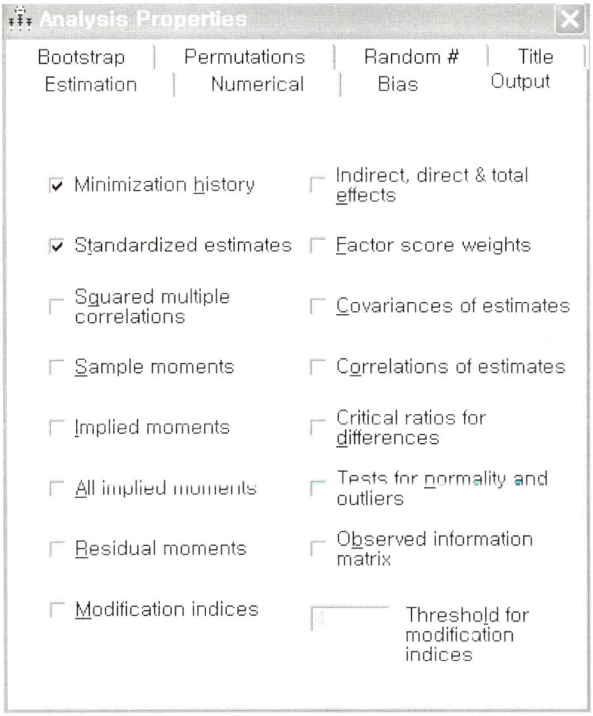

[4단계] 결과창(Output)에서 닫기 단추()를 누르고 Calculate Estimate (Ctrl + F9) 단추를 눌러 실행을 한다. 참고로 연구자가 가장 많이 사용하게 될 결과창의 내용을 설명하면 다음과 같다.

[표 12-3] 결과물 지정창

선택 옵션	내용 설명
□ Minimization history	불일치 정도의 정보 제공
□ Standardized estimate	표준화 회귀계수
☑ Squared multiple correlations	다중상관치 : 내생요인이 외생변수에 의해서 설명되는 정도
□ Sample Moments	표본평균, 공분산
□ Implied Moments	관찰변수의 평균, 공분산
□ All implied Moments	모든 변수의 평균, 공분산
□ Modification indices; 4 Threshold for modification indices	모형의 개선을 위해 프로그램이 암시해 주는 경로, 자유도 1의 변화에 따른 카이자승값 3.84를 반올림한 값
☑ Indirect, direct & Total effects	간접효과, 직접효과 그리고 총효과
□ Factor score weights	요인점수
□ Covariance of estimates	모수의 공분산 행렬
□ Critical ratios for differences	모수의 t통계량
□ Test for normality and outliers	정규분포성과 이상치 검정
□ Observed information matrix	관찰 정보행렬

[결과 12-1] 적합지수

Notes for Model (Default model)
Computation of degrees of freedom (Default model)
Number of distinct sample moments: 45
Number of distinct parameters to be estimated: 21
Degrees of freedom (45 − 21): 24
Result (Default model)
Minimum was achieved
Chi-square = 52.618
Degrees of freedom = 24
Probability level = .001

[결과 12-1 설명] χ^2 = 52.618, 자유도(df) = 24, 확률값(P-value) = 0.001로 모형이 적합하다는 귀무가설(H_0)을 기각한다.

[결과 12-2] 주요 적합지수

CMIN

Model	NPAR	CMIN	DF	P	CMIN/DF
Default model	21	52.618	24	.001	2.192
Saturated model	45	.000	0		
Independence model	9	496.669	36	.000	13.796

RMR, GFI

Model	RMR	GFI	AGFI	PGFI
Default model	.075	.928	.866	.495
Saturated model	.000	1.000		
Independence model	.316	.496	.370	.397

[결과 12-2 설명] 주요 적합지수를 보면, RMR은 0.075(기준 : 0.05 이하가 적합함), GFI는 0.928(기준 : 0.9 이상이면 적합함), AGFI는 0.866(기준: 0.9 이상이면 적합함)으로 대체로 만족스럽지 못하다. 연구자가 모형의 적합도를 높이기를 원한다면 앞에서 언급한 것처럼, View/Set ⇒ Analysis Properties... ⇒ Output창에서 수정지수(Modification indices)를 클릭하고 재실행을 하면 결과창에서 새로운 경로지정으로 모형의 적합지수를 개선할 수 있는 여지를 발견할 수 있다. 이때 연구자는 이론적인 배경과 경험을 토대로 경로의 지정 여부를 결정하고 재실행하면 모형의 적합도가 점차 개선되는 것을 확인할 수 있을 것이다. 이러한 절차는 다음의 리스렐 프로그램에서도 동일한 과정을 거친다. 다음에서도 세부적으로 설명할 것이다.

[결과 12-3] 비표준화된 회귀계수

Regression Weights: (Group number 1 - Default model)

			Estimate	S.E.	C.R.	P	Label
x1	<---	Visual	1.000				
x2	<---	Visual	.763	.164	4.664	***	
x3	<---	Visual	1.017	.187	5.443	***	
x4	<---	Verbal	1.000				
x5	<---	Verbal	.957	.084	11.422	***	
x6	<---	Verbal	.952	.084	11.361	***	
x7	<---	Speed	1.000				
x8	<---	Speed	1.205	.187	6.426	***	
x9	<---	Speed	1.029	.164	6.262	***	

[결과 12-3 설명] 결과창에서 Estimate를 누르면 비표준화된 계수를 얻을 수 있다. x1 ← Visual에서 회귀계수가 1.00이고 S.E(Standardized Estimate), C.R (Critical Ratio : 리스렐에서는 t값), P값은 나타나 있지 않다. 경로도형 구축시 x1 ← Visual 간을 '1'로 열어 주었기 때문이다. x7 ← Speed로 마찬가지이다. x2 ← Visual 간의 회귀계수는 0.763이고 표준오차(S.E)는 0.164로 C.R이 4.664로 1.96보다 크기 때문에 유의함을 알 수 있다.

[결과 12-4] 결과물

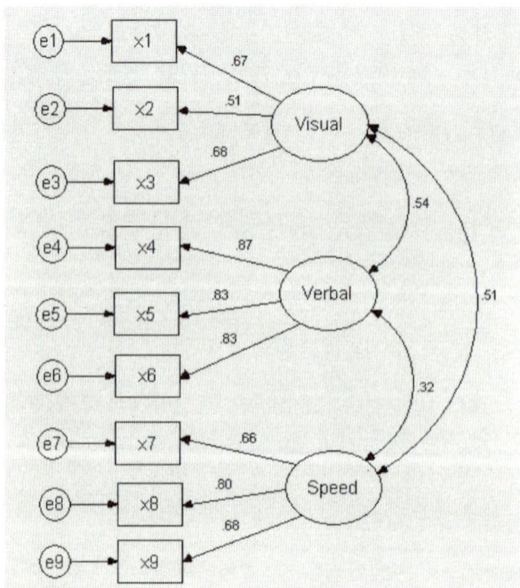

[결과 12-4 설명] 표준화된 경로계수와 각 요인 간의 상관관계가 나타나 있다.

4 리스렐 이용 확인요인분석 예제

앞의 [표 12-2]의 상관행렬 자료를 이용하여 다음의 리스렐 명령어를 작성한다.

[그림 12-6] 확인요인분석 문장

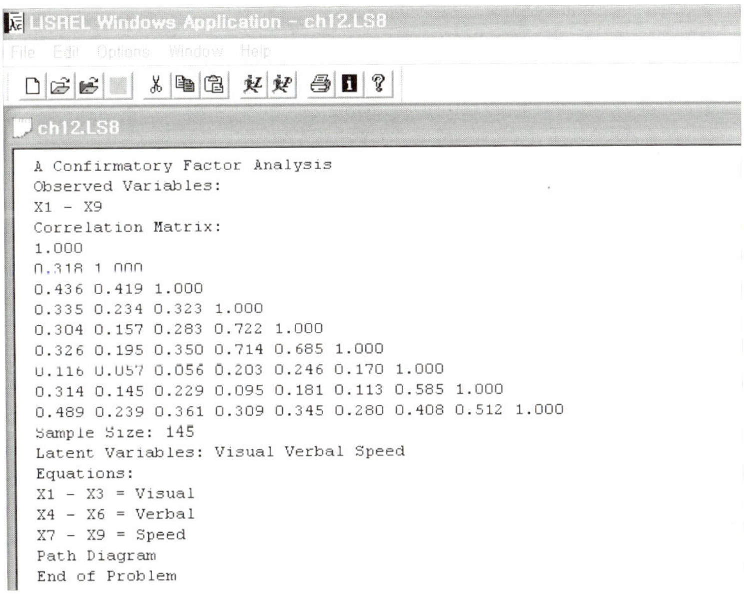


```
A Confirmatory Factor Analysis
Observed Variables:
X1 - X9
Correlation Matrix:
1.000
0.318 1.000
0.436 0.419 1.000
0.335 0.234 0.323 1.000
0.304 0.157 0.283 0.722 1.000
0.326 0.195 0.350 0.714 0.685 1.000
0.116 0.057 0.056 0.203 0.246 0.170 1.000
0.314 0.145 0.229 0.095 0.181 0.113 0.585 1.000
0.489 0.239 0.361 0.309 0.345 0.280 0.408 0.512 1.000
Sample Size: 145
Latent Variables: Visual Verbal Speed
Equations:
X1 - X3 = Visual
X4 - X6 = Verbal
X7 - X9 = Speed
Path Diagram
End of Problem
```

리스렐상에 위 문장을 작성하고 Run Lisrel( ) 단추를 누르면 다음 결과를 얻을 수 있다.

[그림 12-7] 경로도형과 적합지수

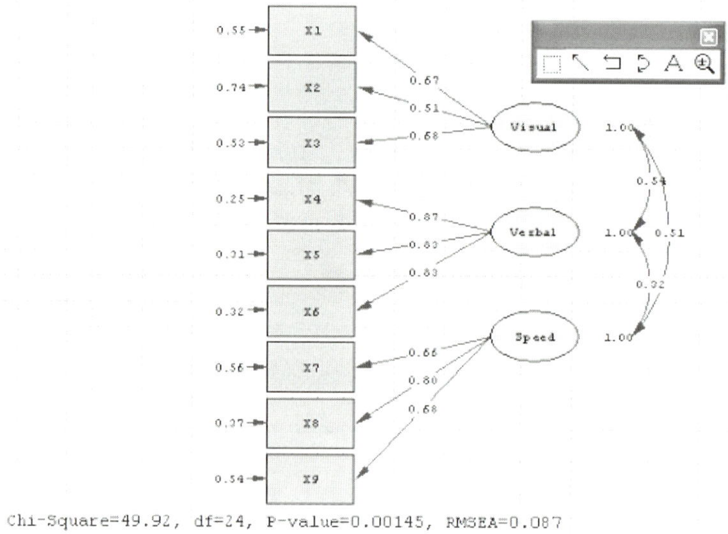

χ^2 = 49.92, 자유도(df) = 24, 확률값(P-value) = 0.00145, RMSEA = 0.087로 모형이 적합하다는 귀무가설(H_0)을 기각한다. 결과물 창을 살펴보면, 적합지수 중 GFI(0.93), NFI(0.92), NNFI(0.93) 등은 양호하나 AGFI(0.87), RMR(0.075)은 양호하지 않은 것으로 나타났다.

다음으로 결과창(Output) 맨 뒤에 나와 있는 수정지수를 확인하여 보자.

[결과 12-4] 수정지수

The Modification Indices Suggest to Add the

Path to	from	Decrease in Chi-Square	New Estimate
X7	Visual	10.9	−0.37
X8	Verbal	9.9	−0.27
X9	Visual	24.6	0.57
X9	Verbal	9.9	0.26

[결과 12-4 설명] 수정지수(Modification Indices)는 연구모형에서 특정경로를 연결하면 예상되는 카이자승값(χ^2)의 감소 예상치를 나타내 준다. 따라서 수정지수는 모형의 적합도가 높아지는 여지를 제공해 준다. 앞에 나온 결과를 살펴보면, Visual요인에서 X9로 경로를 연결하면 카이자승값이 대략적으로 24.6 정도로 감소할 것을 나타낸다. 새로운 경로(X9 ← Visual)의 요인계수는 0.57이 될 것이다.

수정지수를 통해 얻은 정보를 통해서 새로운 경로(X9 ← Visual)의 연결을 위해서 앞의 [그림 12-7]의 오른쪽 상단에 있는 화살표(↖)를 이용하여 연결하도록 한다. 그러면 다음과 같은 그림을 얻을 수 있다.

[그림 12-8] 새로운 경로 연결

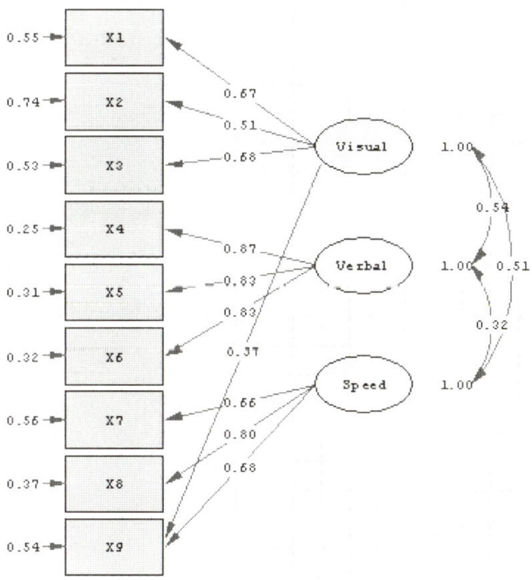

이런 다음, Run Lisrel( ) 단추를 누르면 결과를 얻을 수 있다.

[그림 12-9] 수정모형

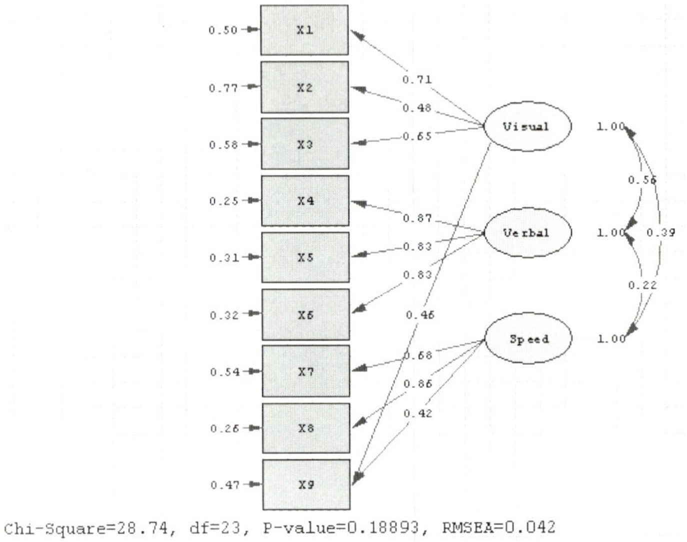

카이자승 통계량 변화(χ^2)는 21.18(49.92−28.74), 자유도 변화(Δdf)는 1(24−23)이다. 이에 대한 확률은 p = 0.000 < α = 0.05이기 때문에 두 번째 수정모형을 최종모형으로 판단할 근거를 제공해 준다. 수정모형(두 번째 모형)의 확률치(P-value)는 0.18893으로 모형이 적합하다는 귀무가설(H_0)을 채택하게 된다. 여기에 대한 자세한 적합지수는 다음 결과를 참조하면 된다.

[결과 12-5] 적합지수

```
Goodness of Fit Statistics
Degrees of Freedom = 23
Minimum Fit Function Chi-Square = 29.01 (P = 0.18)
Normal Theory Weighted Least Squares Chi-Square = 28.74 (P = 0.19)
Chi-Square Difference with 1 Degree of Freedom = 21.18 (P = 0.0)
Estimated Non-centrality Parameter (NCP) = 5.74
90 Percent Confidence Interval for NCP = (0.0 ; 23.60)
Minimum Fit Function Value = 0.20
Population Discrepancy Function Value (F0) = 0.040
90 Percent Confidence Interval for F0 = (0.0 ; 0.16)
Root Mean Square Error of Approximation (RMSEA) = 0.042
90 Percent Confidence Interval for RMSEA = (0.0 ; 0.084)
P-Value for Test of Close Fit (RMSEA < 0.05) = 0.58

Expected Cross-Validation Index (ECVI) = 0.51
90 Percent Confidence Interval for ECVI = (0.47 ; 0.63)
ECVI for Saturated Model = 0.63
ECVI for Independence Model = 4.69

Chi-Square for Independence Model with 36 Degrees of Freedom = 658.04
Independence AIC = 676.04
Model AIC = 72.74
Saturated AIC = 90.00
Independence CAIC = 711.83
Model CAIC = 160.23
Saturated CAIC = 268.95

Normed Fit Index (NFI) = 0.96
Non-Normed Fit Index (NNFI) = 0.98
Parsimony Normed Fit Index (PNFI) = 0.61
Comparative Fit Index (CFI) = 0.99
Incremental Fit Index (IFI) = 0.99
Relative Fit Index (RFI) = 0.93

Critical N (CN) = 207.70

Root Mean Square Residual (RMR) = 0.045
Standardized RMR = 0.045
Goodness of Fit Index (GFI) = 0.96
Adjusted Goodness of Fit Index (AGFI) = 0.92
Parsimony Goodness of Fit Index (PGFI) = 0.49
```

[결과 12-5 설명] 첫 번째 모형의 적합지수와 새로운 경로(X9 ← Visual)를

연결할 경우의 모형 간의 적합지수를 비교해 보면 새로운 경로가 추가되었을 경우에 적합지수들이 개선되었음 확인할 수 있다. 예를 들어, NFI, NNFI, CFI의 값이 모두 높아졌음을 확인할 수 있을 것이다. 참고로 카이자승 통계량 변화는 21.18(49.92−28.74), 자유도 변화는 1(24−23)이다.

[결과 12-6] 확인요인분석 결과

```
X1 = 0.71*Visual, Errorvar.= 0.50  , R² = 0.50
    (0.087)                (0.090)
     8.16                   5.53

X2 = 0.48*Visual, Errorvar.= 0.77 , R² = 0.23
    (0.091)                (0.10)
     5.33                   7.62

X3 = 0.65*Visual, Errorvar.= 0.58  , R² = 0.42
    (0.087)                (0.091)
     7.43                   6.34

X4 = 0.87*Verbal, Errorvar.= 0.25  , R² = 0.75
    (0.070)                (0.051)
    12.37                   4.81

X5 = 0.83*Verbal, Errorvar.= 0.31  , R² = 0.69
    (0.071)                (0.054)
    11.61                   5.80

X6 = 0.83*Verbal, Errorvar.= 0.32  , R² = 0.68
    (0.072)                (0.054)
    11.51                   5.91

X7 = 0.68*Speed, Errorvar.= 0.54  , R² = 0.46
    (0.089)               (0.093)
     7.68                  5.76

X8 = 0.86*Speed, Errorvar.= 0.26 , R² = 0.74
    (0.092)               (0.11)
     9.37                  2.31

X9 = 0.46*Visual + 0.42*Speed, Errorvar.= 0.47  , R² = 0.53
    (0.089)        (0.088)                (0.073)
```

[결과 12-6 설명] 앞의 결과를 보면서, 논문 작성과정에서 필요한 사항인 확인요인분석표를 다음과 같이 정리할 수 있다.

[표 12-4] 확인요인분석

요인	항목	표준부하량	t값	R^2	개념신뢰도	분산추출값
Visual	x1	0.71	8.16	0.50	0.695*	0.371**
	x2	0.48	5.33	0.23		
	x3	0.65	7.43	0.42		
	x9	0.46	5.15	0.53		
Verbal	x4	0.87	12.37	0.75	0.879	0.708
	x5	0.83	11.61	0.69		
	x6	0.83	11.51	0.68		
Speed	x7	0.68	7.68	0.46	0.752	0.52
	x8	0.86	9.37	0.74		
	x9	0.42	4.73	0.53		

Goodness of fit(적합지수)

χ^2 = 28.74(p = 0.19), χ^2/df = (28.74/23) = 1.25, GFI = 0.96, RMSEA = 0.042, AGFI = 0.92

앞의 개념신뢰도와 분산추출값을 계산하는 식에 의해서 Visual의 개념 신뢰도(0.695)와 분산추출값(0.371)을 계산하여 보면 다음과 같다.

$$\text{개념신뢰도} = \frac{(0.71 + 0.48 + 0.65 + 0.46)^2}{(0.71 + 0.48 + 0.65 + 0.46)^2 + (0.5 + 0.77 + 0.58 + 0.47)} = 0.695^*$$

$$\text{분산추출값} = \frac{(0.71^2 + 0.48^2 + 0.65^2 + 0.46^2)}{(0.71^2 + 0.48^2 + 0.65^2 + 0.46^2) + (0.5 + 0.77 + 0.58 + 0.47)} = 0.371^*$$

Verbal이나 Speed개념에 대한 개념신뢰도와 분산추출값은 각자 구하여 보기로 하자. 연구자는 확인분석을 끝마치고 이론 및 기존 연구에 근거하여 세운 연구가설, 즉 요인들 간의 방향성 및 힘의 강도를 확인하는 이론모형을 그리는 구조방정식분석을 실시할 수 있다. 이는 다음 장에서 자세히 설명하기로 한다.

[그리스문자]

대문자	소문자	읽는 방법
A	α	alpha
B	β	beta
Γ	γ	gamma
Δ	δ	delta
E	ε	epsilon
Z	ζ	zeta
H	η	eta
Θ	θ	theta
I	ι	iota
K	κ	kappa
M	μ	mu
N	ν	nu
Ξ	ξ	xi, ksi
O	o	omicron
Π	π	pi
P	ρ	rho
Σ	σ	sigma
T	τ	tau
Y	υ	upsilon
Φ	ϕ	phi
X	χ	chi
Ψ	ψ	psi
Ω	ω	omega

참고문헌

Sharma, S.(1996), Applied multivariate techniques, New York: Wiely.

13 CHAPTER

구조방정식모형분석 예제

학습목표

1. 구조방정식 분석과정에서 체크할 사항을 알아본다.
2. Amos 프로그램을 이용한 구조방정식 운용방법과 해석방법을 알아본다.
3. Lisrel 프로그램을 이용한 구조방정식 운용방법과 해석방법을 알아본다.

실전에 필요한 14가지 독서법

1. 책을 사는 데는 돈을 아끼지 말라.
2. 같은 테마의 책을 여러 권 찾아 읽어라.
3. 책 선택에 대한 실패를 두려워하지 말라.
4. 자신의 수준에 맞지 않는 책은 무리해서 읽지 말라.
5. 읽다가 그만둔 책이라도 일단 끝까지 넘겨 보라.
6. 속독법을 몸에 익혀라.
7. 책을 읽는 도중에 메모하지 말라.
8. 가이드북에 현혹되지 말라.
9. 주석을 빠뜨리지 말고 읽어라.
10. 책을 읽을 때는 끊임없이 의심하라.
11. 새로운 정보는 꼼꼼히 체크하라.
12. 의문이 생기면 원본 자료로 확인하라.
13. 난해한 번역서는 오역을 의심하라.
14. 대학에서 얻은 지식은 대단한 것이 아니다.
    여하튼 젊을 때 많이 읽어라.

나는 이런 책을 읽어 왔다. 다치바나다카시

1 구조방정식 체크리스트

구조방정식(SEM : Structural Equation Modeling)은 공분산구조방정식(Covariance Structural Modeling)이라고도 부른다. 구조방정식을 공분산구조방정식이라고 부르는 이유는 아마도 원자료가 구조방정식 전문 프로그램에서 공분산이나 상관행렬로 변환시킨 다음 구조방정식이 실행되기 때문이다. 구조방정식을 실시하기 위해서는 다음을 고려하여야 한다.

앞장에서 이야기한 것처럼, 구조방정식모형분석은 외생적인 측정모형(독립적인 측정모형)과 내생적인 측정모형(종속적인 측정모형)을 회귀분석이나 경로분석적으로 연결해 놓은 것을 말한다. 또한 구조방정식은 앞에서 다룬 확인요인분석의 확장이라고 생각해도 된다.

구조방정식에서 몇 가지 중요한 기본 가정을 살펴보면 다음과 같다. 구조방정식 모형분석은 오차와 잔차 사이에는 상관관계가 없다. 요인과 측정오차 사이에는 상관관계가 없다. 측정변수와 오차사이에는 상관관계가 없다.

다변량 통계분석 과정에서와 마찬가지로 본격적인 구조방정식 분석에 앞서, 연구자는 **표본의 크기**, **무응답치에 대한 문제**, **이상치**, **선형성**, **등분산성** 등에 관한 정보를 나타낼 필요가 있다. 그러면, 논문심사자나 독자는 연구자가 통계에 관한 기초지식을 충분히 갖고 있음을 확신하게 된다.

다음으로 연구자는 구조방정식 프로그램을 사용하게 된다. 성공적으로 분석이 전개되면 결과물을 통해서 모형의 적합성을 판단한다. 이 경우는 카이자승 통계량과 여러 적합지수를 통해서 모형의 적합성을 판단한다.

자고 일어나면 세상의 일들이 달라지는 급변하는 사회에서 연구의 내용과 결론도 달라질 수 있다. 이에 연구자는 개방적인 사고를 가지고 연구를 할 필요가 있다. 즉, 기존에 자주 사용되던 연구모형으로는 새로운 현상을 설명할 수 없는 경우도 있다. 연구자가 이런 문제로 고민할 경우, 구조방정식 프로그램이 제공하는 **수정지수(MI : Modification Indicies)**를 통해서 적합모형을 판단하면 된다. 참고로 수정지수는 적합도를 높여주거나 새로운 모형을 탐색하는 과정에 유용한 지수를 말한다.

2 구조방정식 예제

구조방정식 관련 논문이나 서적을 살펴보면, **BAI모형**(신념-태도-행동의도 : Belief-Attitude-Intention)을 주로 사용하고 있다. 서비스 분야에서 자주 언급되고 있는 **서비스이익사슬**(SPC : Service Profit Chain)모형도 이와 비슷하다고 할 수 있다. 다음 두 개의 예를 통해서 연구자들은 자신이 연구하고자 하는 분야에 직접 적용하면 큰 도움을 받을 수 있을 것이다.

2.1 사례 1 : 의료기관의 고객만족 사례

다음은 A병원에서 만족도에 관한 고객만족요인과 재방문 의사를 확인하기 위한 설문지이다. 다음은 관련 설문지, 연구모형, 그리고 234명의 표본에 대한 상관행렬을 나타낸 것이다.

[표 13-1] 고객만족경영 사례 설문지

치료서비스 (ξ_1 : Cure)	매우 동의하지 않음		보통		매우 동의함
완치확신(x1)	①	②	③	④	⑤
후유증 없음(x2)	①	②	③	④	⑤
환자돌봄서비스(ξ_2 : Care)	**매우 동의하지 않음**		**보통**		**매우 동의함**
간호사의 친절(x3)	①	②	③	④	⑤
의사친절(x4)	①	②	③	④	⑤

고객만족(η_1 : Cs)	매우 동의하지 않음	보통	매우 동의함
편안함(y1)	①----②----③----④----⑤		
다른 사람들에게 구전(y2)	①----②----③----④----⑤		

재방문(η_2 : Retention)	매우 동의하지 않음	보통	매우 동의함
고마움의 표시(y3)	①----②----③----④----⑤		
향후 계속이용 여부(y4)	①----②----③----④----⑤		

[그림 13-1] 연구모형

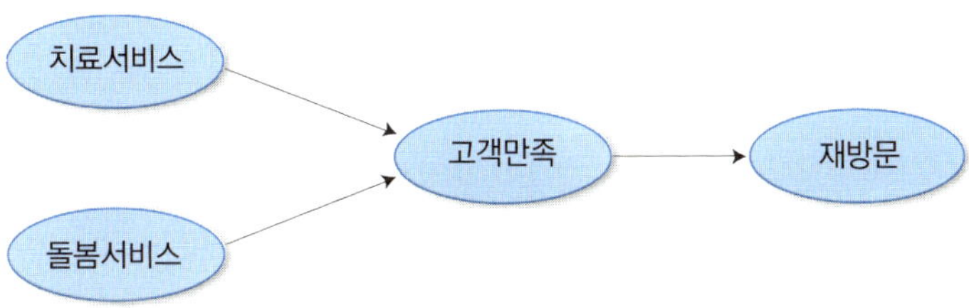

여기서, 치료서비스는 Cure, 돌봄서비스는 Care, 고객만족은 Cs, 그리고 재방문은 Retention으로 표기하였다.

[표 13-2] 상관행렬

	y1	y2	y3	y4	x1	x2	x3	x4
y1	1.000							
y2	0.560	1.000						
y3	0.185	0.232	1.000					
y4	0.192	0.263	0.332	1.000				
x1	0.262	0.234	0.144	0.142	1.000			
x2	0.307	0.229	0.160	0.111	0.434	1.000		
x3	0.151	0.154	0.163	0.037	0.257	0.234	1.000	
x4	0.281	0.183	0.139	0.010	0.207	0.252	0.622	1.000

3 Amos 프로그램 운용

[1단계] 우선, Excel창에 다음과 같이 데이터를 저장한다.

[그림 13-2] 상관행렬 자료

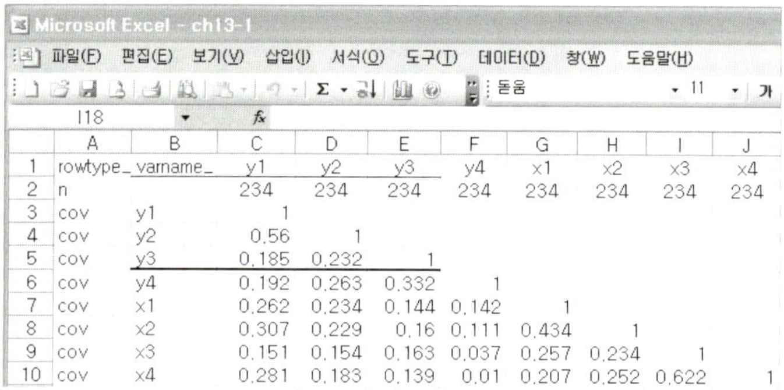

	A	B	C	D	E	F	G	H	I	J
1	rowtype_	varname_	y1	y2	y3	y4	x1	x2	x3	x4
2	n		234	234	234	234	234	234	234	234
3	cov	y1	1							
4	cov	y2	0.56	1						
5	cov	y3	0.185	0.232	1					
6	cov	y4	0.192	0.263	0.332	1				
7	cov	x1	0.262	0.234	0.144	0.142	1			
8	cov	x2	0.307	0.229	0.16	0.111	0.434	1		
9	cov	x3	0.151	0.154	0.163	0.037	0.257	0.234	1	
10	cov	x4	0.281	0.183	0.139	0.01	0.207	0.252	0.622	1

(자료 : ch13-1.xls)

[2단계] 다음과 같이 Amos 프로그램에서 경로도형을 구축한다. 경로도형 참고로 제목달기를 위해서 Title 단추를 누르고 'Chi-square=₩cmin (₩df df) p=₩p' 문장을 입력한다.

[그림 13-3] 연구모형

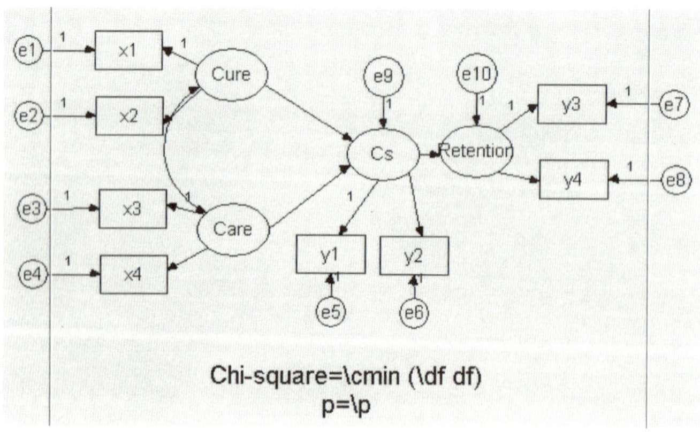

(자료 : ch13-1.amw)

[3단계] Amos창에서 File ⇒ Data File를 누른 다음, 데이터(ch13-1.xls)를 불러온다.

[4단계] Calculate Estimate(Ctrl + F9) 단추를 눌러 실행을 한다. 정상적으로 프로그램이 작동하고 난 다음 view the output path diagram( ) 단추를 누른다. 그러면 다음과 같은 결과를 얻을 수 있다.

[결과 13-1] 경로도형과 적합지수

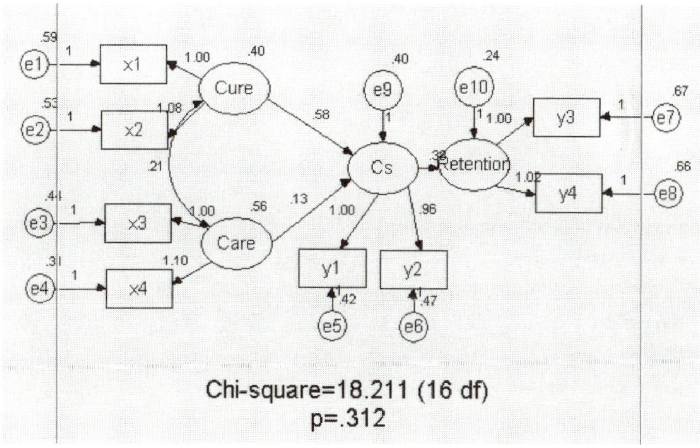

[결과 13-1 설명] 분석결과, 카이자승(Chi-square)값은 18.21, 자유도(df) = 16, $P = 0.312 > \alpha = .05$이므로 연구모형이 모집단 자료에 적합하다는 귀무가설(H_0)을 채택하게 된다. 다음에서 분석할 리스렐 프로그램의 카이자승값과 약간 차이가 있으니 확인하기 바란다. 카이자승은 다음과 같은 가설을 설정할 수 있다.

H_0 : 연구모형은 모집단 자료에 적합하다($\Sigma = S$).
H_1 : 연구모형은 모집단 자료에 적합하지 않다($\Sigma \neq S$).

연구자는 View/Set ⇒ Text Output를 누르고 각종 분석결과와 적합지수를 확인할 수 있다. 보다 자세한 결과 설명은 리스렐 결과해설을 참조하면 될 것이다.

4 리스렐 프로그램 운용 1

위 상관행렬 자료를 이용하여 아래와 같이 리스렐 프로그램을 작성할 수 있다. 다음으로 리스렐 입력 명령문에 대하여 알아보자. 여기서는 요인을 구성하는 임의 측정변수를 고정시키지 않는 방법과 1로 고정시키는 방법 등 두 가지 방법을 알아본다. 결론적으로 분석결과를 말한다면, 두 모형의 적합지수, 측정변수와 요인 사이의 요인계수, 요인 간의 경로계수는 모두 동일하다. 참고로 고정시키지 않은 모형의 결과와 1로 **고정지수**를 표시한 분석결과 중 표준화 해(standardized solution) 모형이 동일함을 알 수 있다.

[그림 13-4] 리스렐 명령문 1

```
Customer Satisfaction Model                                  ①
Observed Variables                                           ②
Y1 Y2 Y3 Y4 X1 X2 X3 X4
Path Diagram                                                 ③
Correlation Matrix                                           ④
1.000
0.560 1.000
0.185 0.232 1.000
0.192 0.263 0.332 1.000
0.262 0.234 0.144 0.142 1.000
0.307 0.229 0.160 0.111 0.434 1.000
0.151 0.154 0.163 0.037 0.257 0.234 1.000
0.281 0.183 0.139 0.010 0.207 0.252 0.622 1.000
Sample Size: 234                                             ⑤
Latent Variables Cure Care Cs Retention                      ⑥
Relationships                                                ⑦
X1 X2 = Cure
X3 X4 = Care
Y1 Y2 = Cs
Y3 Y4 = Retention
Cs = Care Cure
Retention = Cs
Options: RS                                                  ⑧
Lisrel output: EF                                            ⑨
End of Problem                                               ⑩
```

(자료 : ch13-1.ls8), *①~⑩은 프로그램에 표시하지 않기 바람.

앞의 리스렐 명령문을 설명하면 다음과 같다.

- Customer Satisfaction Model ① : 첫 번째 행은 제목을 나타낸다. 제목은 명령문 입력의 필수사항이 아니다. 제목행을 입력해도 되고 입력하지 않아도 된다.
- Observed Variables ② : 관찰변수(측정변수)를 기재하기 위해서 사용하는 문장이다. 바로 아래 분석에 필요한 변수를 순서대로 나타낸다(여기서, Y1 Y2 Y3 Y4 X1 X2 X3 X4).
- Path Diagram ③ : 결과물에 경로도형을 그리기 위한 명령어이다. 모형이 성공적으로 구축되었을 경우에 경로도형은 나타내게 된다. PD로 줄여 입력해도 된다.
- Correlation Matrix ④ : 상관행렬로 자료를 입력하기 위한 명령어이다.
- Sample Size: 234 ⑤ : 분석대상이 되는 표본수를 기재한다.
- Latent Variables Cure Care Cs Retention ⑥ : 잠재요인(Latent Factor)을 나타내는 문장이다.
- Relationships ⑦ : 변수와 측정모형의 요인 간의 관계, 요인 간의 관계를 수식형태로 나타낸 것이다. X1 X2 = Cure를 살펴보면 요인에 의해서 설명되는 측정변수를 왼쪽에, 잠재요인을 오른쪽에 나타낸다. 나머지 측정변수는 이러한 방법으로 나타내면 된다. 요인과 요인의 관계에서는 등호의 왼쪽에 후행하는 요인을 먼저 나타내고 등호 오른쪽에는 선행요인을 나타내면 된다.
- Options: RS ⑧ : 잔차와 표준화 잔차 행렬을 나타내는 명령어이다. 표준화 잔차의 Q-plot도 나타내 준다.
- Lisrel output: EF ⑨ : 직접효과(direct effect)와 간접효과(indirect effect)를 나타내 주고 총효과(total effect)도 나타내 준다. 또한, 표준오차(standard error), t통계량도 나타낸다.
- End of Problem ⑩ : 리스렐 프로그램이 종료됨을 나타낸다.

다음으로 관찰변수(observed variable)와 잠재요인(latent variable) 관계에

서 측정단위를 의미가 있도록 고정시키는 방법인 고정모수(fixed parameter) 리스렐 입력식을 알아보자.

[그림 13-5] 리스렐 명령문 2

```
Customer Satisfaction Model
Observed Variables
Y1 Y2 Y3 Y4 X1 X2 X3 X4
Path Diagram
Correlation Matrix
1.000
0.560 1.000
0.185 0.232 1.000
0.192 0.263 0.332 1.000
0.262 0.234 0.144 0.142 1.000
0.307 0.229 0.160 0.111 0.434 1.000
0.151 0.154 0.163 0.037 0.257 0.234 1.000
0.281 0.183 0.139 0.010 0.207 0.252 0.622 1.000
Sample Size: 234
Latent Variables Cure Care Cs Retention
Relationships
X1 = 1*Cure                                              ①
X2 = Cure
X3 = 1*Care
X4 = Care
Y1 = 1*Cs
Y2 = C s
Y3 = 1*Retention
Y4 = Retention
Cs = Care Cure
Retention = Cs
Options: RS
Lisrel output: EF
End of Problem
```

(자료 : ch13-2.ls8)

[그림 13-5]에서 명령문이 [그림 13-4]와 다른 점은 내재되는 요인의 척도를 어느 한 측정변수의 척도에 일치시키는 다음과 같은 명령문이 다르다.

```
X1 = 1*Cure                                        ①
X2 = Cure
X3 = 1*Care
X4 = Care
Y1 = 1*Cs
Y2 = Cs
Y3 = 1*Retention
Y4 = Retention
```

각각의 요인을 구성하는 임의 측정변수를 선택하여 요인계수를 1.0으로 고정한다. 예를 들어, X1변수와 Cure(치료효과)요인에는 1로 지정되어 있다(①). 이렇게 하면 직접 측정되지 않아 척도를 갖지 않는 해당 요인에 척도를 부여한 결과가 되어 측정변수 사이와 요인 사이의 경로를 열어주는 결과가 된다. 이는 외생변수와 내생변수에 모두 적용가능하다. 여기서는 편의상 측정변수와 해당 요인 사이에서 앞에 있는 변수의 경로에 요인계수 1을 고정하였다.

여기서는 [그림 13-5]의 명령문(ch13-2.ls8)을 입력하고 Run Lisrel( ) 단추를 실행시키면 다음과 같은 결과를 얻을 수 있다.

[결과 13-2] 석합지수

Goodness of Fit Statistics
Degrees of Freedom = 16
Normal Theory Weighted Least Squares Chi-Square = 18.40 (P = 0.30)
Normed Fit Index (NFI) = 0.96
Non-Normed Fit Index (NNFI) = 0.99
Root Mean Square Residual (RMR) = 0.034
Standardized RMR = 0.034
Goodness of Fit Index (GFI) = 0.98
Adjusted Goodness of Fit Index (AGFI) = 0.96

[결과 13-2 설명] 모형의 적합성을 판단하는 지수 선택에 대하여 학자 간

에 논란이 있는 것이 사실이다. 자유도(df) = 16은 정보의 수 $\left(\frac{8\times 9}{2}\right)$에서 미지수(경로계수의 숫자) 20을 차감한 값이다. 적합도를 판단하기 위해서 여기서는 절대적합지수와 증분적합지수에 해당되는 대표적인 것만 언급하기로 한다. 먼저 카이자승치와 확률치를 알아본다. 분석자가 연구모형을 수집한 자료에 적용시킬 때 카이자승치는 연구모형이 얼마나 현실 자료에 적합하는지의 귀무가설(H_0)을 검정하게 된다. 모든 통계에서 의사결정의 기본 판단기준은 귀무가설이다. 귀무가설을 기각하면 대체가설(연구가설)을 채택하는 것이 된다. 카이자승검정은 표본의 크기가 커질수록 카이자승값이 커져 귀무가설을 기각할 가능성이 높아진다. 즉, 카이자승 통계치의 확률값이 낮아지게 된다. 카이자승검정은 크기가 큰 경우에만 점근적으로 정확하게 계산되어 작은 표본인 경우에는 사용할 수 없다. 여기서는 다음과 같은 가설을 설정할 수 있다.

H_0 : 연구모형은 모집단 자료에 적합하다($\Sigma = S$).
H_1 : 연구모형은 모집단 자료에 적합하지 않다($\Sigma \neq S$).

분석결과, Minimum Fit Function Chi-Square = 18.21, P = 0.30 > α = .05이므로 연구모형이 모집단 자료에 적합하다는 귀무가설(H_0)을 채택하게 된다.

또한, GFI(Goodness-of-Fit Index; 0.98≥0.90이 바람직함), AGFI(Adjusted Goodness-of-Fit Index; 0.96≥ 0.85~0.90이 바람직함), RMSR(Root Mean Square Residual; 0.034<0.05 이하 바람직함), NFI(Normed Fit Index; 0.96 >0.90이 바람직함), NNFI(Non-Normed Fit Index; 0.99≥0.9 이상이 바람직함)지수가 만족스럽기 때문에 전반적으로 모형은 적합하다고 판단한다.

[결과 13-3] ML법과 람다 Y값

```
LISREL Estimates (Maximum Likelihood)
         LAMBDA-Y
                    Cs           Retentio
                 --------      ------------
       Y1        1.00           - -

       Y2        0.96           - -
                (0.15)
                 6.55
       Y3        - -            1.00
       Y4        - -            1.02
                               (0.30)
                                3.35
```

[결과 13-3 설명] ML(Maximum Likelihood)법은 최대우도법으로 모든 측정변수가 다변량정규분포를 보인다는 가정하에 사용되는 법이다. 실제, 다변량정규분포의 가정이 항상 만족하는 경우가 없을 수 있어 대안으로 GLS (Generalized Least Square)법이나 WLS(Weighted Least Squares)방식을 사용한다.

LAMBDA-Y는 Cs(고객만족), Retention(여기서는 8바이트만 출력이 가능하기 때문에 Retentio로 나타남: 재방문)과 측정변수(편안함, 구전, 고마움 표시, 향후 계속 이용) 사이의 경로계수가 나타나 있다. Cs요인과 Y1 사이에는 1.00으로 나타난 것은 리스렐 명령문 입력시 1로 고정시켜 놓았기 때문이다. Cs요인과 Y2에서 경로계수가 0.96로 나타나 있는데 이는 고객만족(Cs) 한 단위 증가는 Y2(구전)가 0.96만큼 증가함을 나타낸다. (0.15)는 표준오차를 나타낸다. 그리고 6.55는 t값으로 $|\pm 1.96|$보다 크기 때문에 유의한 경로계수임을 알 수 있다. 다른 변수의 경로계수도 같은 방법으로 해석하면 된다.

[결과 13-4] 람다 X값

```
LAMBDA-X
              Cure        Care
            --------    --------
   X1        1.00        - -

   X2        1.08        - -
            (0.21)
             5.11
   X3        - -         1.00

   X4        - -         1.10
                        (0.20)
                         5.39
```

[결과 13-4 설명] 바로 앞의 람다 Y값의 설명에서와 같은 방법으로 람다 X값을 해석하면 된다. 독립요인인 Cure(치료서비스)와 Care(돌봄서비스) 간의 측정변수는 모두 t값이 $|\pm1.96|$보다 크기 때문에 모두 유의하다.

[결과 13-5] 베타계수와 감마계수

```
BETA
                 Cs        Retentio
              --------    ---------
   Cs          - -          - -

Retentio       0.38         - -
              (0.10)
               3.73

GAMMA
                Cure        Care
              --------    --------
   Cs          0.58        0.13
              (0.16)      (0.10)
               3.67        1.22
```

[결과 13-5 설명] 베타(β)계수는 종속요인 간의 관계를 나타내는 경로계수이다. 반면에 감마계수(γ)는 독립요인과 종속요인 사이의 비표준화 회귀계수

를 말한다. 여기서 재방문(Retention) = 0.38Cs, Cs = 0.58*Cure + 0.13* Care의 수학적인 모형으로 나타낼 수 있다. 고객만족과 재방문 사이의 회귀계수 0.38은 t 통계량이 1.96보다 크기 때문에(3.73) 유의하다. 또한 Cure(치료서비스)는 Cs(고객만족)에 유의한 영향을 미친다(3.67 > | ±1.96 |). 그러나 Care(돌봄서비스)는 Cs(고객만족)에 유의한 영향을 미치지 않는 것으로 나타났다.

[결과 13-6] 요인 간의 공분산행렬

Covariance Matrix of ETA and KSI

	Cs	Retentio	Cure	Care
Cs	0.58			
Retentio	0.22	0.33		
Cure	0.26	0.10	0.40	
Care	0.20	0.08	0.21	0.56

[결과 13-6 설명] 각 잠재요인 간의 공분산행렬이 계산되어 있다.

[결과 13-7] 독립요인 간의 공분산행렬(Φ)

PHI

	Cure	Care
Cure	0.40	
	(0.11)	
	3.82	
Care	0.21	0.56
	(0.06)	(0.13)
	3.64	4.36

[결과 13-7 설명] 치료(Cure)서비스와 돌봄(Care)서비스의 공분산행렬(Φ)은 0.21로 유의함을 알 수 있다(3.64 > | ±1.96 |).

[결과 13-8] 다중상관치

Squared Multiple Correlations for Structural Equations

Cs	Retentio
0.30	0.26

[결과 13-8 설명] 다중상관치(SMC : Squared Multiple Correlation)는 측정변수가 요인에 의해서 설명되는 정도를 말한다. 측정변수의 다중상관치가 높으면 요인의 좋은 측정변수라고 해석한다. 이론모형에서는 다중상관치는 내생요인의 변량이 외생(독립)요인들로부터 잘 설명되는가를 보여준다. 독립변인인 치료(Cure), 돌봄(Care)서비스는 고객만족(Cs)과 재방문(Retention)에 각각 30%, 26%를 설명한다.

[결과 13-9] Y측정변수 측정오차와 다중상관치

THETA-EPS

Y1	Y2	Y3	Y4
0.42	0.47	0.67	0.66
(0.09)	(0.09)	(0.12)	(0.12)
4.68	5.47	5.81	5.63

Squared Multiple Correlations for Y - Variables

Y1	Y2	Y3	Y4
0.58	0.53	0.33	0.34

[결과 13-9 설명] 세타 엡실론(Θ_{ε})은 측정변수 Y변수에서 생기는 측정오차를 말한다. 여기서는 Y1, Y2, Y3, Y4의 측정오차는 0.42, 0.47, 0.67, 0.66이다. Y변수의 다중상관치는 고객만족요인이 Y1, Y2의 변동을 58%, 53% 설명한다. Y변수의 다중상관치는 재방문요인은 Y3, Y4 변동을 33%, 34% 설명한다.

[결과 13-10] X측정변수의 측정잔차와 다중상관치

THETA-DELTA

X1	X2	X3	X4
0.60	0.53	0.44	0.31
(0.09)	(0.10)	(0.11)	(0.12)
6.43	5.33	4.10	2.53

Squared Multiple Correlations for X - Variables

X1	X2	X3	X4
0.40	0.47	0.56	0.69

[결과 13-10 설명] 세타델타(θ_δ)는 측정변수에서 발생한 측정오차를 말한다. 여기서는 X1, X2, X3, X4의 측정오차는 0.60, 0.53, 0.44, 0.31이다. X변수의 치료요인의 다중상관치는 X1, X2의 변동을 40%, 47% 설명한다. X변수의 돌봄서비스의 다중상관치는 X3, X4 변동을 56%, 69% 설명한다.

[결과 13-11] Stem-leaf Plot

Stemleaf Plot

```
- 1|5
- 1|44330
- 0|9775
- 0|10000000000000
  0|1
  0|67889
  1|003
  1|56
  2|3
```

[결과 13-11 설명] 전반적인 모형의 적합도가 양호하면, Stem-leaf Plot에서 잔차가 0 주변에 몰려 있고 꼬리 주변에는 것의 없는 정규분포형태를 보인다. 여기서는 정규분포형태를 보이고 있어 모형이 적합함을 알 수 있다.

[결과 13-12] Q-plot

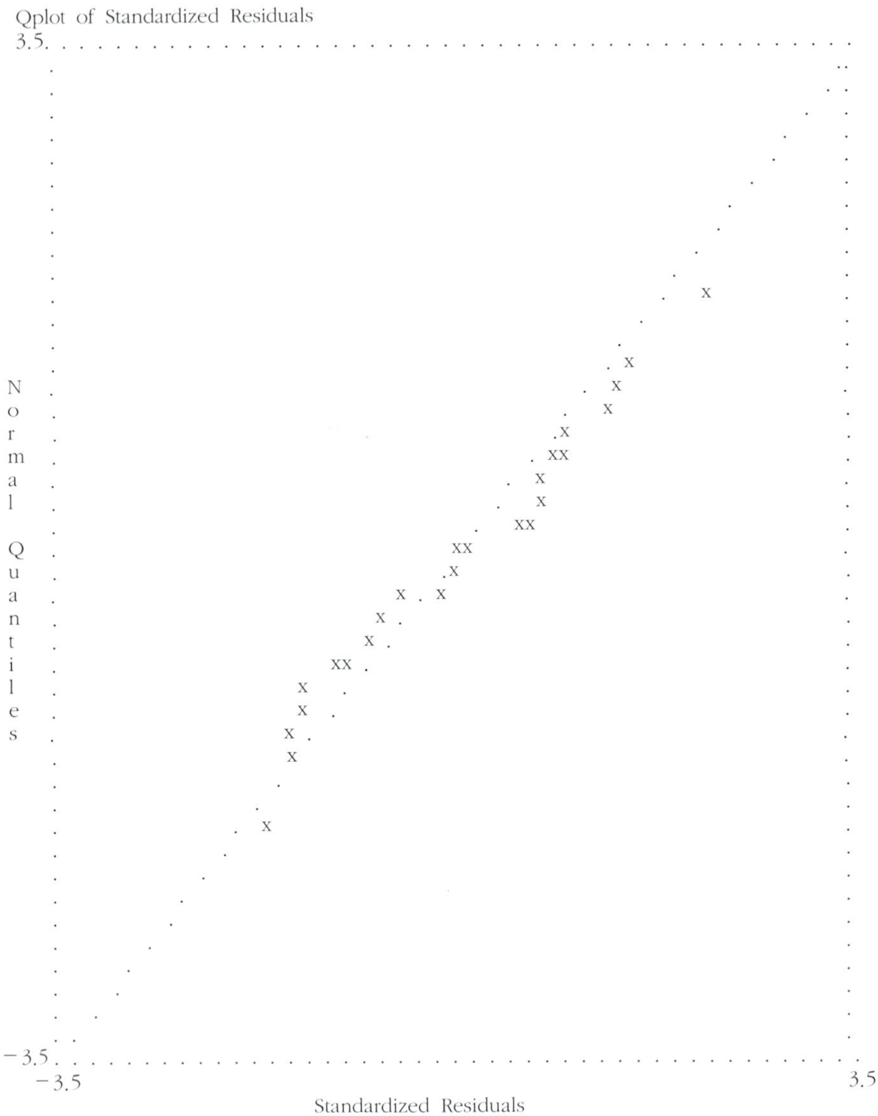

[결과 13-12 설명] Q-Plot은 정규확률도로 잔차의 정규분포 가정을 검정하기 위해서 잔차의 누적확률분포와 정규분포의 누적확률분포의 산포도를 그

린 것이다. Q-Plot은 X축에 표준화된 잔차(Standardized Residual)를 Y축에는 정규 사분위수(NORMAL Quantiles)를 나타낸다. 좋은 모형은 0 주변에 잔차들이 몰려 있는 특징을 보인다. 즉, 꼬리부분에는 점들이 적고 중간에 몰려있게 된다. 표준잔차의 점들을 이은 선이 직선에 가깝거나 이 기울기가 45도선 아래에 분포하고 있어 자료들은 다변량 정규분포성을 보인다고 할 수 있다.

[결과 13-13] 총효과(직접효과 + 간접효과)

```
Total and Indirect Effects

         Total Effects of KSI on ETA

                 Cure        Care
              ---------   ----------
      Cs        0.58        0.13
              (0.16)      (0.10)
                3.67        1.22

Retentio        0.22        0.05
              (0.08)      (0.04)
                2.77        1.17

         Indirect Effects of KSI on ETA

                 Cure        Care
              ---------   ----------
      Cs        - -         - -

Retentio        0.22        0.05
              (0.08)      (0.04)
                2.77        1.17

         Total Effects of ETA on ETA

                 Cure        Retentio
              ---------   ------------
      Cs        - -         - -

Retentio        0.38        - -
              (0.10)
```

[결과 13-13 설명] 종속요인인 재방문(Retention)에 대한 전체효과를 계산하면 다음과 같다.

고객만족(Cs) - 재방문(Retention) 간의 직접효과	0.38*
치료서비스(Cure) - 고객만족(Cs) 간의 간접효과	0.2204* = 0.58×0.38
돌봄서비스(Care) - 고객만족(Cs) 간의 간접효과	0.0494 = 0.13×0.38
전체효과	0.60534

전체효과는 0.60534이고 유의한 경로는 치료서비스(Cure) → 고객만족(Cs) → 재방문(Retention)인 것을 알 수 있다. 참고로 간접효과의 유의성을 판단하기 위해서는 우선 전체모형이 적합하여야 하고 각 경로계수가 유의하여야 한다. 경로도형을 나타내면 다음과 같다. 연구모형을 살펴보기 위해서 아래와 같은 경로도형의 Models: 란에서 이론모형(Structural Model)을 선택하면 된다. 참고로 화면의 오른쪽의 계수(Estimates) 란에서 비표준화 계수(Estimates)와 표준화 해(standardized solution) 등 여러 가지 결과정보를 확인할 수 있다.

[그림 13-6] 연구모형의 결과

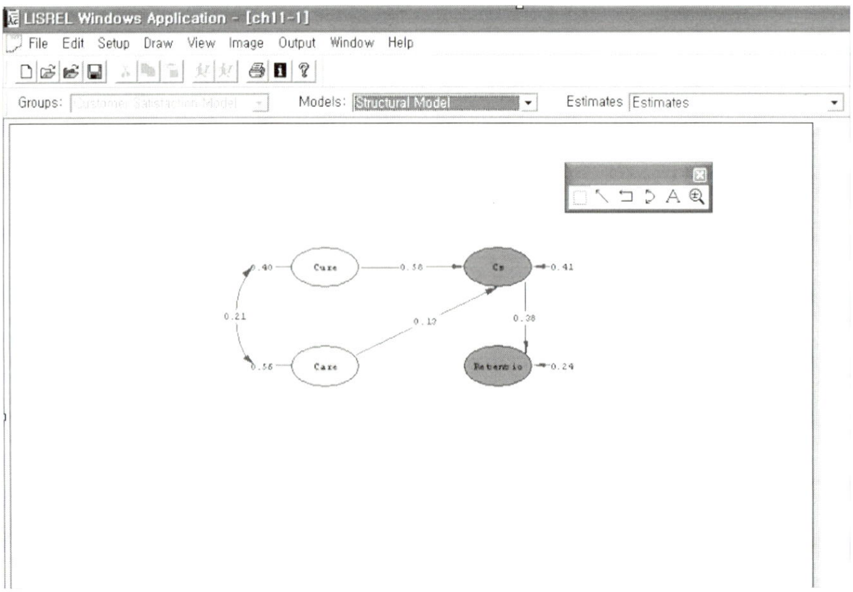

5 리스렐 프로그램 운용(위암 발생원인 사례) 2

암은 당사자인 개인은 물론 주변사람들을 힘들게 하는 인류가 극복해야 할 질병이다. 위암의 발생에 관한 연구가 있지만 위암의 발생은 식사습관과 유전적인 요인에 의해서 발생한다는 연구가 지배적이다. 이에 위암관련 실증적인 연구를 위해서 국내 전문가들의 의견을 조사하였다. 리스렐을 통한 구조방정식분석을 실시하고 결과에 대하여 해석해 보자.

위암(ST) = f{(식사습관, MH) + (유전적 요인, HD)}

MH = v1, v2, v3, HD = v4, v5, v6, ST = v7, v8, v9
v1 = 매운 음식, v2 = 불에 익힌 음식, v3 = 기름진 음식, v4 = 아버지
v5 = 어머니, v6 = 조상, v7 = 소화불량, v8 = 속쓰림, v9 = 체중변화

[표 13-3] 위암발생관련 상관행렬표

	v1	v2	v3	v4	v5	v6	v7	v8	v9
v1	1.000								
v2	0.318	1.000							
v3	0.436	0.419	1.000						
v4	0.335	0.234	0.323	1.000					
v5	0.304	0.157	0.283	0.722	1.000				
v6	0.326	0.195	0.350	0.714	0.685	1.000			
v7	0.116	0.057	0.056	0.203	0.246	0.170	1.000		
v8	0.314	0.145	0.229	0.095	0.181	0.113	0.585	1.000	
v9	0.489	0.239	0.361	0.309	0.345	0.280	0.408	0.512	1.000

상관행렬을 토대로 다음과 같은 리스렐 명령문을 작성할 수 있다.

[그림 13-7] 위암발생원인

```
A Study on the Stomach Cancer
Observed Variables
v1 v2 v3 v4 v5 v6 v7 v8 v9
Path Diagram
Correlation Matrix
1.000
0.318 1.000
0.436 0.419 1.000
0.335 0.234 0.323 1.000
0.304 0.157 0.283 0.722 1.000
0.326 0.195 0.350 0.714 0.685 1.000
0.116 0.057 0.056 0.203 0.246 0.170 1.000
0.314 0.145 0.229 0.095 0.181 0.113 0.585 1.000
0.489 0.239 0.361 0.309 0.345 0.280 0.408 0.512 1.000
Sample size 330
Latent Variables MH HD ST
Relationships
v1 v2 v3 = MH
v4 v5 v6 = HD
v7 v8 v9 = ST
ST = MH HD
Options: RS
End of Problem
```

(자료 : Cancer.ls8)

이와 같은 명령문을 입력하고 Run Lisrel( ) 단추를 실행시키면 다음과 같은 결과를 얻을 수 있다.

[결과 13-14] 적합지수

```
Goodness of Fit Statistics
Degrees of Freedom = 24
Normal Theory Weighted Least Squares Chi-Square = 114.06 (P = 0.00)
Normed Fit Index (NFI) = 0.92
Non-Normed Fit Index (NNFI) = 0.90
Root Mean Square Residual (RMR) = 0.075
Goodness of Fit Index (GFI) = 0.93
Adjusted Goodness of Fit Index (AGFI) = 0.87
```

[결과 13-14 설명] 자유도(df) = 24이고 다음의 카이자승의 가설검정을 설정할 수 있다.

H_0 : 연구모형은 모집단 자료에 적합하다($\Sigma = S$).

H_1 : 연구모형은 모집단 자료에 적합하지 않다($\Sigma \neq S$).

분석결과, Minimum Fit Function Chi-Square = 114.06, P = 0.00 < α = 0.05) 이므로 연구모형이 모집단 자료에 적합하다는 귀무가설(H_0)을 기각하게 된다. 또한, GFI(Goodness-of-Fit Index; 0.92 ≥ 0.90 이상 바람직함), AGFI (Adjusted Goodness-of-Fit Index; 0.87 ≥ 0.85~0.90이 바람직함), RMR(Root Mean Square Residual; 0.075 < 0.05 이하가 바람직함), NFI(Normed Fit Index; 0.92 > 0.90이 바람직함), NNFI(Non-Normed Fit Index; 0.90≥0.9 이상이 바람직함) 등의 지수를 보면 일부는 만족스러우나 그렇지 않은 지수가 있어 적합지수를 높이기 위해서 제안모형을 탐색하기로 한다.

제안모형 가능성 여부를 판단하기 위해서 수정지수(M.I)를 확인한다. 수정시수는 일반적으로 3.84(α = 0.05 수준에서 χ^2의 통계량, 자유도가 1일 경우의 임계치임) 이상인 경우에 모형수정 여부를 판단하게 된다. 보수적인 경우는 10 이상인 경우를 판단하는 경우도 있다. 그러나 수정지수를 사용하는 경우는 논리적이면서 건전한 연구자의 사고도 따라야 하므로 내용과 이론의 타당성도 함께 고려해야 할 사항이다. 다음은 수정지수의 값이다.

[결과 13-15] 수정지수

The Modification Indices Suggest to Add an Error Covariance

Between	and	Decrease in Chi-Square	New Estimate
v8	v7	57.0	0.61
v9	v7	8.9	−0.19
v9	v8	19.6	−0.38
v1	v7	9.6	−0.12
v1	v9	20.7	0.18
v3	v7	10.4	−0.13
v3	v2	10.0	0.17
v4	v8	8.6	−0.08

[결과 13-15 설명] 수정지수를 살펴보면 v8(속쓰림)변수의 오차항과 v7(소화불량)변수의 오차항 사이에 오차분산을 연결하면 카이자승 통계량이 57.0 가량 줄어들고 이 경로의 공분산은 0.61 정도임을 알 수 있다.

분석자는 다음과 같은 경로도형에서 연구자는 오른쪽 상단의 공분산(↔)연결 표시를 선택한다.

[그림 13-8] 수정지수 – 공분산연결 1

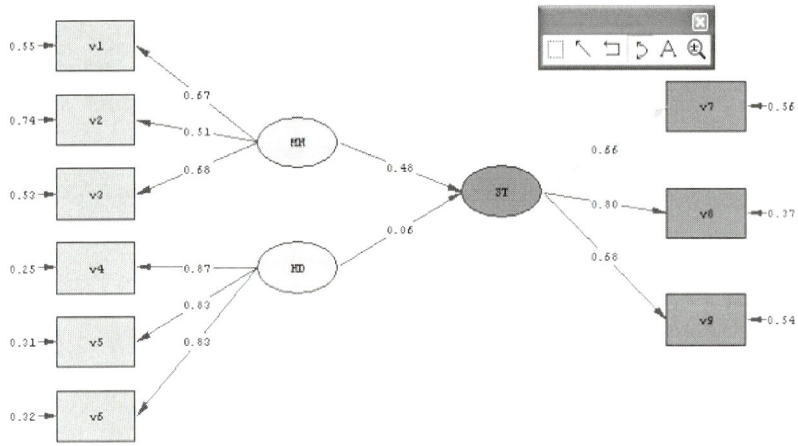

다음과 같이 v8변수의 오차항과 v7변수의 오차항을 앞의 그림판상에 있는 공분산표시(↻)로 연결한다. v8(속쓰림)변수와 v7(소화불량)변수의 오차항을 연결하자마자 오차항 간의 공분산에 해당되는 0.61이라는 값이 나타난다.

[그림 13-9] 수정지수 – 공분산연결 2

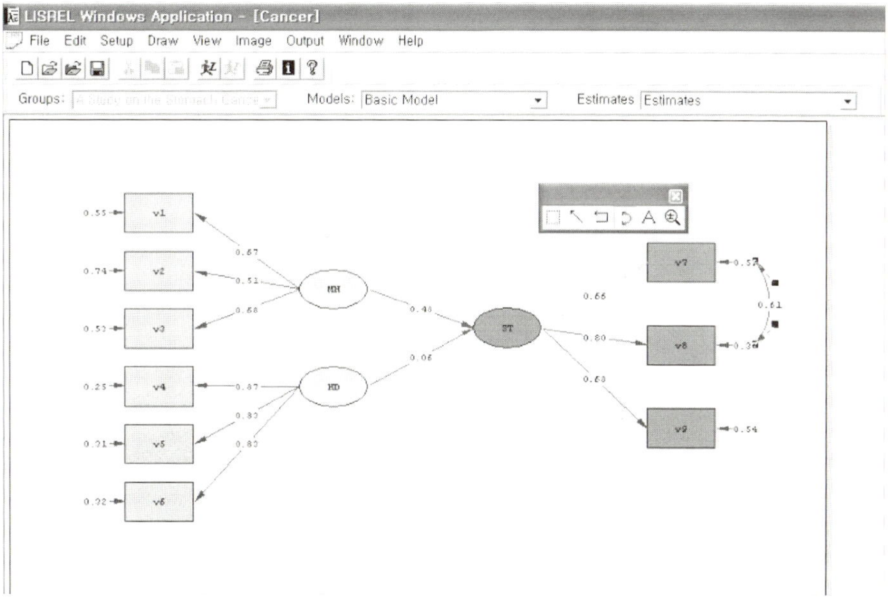

위와 같이 연결을 하고 Run Lisrel( ) 단추를 누르면 적합도 관련 지수를 얻을 수 있다. 여기서는 편의상 초기모형과 수정모형의 주요 적합도 지수만을 표로 나타내 보기로 한다.

[결과 13-16] 초기모형과 수정모형의 적합도 비교

초기모형 : Chi-square = 114.06, df = 24, p-value = 0.0000, RMSEA = 0.0107
수정모형 : Chi-square = 64.15, df = 23, p-value = 0.0001, RMSEA = 0.074

[결과 13-16 설명] 모형의 수정과 관련하여, Bentler와 Bonett(1980)은 카이제곱 차이검정을 제시하였다. 카이제곱 차이검정은 다음과 같이 실시한다. 우선, χ^2의 통계량 변화를 계산한다. 즉, 경로계수의 수가 적은 초기모형이 카이제곱(χ_1^2= 114.06)과 수정지수를 통해서 발견하여 수정한 수정모형의 카이제곱(χ_2^2= 64.15)의 카이제곱차이 통계량($\Delta\chi^2$ = 49.91)을 구한다. 마찬가지

로 자유도의 증가분($\Delta df = df_1 - df_2 = 24 - 23 = 1$)을 구한다. 그리고 다음과 같은 귀무가설과 연구가설을 설정한다.

H_0 : 경로계수(혹은 미지수) 수가 많은 큰 모형이나 작은 모형 간 적합도는 같다.

H_1 : 경로계수(혹은 미지수) 수가 많은 큰 모형의 적합도가 작은 모형의 적합도보다 더 좋다.

앞에서 구한 카이제곱의 변화는 49.91, 자유도는 1이다. 이 통계량은 자유도가 1인 임계치가 3.84에서 유의하다. 즉, $p = 0.000 < \alpha = 0.05$이므로 수정모형을 채택하는 것이 좋을 것이다. 연구모형에서 경로계수를 증가시키다 보면 카이자승통계량은 낮아져 적합모형으로 받아들여질 가능성은 높으나 분석과정의 문제점을 내포하게 된다. 즉, 연구자가 지나치게 수정지수에 의존하는 모형찾기 전략을 전개하다 보면, 연구시작과 전혀 다른 결과를 가져올 수 있다. 합리적인 이성과 리스렐 분석결과를 참조하여 논리적으로 전개할 필요가 있다.

다음은 수정 이론모형 회귀식을 나타낸 것이다.

[결과 13-17] 이론모형의 회귀식

```
Structural Equations
 ST        = 0.38*MH + 0.034*HD, Errorvar.= 0.24  , R² = 0.39
            (0.084)   (0.047)               (0.065)
             4.45      0.73                  3.67
```

[결과 13-17 설명] 본 연구결과에 의하면, 식사습관(MH) 요인은 암(ST) 발생에 유의한 영향을 미치는 것으로 나타났다($4.45 > t = |\pm 1.96|$). 그러나 유전적인 요인(HD)은 암발생에 유의한 영향을 미치지 않는 것으로 나타났다($0.73 < t = |\pm 1.96|$).

참고문헌

Bentler, P. D., Bonett, D. G.(1980), Significance tests and goodness of fit in the analysis of covariance structures, Psychological Bulltein 88, pp.588~606.

CHAPTER 14

구조방정식 심층분석

1. 매개작용효과분석
2. 리스렐을 이용한 매개작용효과분석
3. 조절효과분석
4. 상호작용효과분석

학습목표

1. 매개작용효과분석에 대하여 알아본다.
2. 리스렐 프로그램을 이용한 매개작용효과분석을 알아본다.
3. Amos 프로그램으로 조절효과를 분석하는 방법을 알아본다.
4. 리스렐 프로그램으로 조절효과를 분석하는 방법을 알아본다.

무엇이 성공인가?

자주 그리고 많이 웃는 것
현명한 이에게 존경을 받고
아이들에게 사랑을 받는 것

정직한 비평가의 찬사를 듣고
친구의 배반을 참아내는 것
아름다움을 식별할 줄 알며
다른 사람에게 최선의 것을 발견하는 것
건강한 아이를 낳든
한 뙈기의 정원을 가꾸든
사회 환경을 개선하든
자기가 태어나기 전보다
세상을 조금이라도 살기 좋은 곳으로
만들어 놓고 떠나는 것

자신이 한때 이곳에 살았음으로 해서
단 한 사람의 인생이라도 행복해지는 것
이것이 진정한 성공이다.

랄도 왈도 애머슨

최근 구조방정식 분석방법에도 큰 변화가 일어나고 있다. 구조방정식분석의 흐름이 전체모형에 대한 분석과 경로의 유의성을 제시하는 수준이었다면 이제는 이론적인 근거를 제시하면서 매개작용효과를 언급한다든지 집단간 경로계수 차이 여부를 제시하여 보다 깊은 정보를 제공하는 수준에 도달하고 있다.

본 장에서는 매개작용효과와 조절효과를 분석하는 방법에 대하여 설명하기로 한다.

1 매개작용효과분석

1.1 매개변수의 개념

매개변수(mediating variable, intervening variable, confounding variable)는 독립변수(독립요인)이나 종속변수(종속요인) 간에서 중간에 개입하는 변수를 말한다. 매개변수는 화학작용에서 촉매제와 같이 관찰 가능한 상태나 과정이라고 할 수 있다. 연구자는 독립변수와 종속변수 간에 직접적인 설명이 불가능하여 매개적인 변수를 삽입하여 연구할 때 매개변수를 사용하게 된다. 근무년수와 업무의 성취도에 관한 연구를 한다고 할 때, 그 중간에 개인성취욕구변수를 삽입하여야 보다 적절한 설명이 될 수 있다.

[그림 14-1] 매개변수

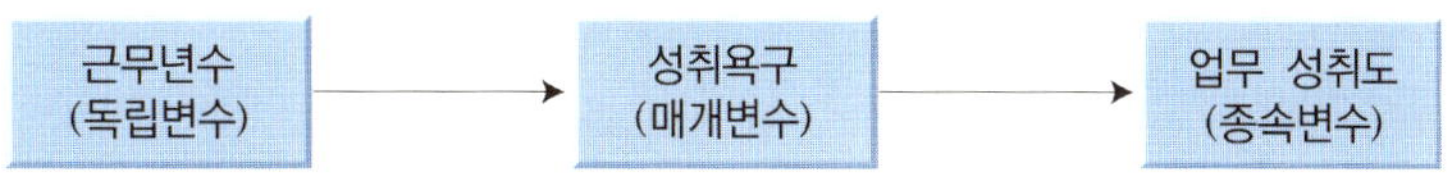

위 그림에서 성취욕구가 매개변수가 된다. 매개변수의 분석을 위해서는 다음의 조건을 만족해야 한다(Baron, Kenney, 1986). 먼저 독립변수는 종속변수에 대하여 유의한 영향을 미쳐야 한다. 둘째, 매개변수는 종속변수와 유의적인 관계가 있어야 한다. 셋째, 독립변수는 매개변수와 관련이 있어야 한다. 마지막으로 예측변수(predictor variable)로서 독립변수와 매개변수가 동시에 투입된 방정식에서 독립변수는 종속변수의 예측변수로서 **비유의적인 예측변수**(predictor variable)가 되면 된다. 이 경우의 매개변수를 **전부매개**(full mediation)되었다고 한다. 독립변수가 다소 예측변수로 종속변수에 영향을 준다면 **부분매개**(partial mediation)되었다고 한다.

다음은 매개변수의 효과를 검정하는 절차를 단계별로 설명하기로 한다. 아래 그림과 설명을 보면 쉽게 이해가 될 것이다.

[그림 14-2] 매개변수 확인

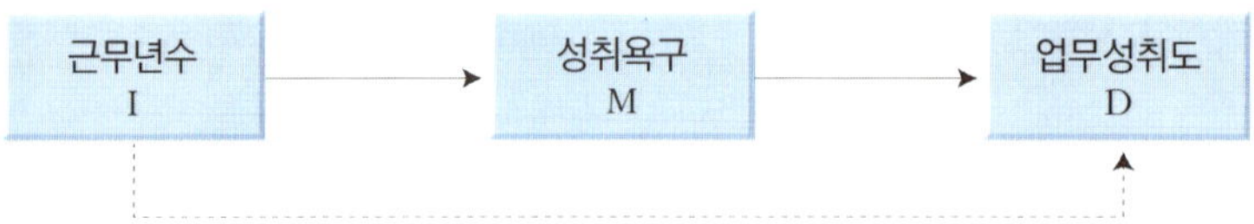

[1단계] 먼저, I변수(근무년수)와 D변수(업무 성취도) 사이의 적합도 지수와 경로계수를 구한다. 전반적인 적합도가 높아야 한다.

[2단계] I변수(근무년수)와 D변수(업무 성취도) 사이의 경로는 0으로 제약한다. D변수(업무 성취도)와 M변수(성취욕구) 간의 적합도와 경로계수를 구한다.

[3단계] I변수(근무년수)와 D변수(업무 성취도) 간의 경로를 제약하지 않는 전체 경로모형을 분석한다. 독립변수, 매개변수, 그리고 종속변수 간의 경로모형을 구축하고 적합도를 구한다. 위 그림에서 I변수(근무년수), M변수(성취욕구), 그리고 D변수(업무 성취도) 간의 경로도, I변수(근무년수)와 D변수(업무 성취도) 간의 직접 경로를 함께 그린다. 여기서, 전반적인 적합도가 높아야 한다.

[4단계] 제2단계와 제3단계에서 구한 카이자승 통계량($\Delta\chi^2$)과 자유도(Δdf)의 차이를 구한다.

[5단계] 카이자승 통계량($\Delta\chi^2$)과 자유도(Δdf)가 임계치 3.84보다 작으면 통계량의 차이가 없다고 판단한다. 즉, 모형의 적합도가 개선되지 않아야 한

다. 그리고 I변수(근무년수)와 D변수(업무 성취도) 간의 직접 경로가 유의하지 않은지 판단한다. 4단계 분석에서 독립변수와 종속변수 간의 직접경로가 유의하지 않고 독립변수와 매개변수, 매개변수와 종속변수 사이의 각각의 관계가 유의하면 M변수(성취욕구)는 매개효과가 있다고 판단할 수 있다.

2 리스렐을 이용한 매개작용효과분석

【예제】 다음 그림과 같은 연구모형에서 매개효과 여부를 검증하여 보기로 하자.

[그림 14-3] 연구모형

세 개 요인은 각각 세 개 변수로 구성되어 있다. I요인(V1-V3), M요인(V4-V6), D요인(V7-V9)에 관한 상관행렬을 나타내면 다음과 같다.

[그림 14-4] 상관행렬자료

1.000								
0.143	1.000							
0.130	0.161	1.000						
0.081	0.095	0.060	1.000					
0.100	0.010	0.150	0.332	1.000				
0.031	0.009	0.100	0.247	0.321	1.000			
0.099	0.110	0.102	0.165	0.216	0.262	1.000		
0.022	0.100	0.080	0.200	0.188	0.224	0.211	1.000	
0.056	0.067	0.071	0.165	0.175	0.233	0.211	0.200	1.000

다음 자료를 통해서 I요인(근무년수)과 D요인(업무 성취도) 사이의 적합도와 경로계수를 구한다. 다음은 경로분석 명령문을 나타낸 것이다.

[그림 14-5] 직접 경로분석 – 1단계 모형

```
Intervening variable testing model
observed variable: v1 - v9
correlation matrix
1.000
0.143  1.000
0.130  0.161  1.000
0.081  0.095  0.060  1.000
0.100  0.010  0.150  0.332  1.000
0.031  0.009  0.100  0.247  0.321  1.000
0.099  0.110  0.102  0.165  0.216  0.262  1.000
0.022  0.100  0.080  0.200  0.188  0.224  0.211  1.000
0.056  0.067  0.071  0.165  0.175  0.233  0.211  0.200  1.000
sample size: 240
Path diagram
latent variable: I M D
v1 - v3 = I
v4 - v6 = M
v7 - v9 = D
D = I
Lisrel output: ef
Options = RS
End of Problem
```

(자료 : int1.LS8)

분석결과, $\chi^2 = 20.19(p = 0.74)$, $df = 25$, GFI = 0.98이다. 해당 경로계수는 0.99이고 여기에 대한 t값이 임계치인 $|\pm 1.96|$보다 크기 때문에 유의한 것으로 나타났다.

다음으로 I변수(근무년수)와 D변수(업무 성취도) 사이의 경로는 0으로 제약하고 I변수와 M변수 그리고 D변수 사이의 모형분석 후 적합도를 구한다.

[그림 14-6] 직접 경로분석 - 2단계모형

```
Intervening variable testing model
observed variable: v1-v9
correlation matrix
1.000
0.143  1.000
0.130  0.161  1.000
0.081  0.095  0.060  1.000
0.100  0.010  0.150  0.332  1.000
0.031  0.009  0.100  0.247  0.321  1.000
0.099  0.110  0.102  0.165  0.216  0.262  1.000
0.022  0.100  0.080  0.200  0.188  0.224  0.211  1.000
0.056  0.067  0.071  0.165  0.175  0.233  0.211  0.200  1.000
sample size: 240
Path diagram
latent variable: I M D
v1-v3=I
v4-v6=M
v7-v9=D
D=M
M=I
Lisrel output: ef
Options=RS
End of Problem
```

(자료 : int2.LS8)

분석결과, $\chi^2 = 12.17(p = 0.985)$, $df = 25$, GFI = 0.99이다. I변수와 M변수 사이의 경로계수는 0.4로 유의하다(2.65 > t = |±1.96|). M변수와 D변수 사이의 경로계수는 0.34이고 t값이 2.54로 |±1.96|보다 크기 때문에 유의한 것으로 나타났다.

[그림 14-7] 직접경로분석 – 3단계모형

```
Intervening variable testing model
observed variable: v1 - v9
correlation matrix
1.000
0.143  1.000
0.130  0.161  1.000
0.081  0.095  0.060  1.000
0.100  0.010  0.150  0.332  1.000
0.031  0.009  0.100  0.247  0.321  1.000
0.099  0.110  0.102  0.165  0.216  0.262  1.000
0.022  0.100  0.080  0.200  0.188  0.224  0.211  1.000
0.056  0.067  0.071  0.165  0.175  0.233  0.211  0.200  1.000
sample size: 240
Path diagram
latent variable: I M D
v1 - v3 = I
v4 - v6 = M
v7 - v9 = D
D = I M
D = M
M = I
Lisrel output: ef
Options = RS
End of Problem
```

(자료 : int3.LS8)

분석결과, $\chi^2 = 11.10(p = 0.99)$, $df = 24$, GFI = 0.99이다. I변수와 M변수 사이의 경로계수는 0.34로 유의하다(2.19 > t = | ±1.96 |). M변수와 D변수 사이의 경로계수는 0.74이고 t값이 3.61로 | ±1.96 |보다 크기 때문에 유의한 것으로 나타났다. I변수와 D변수 사이의 경로계수는 0.21로 유의한 것으로 나타났다(1.17 > t = | ±1.96 |).

2단계 모형과 3단계 모형을 비교해 보면, $\Delta df = 1$, $\Delta\chi^2 = 1.07$로 다음과 같은 연구가설을 기각한다.

H_0 : 경로계수(혹은 미지수) 수가 많은 큰 모형이나 작은 모형 간에 적합도는 같다.

H_1 : 경로계수(혹은 미지수) 수가 많은 큰 모형의 적합도가 작은 모형의 적합도 보다 더 좋다.

$\Delta df = 1$, $\Delta\chi^2 = 1.07$의 카이자승의 확률은 $p = 0.301 > \alpha = 0.05$이므로 모형의 적합도 개선은 없다는 귀무가설을 채택한다. 분석결과 I변수와 D변수 사이의 경로계수는 유의하지 않은 것으로 나타나 매개효과가 있다고 할 수 있다. M변수는 I변수와 D변수 사이에서 매개변수로 확인되었다. 지금까지 설명한 내용을 표로 정리하면 다음과 같다.

[표 14-1] 결과 정리

분석	경로	카이자승	자유도	p	경로계수	t값	비고
분석 1	I → D 경로	20.19	25	0.74	0.99	4.44	
분석 2	I → M 경로	12.17	25	0.985	0.40	2.65	
	M → D 경로				0.83	4.03	
분석 3	I → M 경로	11.10	24	0.988	0.34	2.19	
	M → D 경로				0.74	3.61	
	I → D 경로				0.21	1.17	
분석 2와 분석 3의 비교	$\Delta\chi^2 = 1.07$ d.f = 1						모형의 적합도 개선 없음

3 조절효과분석

3.1 조절분석이란?

최근 조절효과에 대한 분석은 연구논문에서 많이 사용되는 분석법이다. **조절변수**는 독립변수와 종속변수 간의 관계에서 상황적으로 유의한 영향을 미치는 변수를 말한다. 예를 들어, 인터넷의 커뮤니티 사용시간(A)과 사용만족도(B)의 관계가 제2의 변인, 즉 성별(S)의 조건에 따라 달라진다고 할 때 이 제2변인, 즉 성별을 조절변수라고 한다. 조절효과에 대한 연구가설 형태로 나타내면 A와 B의 관계는 S(성별)에 의해서 조절된다고 나타내어진다. 조절효과를 연구모형으로 나타낼 경우 조절변수(S)를 독립변수와 종속변수 사이에 표시한다는 점이다. 이것을 그림으로 나타내면 다음과 같다.

[그림 14-8] 조절변수

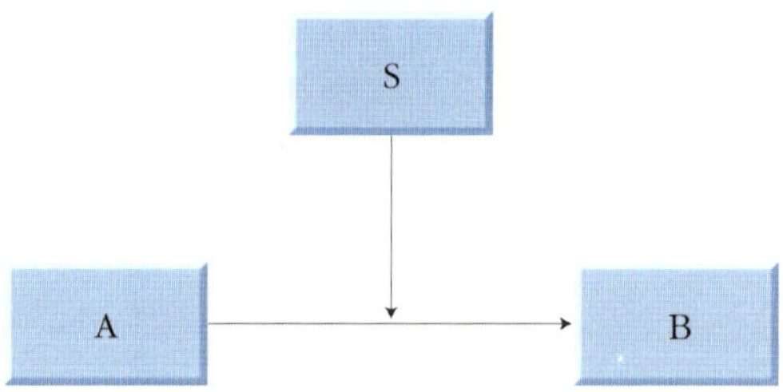

생활하다보면 사회변화과정이나 어떤 현상이 상황과 사람에 따라 다른 경우를 보게 된다. 여기서, 사람이나 상황은 조절변수 혹은 조절요인이 된다. 조절변수는 인구통계학적인 변수가 주로 사용된다.

조절변수에 대한 통계분석은 몇 가지 방법이 사용된다. 예를 들어, 회귀분석에서는 독립변수와 조절변수를 곱한 값에 대하여 **위계적 회귀분석**(Hierarchical Regression)상의 R^2 변화량의 유의성 여부를 분석하게 된다. 앞에서 든 A와 B의 관계는 S(성별)에 의해서 조절된다는 예를 들면, 회귀분석에서 A와 B 사이의 회귀분석 후 R_1^2와 A, A*S의 독립변수로 하고 종속변수(B)로 하였을 때 R_2^2를 계산한다. 첫 번째 회귀분석과 두 번째 회귀분석의 ΔR^2의 유의성의 차이가 있으면 성별에 의해서 조절된다고 한다.

구조방정식에서 조절변수효과를 검증하기 위해서 다음과 같은 과정을 거치면 된다.

- 첫 번째 단계 : 먼저, 조절변수에 대하여 제약을 하지 않고 조절변수가 포함된 자유모형(free model)의 전체 적합도를 분석한다. 구조방정식 분석결과 카이제곱 통계량과 여기에 대한 확률값(P)이 α = 0.05보다 크면 모형은 적합하다는 귀무가설(H_0)을 채택하게 된다. 이 과정에서 연구모형이 적합하지 않을 경우, 수정지수(MI : Modification Index)를 사용하여 모형의 적합도를 맞춰야 한다. 그런 다음 제2단계로 진행하면 된다.
- 두 번째 단계 : 독립변수와 종속변수 사이의 관계가 조절변수, 여기서는 성별에 대해서 **동일 제약모형(equality constraint model)**에 대한 적합도를 평가하여야 한다.
- 세 번째 단계 : 앞의 첫 번째 단계모형(자유모형)과 두 번째 모형(동일제약모형) 간의 χ^2의 차이검정을 실시한다. χ^2의 차이 정도는 상호작용효과를 나타낸다. 만약, χ^2의 차이가 통계적으로 유의하지 않다면 성별에 따른 조절효과는 없다는 귀무가설이 채택되게 된다. 동일제약모형의 적합도와 자유모형의 적합도 차이가 카이자승 임계치(자유도 = 1, α = 0.05)인 3.84에서 유의하게 변화한다면 조절효과는 있는 것으로 해석을 한다.

3.2 조절변수 분석 예제

다음은 성별에 따른 발표능력(PT)이 업무수행능력과 승진(PROMO)에 미치는 영향을 알아보기 위한 연구모형이다. 연구모형에서는 발표능력(PT)이 업무능력(JOBA)에 미치는 영향이 성별에 따라 다를 것이라고 가정을 하기로 한다. 분석을 위해서 남사 210, 여사 170명을 표본소사하였다.

[그림 14-9] 성별에 따른 승진에 미치는 영향에 관한 연구모형

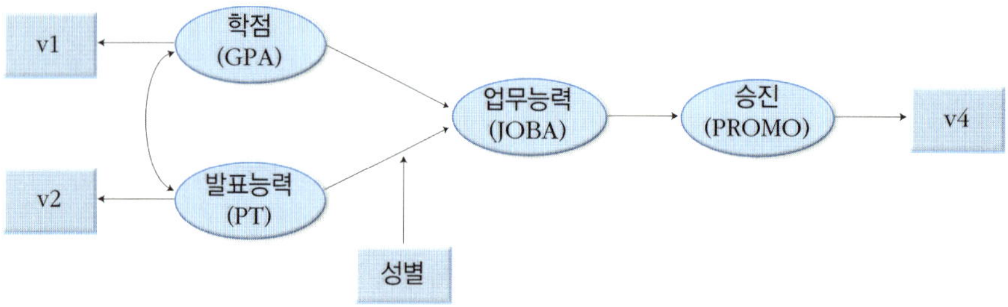

3.3 Amos 분석

[1단계] Excel창에 다음과 같이 상관행렬 자료를 입력하고 저장한다.

[그림 14-10] 상관행렬 자료

	A	B	C	D	E	F
1	rowtype_	varname_	GPA	PT	JOBA	PROMO
2	n		210	210	210	210
3	cov	GPA	1			
4	cov	PT	0.295	1		
5	cov	JOBA	0.328	0.392	1	
6	cov	PROMO	0.128	0.242	0.549	1

(자료 : male.xls)

	A	B	C	D	E	F
1	rowtype_	varname_	GPA	PT	JOBA	PROMO
2	n		170	170	170	170
3	cov	GPA	1			
4	cov	PT	0.521	1		
5	cov	JOBA	0.558	0.638	1	
6	cov	PROMO	0.218	0.218	0.523	1

(자료 : female.xls)

[2단계] Amos창에 다음과 같은 경로도형을 그린다.

[그림 14-11] 경로도형 구축

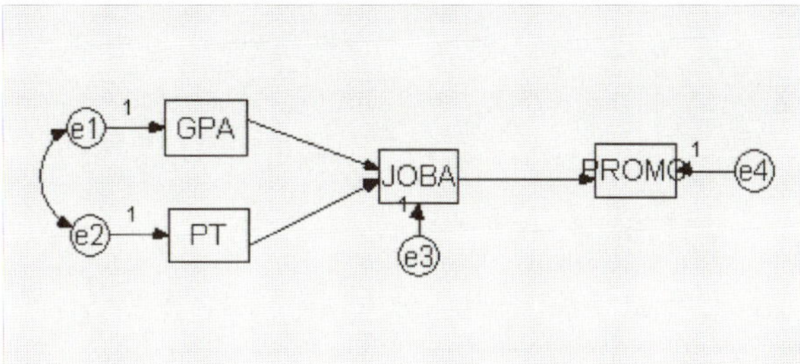

(자료 : ch14-1.amw)

[3단계] 다음과 같이 Group number 1 를 눌러 집단(male, female)을 지정한다. 이는 각 집단별로 데이터를 연결하기 위한 조치라고 보면 된다.

[그림 14-12] 집단지정 1

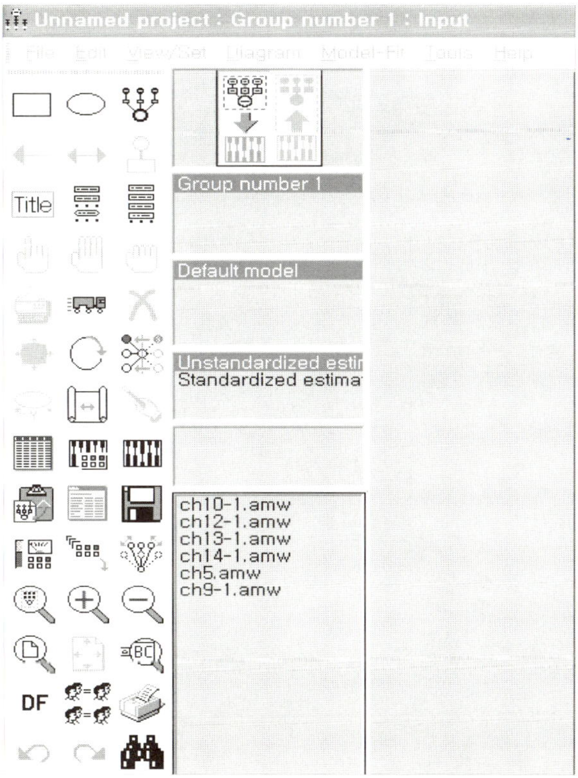

[4단계] Amos창에서 File ⇒ Data Files...를 눌러 집단별 데이터를 연결한다.

[5단계] Amos창에서 View/Set ⇒ Analysis Properties... ⇒ Output ⇒ Critical ratio for differences를 누른다.

[6단계] Model-Fit ⇒ Calculate Estimates를 눌러 프로그램을 실행한다.

[그림 14-13] 집단지정 2

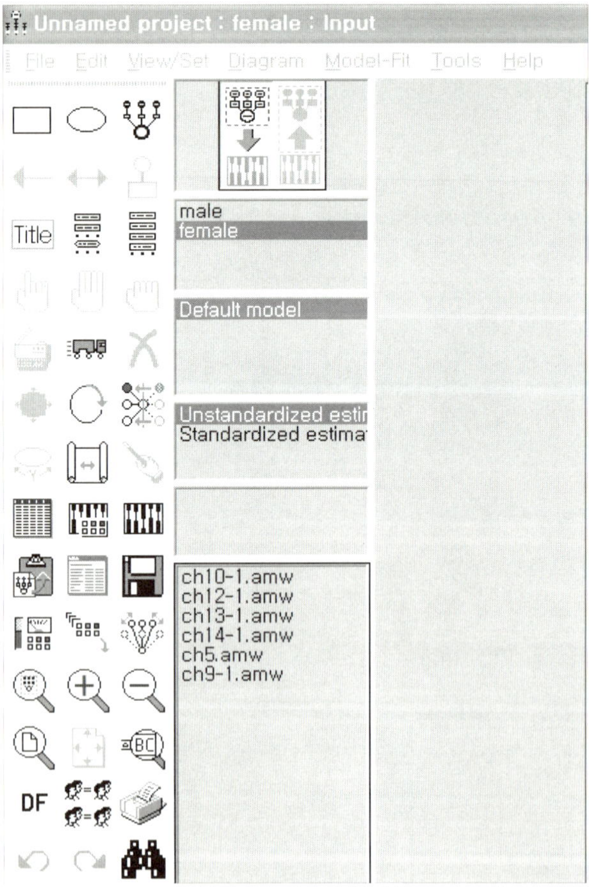

[결과 14-1] 전반적인 적합도

Notes for Model (Default model)
Computation of degrees of freedom (Default model)
Number of distinct sample moments: 20
Number of distinct parameters to be estimated: 16
Degrees of freedom (20 - 16): 4

Result (Default model)
Minimum was achieved
Chi-square = 7.388
Degrees of freedom = 4
Probability level = .117

[결과 14-1 설명] 구조방정식 전체적합도(Global Goodness of Fit Statistics)를 얻을 수 있다. 즉, 두 집단에 대한 전체 모형이 적합하다는 귀무가설(H_0)을 채택할 수 있다($P = 0.117 > \alpha = 0.05$).

[7단계] 본 연구에서의 관심은 발표능력(PT)과 업무능력(JOBA) 사이의 성별에 따른 경로계수 차이를 확인하는 것이다. 이를 위해서 Amos Output창에서 남자집단(male)과 여자집단(female)에서의 Label을 확인한다. 여기서는 각각 Par_2, Par_6임을 알 수 있다.

[8단계] Amos Output창에서 Pairwise Parameter Comparisons를 눌러 다음 결과를 확인한다.

[결과 14-2] 집단간 차이검정

Pairwise Parameter Comparisons (Default model)

Critical Ratios for Differences between Parameters (Default model)

	par_1	par_2	par_3	par_4	par_5	par_6	par_7	par_8	par_9	par_10
par_1	.000									
par_2	.873	.000								
par_3	3.648	2.601	.000							
par_4	.631	-.308	-2.770	.000						
par_5	.839	-.150	-2.747	.166	.000					
par_6	2.659	1.670	-.830	1.888	1.470	.000				
par_7	3.155	2.168	-.297	2.360	2.308	.501	.000			
par_8	2.648	1.806	-.299	2.000	1.928	.382	-.047	.000		
par_9	6.525	5.748	3.940	7.379	5.851	4.426	4.023	3.670	.000	
par_10	6.525	5.748	3.940	7.379	5.851	4.426	4.023	3.670	.000	.000

[결과 14-2 설명] 남자집단(male)과 여자집단(female)에서 발생한 par_2와 par_6이 만나는 값을 확인하면 1.670이다. 이는 임계치 |±1.96|보다 작기 때문에, 집단간 발표능력(PT)과 업무능력(JOBA) 경로계수 차이는 없다는 것을 알 수 있다.

3.4 Lisrel 분석

앞에서 다룬 예제를 리스렐로 다루어 보자.

[1단계] 프로그램 명령문 입력 1

성별(남 210명, 여 170명)에 따른 구조방정식 전체적합도(Global Goodness of Fit Statistics)가 적합하다는 귀무가설을 검정하기 위해서 다음과 같이 명령문을 입력한다.

[그림 14-14] 조절변수 처리 명령문 1

```
MALE GROUP
DA NG=2 NI=4 NO=210
LA
GPA PT JOBA PROMO
Path diagram
KM SY
1
0.295 1
0.328 0.392 1
0.128 0.242 0.549 1
SE
JOBA PROMO GPA PT
MO NY=2 NX=2 GA=FU BE=SD
FI GA 2 1 GA 2 2
VA 0 GA 2 1 GA 2 2
OU
FEMALE GROUP
DA NO=170
LA
GPA PT JOBA PROMO
Path diagram
KM SY
1
0.521 1
0.558 0.638 1
0.218 0.218 0.523 1
SE
JOBA PROMO GPA PT
MO NY=2 NX=2 GA=FU BE=SD
FI GA 2 1 GA 2 2
VA 0 GA 2 1 GA 2 2
OU
```

(자료 : moderator1.LS8)

앞에서와 같이 프로그램을 입력하고 실행을 하면 다음과 같은 구조방정식 전체적합도(Global Goodness of Fit Statistics)를 얻을 수 있다.

Chi-Square = 7.28, df = 4, P-value = 0.12204 제약하지 않은 모형

두 집단에 대한 전체 모형이 적합하다는 귀무가설(H_0)을 채택할 수 있어 다음 절차를 진행하도록 한다.

[2단계] 조절효과 여부 검정모형 입력 2

조절효과를 검정하기 위해서 제약모형을 구축한다.

[그림 14-15] 조절변수 처리 제약명령문 2

```
MALE GROUP
DA NG=2 NI=4 NO=210
LA
GPA PT JOBA PROMO
Path diagram
KM SY
1
0.295 1
0.328 0.392 1
0.128 0.242 0.549 1
SE
JOBA PROMO GPA PT
MO NY=2 NX=2 GA=FU BE=SD
FI GA 2 1 GA 2 2
VA 0 GA 2 1 GA 2 2
OU
FEMALE GROUP
DA NO=170
LA
GPA PT JOBA PROMO
Path diagram
KM SY
```

```
1
0.521 1
0.558 0.638 1
0.218 0.218 0.523 1
SE
JOBA PROMO GPA PT
MO NY=2 NX=2 GA=FU BE=SD
FI GA 2 1 GA 2 2
VA 0 GA 2 1 GA 2 2
EQ GA 1 1 2 GA 2 1 2                                ①
OU
```

(자료 : moderator2.LS8)

조절효과 검정을 위한 제약모형을 구축하기 위해서 문장의 맨 마지막 OU 앞에 EQ GA 1 1 2 GA 2 1 2 문장(①)을 입력한다. 이는 발표 능력이 업무 능력에 미치는 영향이 성별에 따라 차이가 없음을 나타낸다. 남자와 여자 사이의 제약식에서 EQ (EQual)는 동일함을 나타내고 GA(Gamma), 독립변수와 종속변수의 경로, 즉 감마행렬을 나타내는데 첫 번째 1은 집단(Male)을 나타내며, 1 2는 발표능력(PT)과 업무능력(JOBA)의 경로를 의미한다.

이 리스렐 명령문을 실행하면, 다음과 같은 결과를 얻을 수 있다.

```
Chi-Square = 9.62, df = 5, P-value = 0.08670                제약모형
```

제약하지 않은 모형과 제약모형의 카이자승치와 자유도 차이를 구하면 각각 $\Delta\chi^2 = 2.34(9.62-7.28)$, $\Delta df = 1(5-4)$로 나타나 여기에 대한 확률값, $p = 0.126$으로 $\alpha = 0.05$보다 크므로 두 집단 간에는 경로계수의 차이가 없는 것으로 해석하면 된다. 즉, 성별에 따른 조절효과는 없는 것으로 나타났다. 이 결과는 앞의 Amos 분석결과와 유사함을 알 수 있다.

제약하기 전 남녀 간의 경로계수를 확인하기 위해서 moderator1.ls8을 실행한 다음, 그림파일의 Groups: 란에서 남자일 경우는 MALE GROUP, 여자

일 경우는 FEMALE GROUP를 누르면 각 경로계수가 나타난다.

[그림 14-16] 제약 전의 경로계수 확인

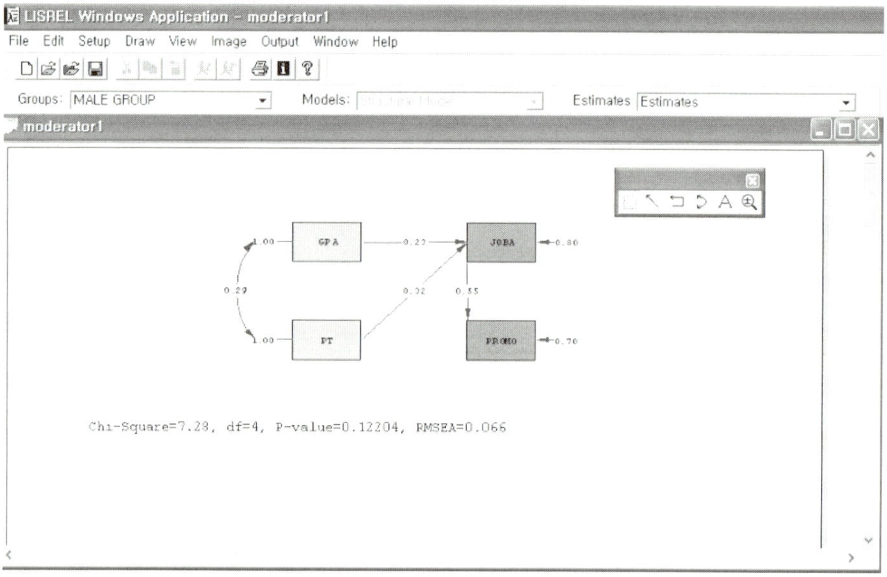

결과를 보면, 남자와 여자의 경우 발표능력에서 업무능력의 경로계수는 각각 0.32, 0.48로 통계적으로 유의한 차이가 없음을 확인할 수 있다.

4 상호작용효과분석

앞에서 다룬 예제는 집단 간의 조절변수, 즉 상호작용효과가 있는지 여부를 확인하였다. 구조방정식에서는 주로 선형적인 것을 다루고 있지만 여기서는 단일집단인 경우 독립변수의 **적항(Product variable)**에 대하여 알아본다.

다음은 적항이 있는 경로분석모형을 나타낸 것이다.

[그림 14-17] x와 w의 상호작용항

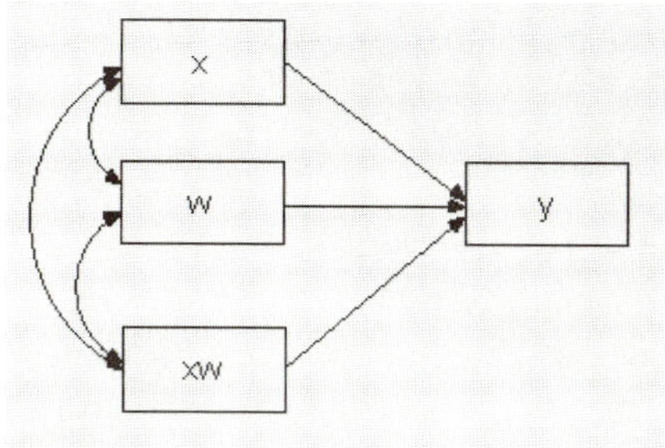

여기에 대한 추정경로 회귀식을 나타내면 다음과 같다.

$$\hat{y} = \beta_0 + \beta_1 X + \beta_2 W + \beta_3 XW$$

만약, 추정경로 회귀식에서 β_3이 유의하면 상호작용이 있다는 연구가설(H_0)을 채택하게 된다. 상호작용에 관한 분석은 분산분석, 회귀분석, 경로분석에서 가능하다.

◆ 참고문헌

Baron, D., Kenney, D.(1986), The moderator-mediator variable distinction in social psychological research: conceptual, strategic and statistical considerations, Journal of Social Psychology 51(7), 1173-1182.

15 CHAPTER

논문작성 예시

학습목표

1. 논문의 기본틀을 확인한다.
2. 구조방정식모형 분석 관련 논문에 들어갈 정보를 알아본다.

인터넷 커뮤니티 서비스와 e-가치 창출 전략: 구조방정식모형분석
- 개인형 홈페이지 서비스를 중심으로 -

* 본 논문은 2005년 8월 한국경영학회에서 발간하는 경영학연구지(2005년 8월)에 실린 저자의 논문입니다. 논문 작성에 조금이나마 참고가 되셨으면 합니다.

김계수
세명대학교 경영학과
(gskim@semyung.ac.kr)

최근 오프라인 네트워크와 비슷한 방식의 관계강화 수단으로 개인형 미니홈피 시장이 급성장하고 있다. 경쟁력이 없는 사이트는 퇴출될 수밖에 없는 것이 냉엄한 현실이다. 척도 없는 네트워크 세계에서는 성장(growth)과 선호적 연결(preferential attachment) 법칙이 적용된다.

미니홈피와 블로그의 출현은 정치, 사회, 기업경영 등에 많은 영향력을 미치고 있다. 인터넷 커뮤니티 서비스를 제공하고 있는 기업들은 차별화된 서비스 제공을 통한 경쟁력 강화에 주력하고 있는 실정이다.

이에 본 연구에서는 21세기 정보화시대에서 관심이 높은 인터넷 커뮤니티(개인 미니 홈피)의 서비스 품질요인과 e-로열티 그리고 e-가치창출요소에 대한 관계를 인과분석모형을 통해서 확인하여 보기로 한다.

148명의 표본을 대상으로 조사한 뒤 분석한 결과 개인홈피의 서비스품질요인인 고객서비스와 서비스 구색은 e-로열티에 긍정적인 영향을 미치나 요구사항 이행이나 사용의 편리성 여부는 통계적으로 유의하지 않음을 알 수 있었다. e-로열티의 증가는 구전과 지불의사에는 각각 긍정적인 효과를 보이는 것으로 나타났다. 또한, 서비스 구색은 구전에 직접적으로 유의한 영향을 미치는 것으로 나타났다.

주제어: 미니홈피, 성장, 선호적 연결, 인과분석모형, e 가치창출

Ⅰ. 서 론

개인과 조직에 많은 변화를 가져오는 동인 중의 하나가 컴퓨터 네트워크라고 할 수 있다. 네트워크는 컴퓨터들이 서로 망으로 연결되어 정보를 주고받는 그물망이라고 할 수 있다. 우리 사회가 본격적으로 디지털 네트워킹 시대(digital networking era)에 접어들면서 정치, 경제, 문화 등 사회전반에서 급격한 변화가 일어나고 있다. 디지털 네트워킹의 주된 특징은 '디지털화'와 '연결성'이라고 할 수 있다. 이 디지털화와 연결성을 특징으로 하는 인터넷은 기업경영에 많은 영향을 미치고 있다. 예를 들어, 인터넷은 기업 조직구조의 형태를 변화시킬 뿐만 아니라 원자재 조달, 생산운영, 배송, 마케팅, 고객 서비스 등의 가치사슬

논문접수일: 2005. 1 게재확정일: 2005. 5

상에서 변화를 가속화시키고 있다.

닷컴 위기 이후 아직도 많은 온라인 기업들이 생겨나고 있다. 그러나 많은 기업들은 가치창출과 수익원이 불명확한 경우에는 냉엄한 경쟁환경에서 퇴출될 수밖에 없다는 경영의 법칙을 경험하였다. 현실의 척도없는 네트워크는 성장(growth)과 선호적 연결(preferential attachment)이라는 두 개의 법칙을 따른다(Barabasi, 2002). 각각의 네트워크는 작은 핵으로부터 출발하여 새로운 노드가 추가되면서 확장되어 가는데, 이 새로운 노드들은 어디를 링크할 것인가를 결정할 때 이미 많은 링크를 갖고 있는 노드를 선호한다는 것이다. 인터넷 사용자의 57%가 같은 사이트를 반복적으로 서핑한다는 조사자료(Business Week-Harris Poll, 1997)를 통해 볼 때, 디지털화와 연결성을 잘 나타내고 있는 인터넷 비즈니스 모형 중의 하나인 커뮤니티 사이트의 중요성은 날로 커져가고 있다고 할 수 있다.

인터넷 사회에서는 지식·정보의 공유와 확산이 빨라서 정보의 균형적인 분산이 가속화될 것으로 예상된다. 인터넷 사용자들은 사이버상에서 인간적인 감정을 교류하고 전문분야에 대하여 정확한 정보를 보다 신속하게 습득하고 토론하기를 원한다. 이러한 정보에 대한 갈증을 해소하고 소속감을 얻기 위한 방편으로써 커뮤니티 사이트의 생성은 계속될 것이다. 커뮤니티 사이트 이용자들은 사이트를 통해서 시간과 공간의 거리에 관계없이 관심사를 공유하고 사진, 음악파일, 동영상 등 다양한 콘텐츠를 서로 주고 받는다.

디지털 경영에서 고객관계를 통한 가치창출은 모든 기업의 기본적인 목표라고 할 수 있다(Grant, Schlesinger, 1995). 원가절감 노력으로만 기업의 생존이 보장되지 않는다. 기업이 영속적으로 생존하기 위해서는 고객이 느끼는 서비스가치 창출을 위해서 노력하고 서비스 원가절감 노력에도 동시에 신경을 써야 한다. 고객관계를 통한 이익창출은 모든 기업의 생명줄이라고 할 수 있다. 개인형 홈페이지 서비스를 제공하는 업체에서는 고객과의 관계형성은 물론 고객들의 개별 욕구를 쉽게 파악하여 고객충성도를 제고시킬 수 있는 기회를 가질 수 있다.

본 연구에서는 문헌 및 관련 자료 고찰을 통해서 국내 커뮤니티 사이트의 특징과 현황을 살펴보기로 한다. 또한 SERVQUAL/SERVPERF(Cornin, Taylor, 1992; Parasuraman, et al.,[1] 1988), 서비스 이익사슬(Heskett et al., 1994), 그리고 B-A-I 모형(belief → attitude → intention, Davis et al., 1989)을 이용하여 인터넷 커뮤니티(미니홈피)의 서비스품질요인이 고객 로열티와 가치창출 요인에 미치는 영향관계를 구조방정식 모형분석을 통해서 파악하기로 한다. 이러한 연구 결과가 관련 실무분야에 도움이 될 수 있기를 기대한다.

1) Parasuraman, Zeithaml, Berry는 이하의 문장에서 PZB라는 약어를 사용함.

II. 이론적인 배경

2.1 개인형 미니홈피의 특징

기존에 개인이 홈페이지를 제작하기 위해서는 기본적으로 HTML(Hyper Text Markup Language), XTML, eXTML 등의 전문적인 언어를 익혀야만 가능하였다. 최근에는 나모 웹에디터, 프론트페이지, 드림위즈 등으로 보다 손쉽게 홈페이지를 제작할 수 있는 프로그램들이 시판되고 있다. 개인이 이러한 홈페이지 제작 프로그램을 이용하여 홈페이지를 제작한다고 하더라도 초보자에게는 용어가 다소 난해하고 콘텐츠를 저장할 웹서버가 필요하기 때문에 개인들에게는 부담이 될 수 있다. 또한, 웹상에서도 성장과 소멸을 반복하는 자연원리가 작용하는 것처럼 선호적인 연결이 떨어지는 사이트는 자연적으로 웹공간에서 사라지게 된다.

이러한 점에 착안하여 개인커뮤니티 서비스 제공 인터넷 기업들은 개인이 손쉽게 홈페이지를 제작할 수 있도록 미니홈피 서비스를 제공하고 있다. 현재, 정교한 미니홈피 서비스 모형은 미니홈피에 대한 고객관심과 맞물려 인기를 누리고 있다. 점차로 미니홈피와 블로그는 사회 각 분야의 인물 간의 관계를 형성하는 새로운 사회 네트워크로 자리를 잡아가고 있다.

국내에서 몇 년전까지만 해도 비슷한 취미나 생각을 공유하는 카페가 인터넷 커뮤니티의 전부인 것처럼 생각되어 왔다. 기존의 인터넷 카페는 일대 다수의 커뮤니케이션 수단에 지나지 않았다. 일대일 수단으로 자주 이용되는 메신저는 미니홈피에 비해서 휘발성이 강하고 콘텐츠가 축적되지 않는다는 한계점이 있다. 이에 국내에서는 쉽게 홈페이지를 만들어 주는 '미니홈피'와 '블로그' 등의 서비스가 많은 인기를 얻고 있다. 인터넷 커뮤니티 사용자들은 자신만의 공간을 구축하여 자신을 보여주는 주체로 변모하고 있다. 최근 디지털 카메라와 핸드폰의 확산은 개인이 손쉽게 사이버 공간에 사진첩, 방명록, 게시판 등을 두어 자신의 신변내용을 자유롭게 표현할 수

〈표 1〉 미니홈피의 특장점

개념 분류	정의/서비스	특장점
전통적 커뮤니티	원하는 사람과 교류할 수 있는 장	정보, 소식 등의 업로드 수준(채팅공간, 게시판)
일반 홈페이지	조직을 알리기 위한 하이퍼링크된 글, 문서	정보의 심층성과 도달률이 높아짐
인터넷 카페	일 대 다수의 커뮤니티 수단	동호회, 가상조직 등을 체험할 수 있음
메신저	일 대 다수의 커뮤니티 수단	휘발성이 강하고 콘텐츠가 축적되지 않음
미니홈피	유사한 관심사, 가치관, 라이프스타일을 가진 사람들이 관계를 형성하고 상호교류함	제작이 용이하고 다양하게 자신의 정체성 표현할 수 있음

〈표 2〉 개인형 커뮤니티 현황

회사이름	서비스 이름	개설수	서비스 시작시기	특징
SK커뮤니케이션즈	싸이월드 미니 홈피	1천만개	2001년 9월	· 1촌 기능 · 모바일 연동가능
다음 커뮤니케이션즈	다음플래닛	5천5백만개	2004년 8월말	· 세분화된 인맥관리 · 메일, 카페 등과 연계
NHN	네이버블로그	5백만개	2003년 10월	· 카페 검색 등과 연동 · 개방형 네트워크
네오위즈	세이클럽홈피	4백50만개	2003년 5월	· 실시간 채팅 · 이미지 자동편집기능

자료 : 각사 공개자료(2004. 12월)

있도록 해주고 있다. 다음은 전통적인 커뮤니티 서비스, 기존 홈페이지 서비스, 인터넷 카페, 그리고 미니홈피에 대한 서비스 개념과 특장점을 나타낸 것이다.

국내에서 미니홈피의 대표적인 성공사례라고 할 수 있는 SK커뮤니케이션즈의 싸이월드는 메신저와 인터넷 카페의 한계점을 극복하고 선점효과(first mover advantage)와 자기표현 욕구를 자극하며, '1촌'이라는 네트워크를 통해서 사이버 머니인 도토리로 가까운 대인 간에 선물을 주고받고 정보를 공유하는 서비스를 제공하고 있다. 이는 한국 정서에 적합하였기 때문이며 디지털 카메라의 보급이 활성화되면서 개인은 자신의 콘텐츠를 사진과 함께 사이버 공간에 업로드하는 신세대의 라이프스타일과 일치하였기 때문이다. 특히, 이 비즈니스 모형은 타인의 생활을 엿보려는 관음증적인 심리와 자신의 정체성을 표현하고 싶은 개인욕구와 조화가 이루어졌기 때문이라고 할 수 있다. 〈표 2〉는 국내에서 제공되고 있는 미니홈피를 포함한 개인형 커뮤니티 서비스현황을 나타낸 것이다.

이들 개인형 커뮤니티는 유사한 관심사, 가치관, 라이프스타일을 가진 사람들의 모임을 특징으로 한다. 이러한 가상공간을 제공하는 기업들은 자연적으로 인구통계적인 데이터베이스를 자연스럽게 확보할 수 있어 다양한 마케팅 수단을 강구할 수 있다. 반면에 회원들은 가입과 탈퇴가 자유롭다. 따라서 관련 회사에서는 얼마나 고객을 고착화(lock-in) 시키느냐가 사업성공의 관건이 되고 있다.

2.2 인터넷 커뮤니티 서비스품질과 가치창출 전략

2.2.1 인터넷 커뮤니티

인터넷이 발달하면서 커뮤니티가 웹을 발전시키는 중요한 원동력이 되고 있다. 인터넷 기술의 괄목할 만한 발전과 사회 각 분야에서 활발한 사용은 인터넷의 폭발적인 확산에 기여하였고 현재 많은 사용자들이 인터넷상의 다양한 커뮤니티 클럽에 가입하고 있다. 인터넷 사용자들은 커뮤니티를 통해서 채팅을 하고 아이디어를 교환하고 친목을 도모하기 위한

〈표 3〉 전통적인 서비스와 e-서비스의 비교

전통적인 서비스	특성	e-서비스
대면접촉	서비스 대면	화면접촉
표준 작업시간	이용가능성	상시가능
서비스 장소로 이동	접근	유선 인터넷, 무선
지역	접근가능 범위	세계전역
물리적 환경	환경	전자적 인터페이스
개별화	경쟁 차별화	편의
사회적 상호작용	사생활	익명성

[출처] Fitzsimmons, J. A., Fitzsimmons, M. J.(2001), Service Management, McGRAW-Hill Edition.

집단을 이룬다. e-커뮤니티는 현재 사용되고 있는 인터넷 기술을 이용하여 구성된 커뮤니티를 말한다(Johnson, 2001). 즉, e-커뮤니티는 온라인을 통해서 다수가 공통의 관심사에 대하여 상호 교류하는 사람들의 집단을 의미한다고 하겠다. Armstrong과 Hagel(1996)에 의하면, e-커뮤니티는 같은 부류의 사람들이 의사소통을 하고 관심주제에 대하여 정보를 주고받으며, 온라인 인격체를 통해서 사이버 세계를 즐길 수 있도록 커뮤니티 제공자에 의해서 마련된 사이트라고 할 수 있다. e-커뮤니티의 전형은 1985년 미국 북부 캘리포니아 하이테크 광신자들로부터 시작된 'The Well(whole earth electronic link)'의 탄생으로 알려져 있다. 이를 통해서 고객들은 스포츠, 게임, 정치, 주식투자, 당뇨병 등 다양한 관심에 대하여 토론하고 정보를 공유하였다. 초기의 커뮤니티는 매니아적인 성격과 반상업성을 표방하는 것이 특징이었다.

커뮤니티 사이트에서 중요한 요소는 지식의 폭과 너비인 인터넷 서비스 품질이다. 또한, 탁월한 서비스품질 제공과 커뮤니티 사이트 제공자의 많은 경험은 사이트 발전에 기본적인 요소라고 할 수 있다(Laudon, Traver, 2002).

기존에 오프라인에서 제공되던 제품, 정보, 그리고 서비스 거래가 인터넷을 기반으로 하여 제공되는 경우를 e-서비스라고 할 수 있다. 전통적인 서비스는 특정시간에 서비스 제공장소에 직접 방문하여 종업원과 대면접촉을 하여야 하나 e-서비스 대면방법은 컴퓨터 화면 접촉을 통해 상시 이용 가능하다는 특징이 있다. 고객은 e-서비스를 경험하기 위해서 유선이나 무선 인터넷을 통해서 세계 전역에 접근할 수 있다. e-서비스의 환경은 전자적인 인터페이스상에서 이루어지고 경쟁 차별화는 편의에 의해서 이루어진다. e-서비스에서 사생활은 익명성 보장의 특징을 보인다. 전통적인 서비스와 e-서비스에 대한 비교는 〈표 3〉으로 나타낼 수 있다.

e-서비스는 전통적인 서비스 방식보다는 고객의 구매패턴을 추적하거나 선호하는 제품과 서비스를 쉽게 파악할 수 있어 전자상거래 기업의 입장에서는 업-

셀링과 크로세스-셀링 기회를 확대시킬 수 있다.

최근 기업들은 고객의 관심을 시장확장 기회와 연결시키기 위해서 고심하고 있다. 이에 기업들은 고객들이 중요하게 생각하는 미니홈피에서 고객들의 요구를 파악하고 잘 정의된 틈새를 찾기 위해서 노력하고 있다. 일부 기업들은 인터넷 사용자의 라이프스타일을 적극적으로 연구하고 있다. 기업은 미니홈피에 자사의 제품과 서비스를 자연스럽게 홍보하고 있으며 사진과 글로 각종 이벤트를 실시하고 있다.

2.2.2 서비스품질

서비스품질의 개념과 서비스품질의 측정에 대한 연구는 서비스 관련 연구분야에서 활발하게 논의되어 왔다. 유형의 제품품질에 대한 정의가 학자마다 다른 것이 사실이다. 서비스는 무형성(intangibility), 이형성(heterogeneity), 그리고 비분리성(inseparability)의 특징을 가지고 있다. 이러한 특징으로 인해서 서비스품질을 측정하기가 어려운 것이 사실이다.

일반적으로 서비스품질은 고객 기대와 서비스 경험을 통해서 평가한다. Smith와 Houston(1982)은 서비스품질은 기대에 대한 확신과 관련이 있다고 보고 있다. Crosby(1979)에 의하면 품질은 '고객요구에 대한 적합성'이다. Garvin(1988)에 의하면 품질은 '내부적인 실패'와 '외부적인 실패'에 의해서 측정된다고 볼 수 있다.

서비스품질 관련 연구는 1) 기능적 품질과 기술적 품질을 기본으로 하는 유럽형 모형(Grőnroos, 1984), 2) 다섯 가지 품질차원(신뢰성, 대응성, 감정이입, 확신성, 유형성)의 대면 특성으로 나타나는 PZB(1988)의 SERVQUAL모형, 3) 서비스제품, 서비스배달, 서비스환경 등으로 구성된 세 가지 요인 서비스품질모형(Rust, Oliver, 1994), 4) 다차원 모형 등이다.

Grőnroos(1984)는 불일치 패러다임에 의해서 서비스의 품질차원을 기능품질(functional quality)과 기술품질(technical quality)로 구분하였다. 기능품질은 고객이 서비스가 배달되기까지의 과정에서 회사와의 상호작용을 인지하는 것, 기술품질은 고객이 서비스 대면으로부터 받게 되는 것을 말한다. 그리고 Grőnroos(1984)는 기대서비스와 경험서비스 그리고 기술품질과 기능품질 사이에 이미지가 매개된다고 보고 있다.

PZB(1988)는 서비스의 대면 특성으로 나타나는 신뢰성, 확신성, 감정이입, 유형성, 대응성 등의 서비스 품질은 불일치 패러다임에서 결정된다는 Oliver(1980)의 주장을 이용한다. 여기서 사전기대는 구전, 개인적인 요구, 그리고 과거의 경험에 의해서 형성된다고 한다. 서비스품질(SERVQUAL)은 신뢰성, 확신성, 유형성, 감정이입, 그리고 대응성 등에 의해서 결정된다. 고객들은 다섯 가지 서비스품질 요소 중 약속된 서비스를 정확하면서 믿을만하게 전달하는 신뢰성을 가장 중요한 가치로 평가하는 것으로 나타났다(PZB, 1991). 학자들 사이에서 PZB(1988)의 모형에 대한 논란이 거듭되고 있는 가운데 서비스품질 관련 대부분 연구에서 이 모형을 선호하고 있다.

앞에서도 이야기한 것처럼, 사전기대

와 사후경험의 차이에 의해서 서비스 품질을 측정한다는 SERVQUAL모형에 대하여 반론도 제기되고 있는 것이 사실이다. Cronin과 Taylor(1992)는 서비스품질 개념화와 조작화의 모호성을 지적하면서 서비스품질을 SERVQUAL의 방식으로 측정하기보다는 성과에 대한 지각인 SERPERF만을 측정하는 것이 타당하다고 주장하였다. 이러한 주장은 사전기대와 사후경험의 차이인 서비스품질의 측정은 신뢰성과 타당성이 낮다는 Peter 외 2인(1993)의 주장과 같다고 볼 수 있다. 실제 우리 인간의 뇌는 우리가 상상하는 것과 실제 경험한 것에 대하여 구분할 수 있는 것과 없는 것으로 나타나기 때문에 실험조건이 잘 맞을 경우, 서비스품질을 SERPERF방법으로 측정하는 것도 신뢰성과 타당성을 확보할 수 있다. 서비스산업 관련 분야 및 정보시스템에서 제공되는 서비스품질의 연구 및 조사는 SERPERF를 이용하고 있는 실정이다(Watson, et al., 1998; Dyke, et al., 1997; Kettinger, Lee, 1997).

인터넷상에서 고객가치와 로열티에 만족을 주는 요인을 파악하기 위해서 Keeney(1999)는 100명의 고객을 인터뷰하였다. 인터뷰 결과 인터넷 상거래를 위한 수단적 목표와 기본적인 목표로 구분하였다. 이 연구에서는 수단적인 목표가 기본적인 목표에 영향을 주는 것을 전제하고 있다. 수단적 목표에는 제품과 서비스의 편리성, 사용의 용이성, 개인 상호작용성, 제품정보 등 열여섯 가지를 포함하고 있다. 기본적인 목표에는 고객 만족을 극대화하기 위한 요소인 제품과 서비스 질, 비용, 편의성, 안전성 등 아홉 가지를 포함하고 있다.

본 논문에서는 PZB(1988)의 SERVQUAL모형 측정에 사용하는 설문지, Keeney(1999)의 연구결과, Srinivasan et al.(2002)의 연구, 그리고 미니홈피 사용자와 사전 인터뷰를 통해서 커뮤니티 사이트에서 로열티에 영향을 주는 서비스 품질요인으로 고객서비스, 고객요구사항 이행, 사용의 편리성, 서비스 구색 등의 개념을 사용하기로 한다.

다음으로 본 논문에서는 커뮤니티 사이트 이용자의 사후경험에 대한 측정을 통해서 e-로열티와 e-가치창출 요인과의 관계를 확인하기 위해서 서치, 구전, 지불의사에 관한 내용에 대하여 알아보기로 한다.

2.2.3 e-로열티와 e-가치창출

인터넷 상거래 시대에서 공급자, 고객, 기업들 간 네트워크가 중요하기 때문에 네트워크 측면에서 가치창출에 대한 이해 필요성이 제기되고 있다(Prahalad, Ramaswamy, 2000). 실제 Kalakota와 Robinson(2001)은 신규고객 창출비용이 기존 고객을 유지하는 비용보다 6배 이상이 더 추가된다고 주장하였다.

e서비스 사업의 성공 여부는 정보기술을 이용하여 사업내용을 얼마나 사실적이면서 정확하게 구현하느냐에 따라 좌우된다. 고객가치를 창출하기 위해서는 고객을 소중히 여기는 마음에서 출발해야 한다. 사이버상에서도 고객을 소중히 여기는 마음은 서비스 차별화전략 또는 e-가치전략이라고 할 수 있다. e-가치는 전자상거래 기업이 제품이나 서비스를 고객들에게 생산, 판매하기 때문에 발생

한다.

전통적인 시대의 경영방식과 마찬가지로 인터넷시대의 생존방식은 다음과 같은 식으로 나타낼 수 있다(윤석철, 2001; Rayport, Sviokla, 1994).

서비스 가치(V)>서비스 가격(P)>서비스 원가(C) (식 1)

여기서, e-가치는 고객이 제품이나 서비스에 대하여 정보기술을 매개체로 한 거래를 통해서 기대하는 이익이나 혜택이라고 할 수 있다. e-가치는 기업의 전체시스템이 유기적으로 작동하여 서비스를 생산하거나 공급함으로써 발생한다. 오프라인에서 경영을 하든 온라인과 연계된 형태의 경영을 하는 회사든 '탁월한 서비스품질'을 통한 경쟁만이 기업의 생존조건이라고 할 수 있다. 고객관계를 통한 가치창출은 모든 기업의 기본적인 목표라고 할 수 있다(Grant, Schlesinger, 1995).

전자상거래가 등장하면서 많은 경영자들은 실제로 고객유지보다는 고객확보에 주의를 기울이고 있다. 고객만족과 로열티를 높이기 위한 노력은 전통 상거래방식보다도 전자상거래시대에서 더욱 중요해지고 있다. 전자상거래 시대의 고객들은 한번의 클릭으로 사이트로부터 이탈하거나 보다 나은 서비스를 제공해주는 사이트에 옮겨가는 경향을 보일 수 있다. 전자상거래를 연구하는 학자들은 인터넷 경영자들에게 신규고객을 창출하기 위한 노력보다는 기존 고객에 대한 고객유지관리를 통한 고객만족과 고객충성도 향상이 인터넷 전자상거래의 주요 성공요인으로 간주하고 있다(Reichheld, Schefter, 2000).

인터넷의 특성상 고객을 확보하는 데는 많은 액수의 돈이 필요하며, 이를 통해서 확보된 고객이 지속적으로 기업과 관계를 유지하면서 반복적인 구매를 해야 이익이 발생하는 것으로 나타났다. 높은 고객 충성도를 보이는 우량 고객을 많이 확보한 기업만이 지속적으로 유지될 수 있는 것이다(Reichheld, Schefter, 2000).

e-커뮤니티에서는 사용자 간의 지속적인 커뮤니티 활동을 통해서 정보공유와 신뢰가 생성된다(Figallo, 1998). e-커뮤니티 활성화는 기업의 수익원천과 연결되기 때문에 커뮤니티 제공자는 고객만족과 고객충성도 유지에 노력하여야 한다. 실제로 특정사이트에 대하여 높은 로열티를 보이는 고객은 경쟁사이트에 대해서는 소극적으로 서치하고 특정 사이트에 대하여 구전의사와 구전행동이 높고 각종 서비스에 지불의사가 높은 것으로 나타났다(Srinivasan et al., 2002).

서비스 기업이 개별 고객의 요구와 사용 및 구입 제품에 대한 세부특성을 기억하는 것은 고객의 충성도를 높이기 위한 기본적인 메커니즘이라고 할 수 있다. 이러한 고객충성도의 향상은 기업의 수익과 직결되기 때문이다. 일반적으로 e-커뮤니티에 참여하는 회원은 대부분 게시판이나 뉴스그룹의 글을 읽는 정도이지 적극적으로 대화를 하는 사람은 소수에 불과하다(McWilliam, 2000).

로열티를 높이는 커뮤니티사이트 운영은 e-비즈니스의 사업성공에 기초가 될 수 있다. 정교하게 설계된 e-커뮤니티는 브랜드 가치를 확보하는 데 도움을 준다(McWilliam, 2000).

지금까지 설명한 것을 토대로 인터넷 커뮤니티 서비스 품질전략을 요약하면 다음과 같다. 인터넷 커뮤니티 공간을 제공하는 기업들은 우선적으로 고객지향적인 서비스를 제공하여야 하고 고객의 요구사항을 충실하게 이행하여 한다. 또한 사용의 편리성과 고객의 필요와 기대를 충족시킬 수 있는 서비스 구색을 갖추어야 한다. 이러한 커뮤니티 서비스는 e-로열티를 결정하는 중요한 요소가 될 것이다. 고객들은 e-로열티가 증가됨에 따라 기존 거래 사이트에 대하여 호의적인 구전행위를 하며 경쟁사이트에 대해서는 소극적인 서치를 하게 된다. 다음의 연구모형에서 이들 간의 관계를 구체적으로 살펴보기로 한다.

Ⅲ. 연구모형과 연구가설

본 연구에서는 SERVQUAL/SERVPERF(Cornin, Taylor, 1992; PZB, 1988), 서비스 이익사슬(Heskett et al., 1994), 그리고 B-A-I 모형(belief → attitude → intention, Davis et al., 1989)을 응용하기로 한다. 본 연구모형은 서비스품질요소와 고객 행동의도를 유발하는 태도 사이에 관계에는 밀접한 관계가 있다는 가정에 근거하고 있다. 특히, 본 연구에서는 B-A-I 모형에 근거하여 인터넷 서비스품질요인, e-로열티, 그리고 e-가치창출 요소의 큰 틀을 제시하기로 한다. SERVQUAL/SERVPERF(Cornin, Taylor, 1992; PZB, 1988)와 서비스 이익사슬모형(Heskett et al., 1994)과 관련하여 인터넷 커뮤니티(미니홈피) 서비스품질요인이 고객 로열티와 가치창출 요소에 미치는 영향관계를 제시하기로 한다. 지금까지 설명한 미니홈피의 서비스품질요소, e-로열티요소, 그리고 e-가치창출요

〈그림 1〉 연구모형

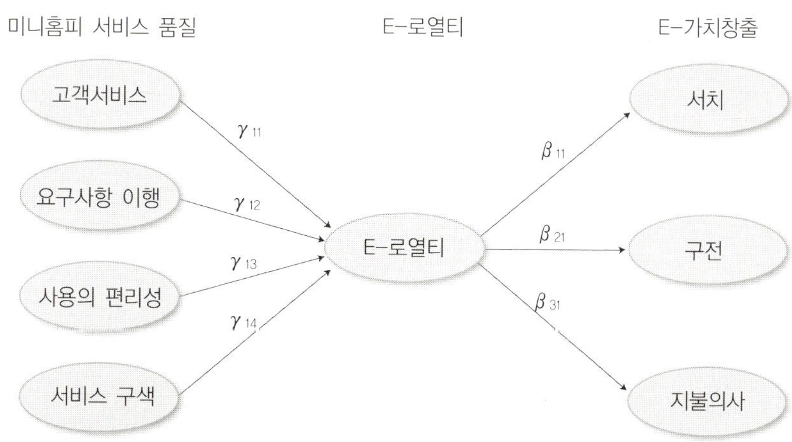

소 등과 같은 인과분석적인 연구모형을 다음과 같이 나타낼 수 있다.

앞의 연구모형에 근거하여 구조방정식을 만들면 다음과 같다.

$SEARCH = \beta_{11} E-LOYALTY$ ············(식2)

$WOM = \beta_{21} E-LOYALTY$ ················(식3)

$INPUR = \beta_{31} E-LOYALTY$ ··············(식4)

$E-LOYALTY = r_{11} CS$ ······················(식5)

$E-LOYALTY = r_{12} PERFORMNEED$ (식6)

$E-LOYALTY = r_{13} EASYTOUSE$ ·····(식7)

$E-LOYALTY = r_{14} READINESS$ ·······(식8)

여기서, SEARCH=서치, WOM=구전효과, INPUR=지불의사, E-LOYALTY=e-로열티, CS=고객서비스, PERFORMNEED=요구사항이행, EASYTOUSE=사용의 편리성, READINESS=지불의사 등의 요인을 나타낸다.

3.1 홈피의 서비스요인과 e-로열티와의 관계

서비스품질경영을 위해서 기업들은 신뢰성, 확신성, 유형성, 감정이입, 그리고 반응성 있는 서비스 제공에 주력하고 있다. 고객은 기업이 제공하는 서비스품질에 대하여 신뢰를 하게 되면 회사의 정책이나 전략에 동조하는 경향을 보이게 되며 고객만족 상태를 보이게 된다. PZB(1988)의 서비스품질 모형에서 신뢰성, 확신성, 유형성, 감정이입, 그리고 대응성 등의 다섯 가지 차원이 높고 낮은 고객만족 정도를 80% 설명할 수 있다고 한다(Zemke, Connellan, 2001).

전자상거래 분야에서 고객을 대상으로 한 심층면접에서 e-로열티에 영향을 미치는 여덟가지 주요 요소는 고객화, 대면의 상호작용성, 정보의 풍부성, 돌봄, 커뮤니티, 선택, 편의성, 특성 등이라고 주장하였다(Srinivasan et al., 2002). 고객들이 공통의 관심사 교환을 위한 커뮤니티 구축은 사회적인 관계와 e-로열티에 긍정적인 영향을 미치는 것으로 나타났다(Oliva, 1998). 고객이 정보교환을 할 수 있고 제품경험을 비교할 수 있는 경우에 고객 충성도는 증가하는 것으로 나타났다(Frank, 1997). Schaffer(2000)의 연구에 의하면, 소비자의 30%는 웹사이트에서 항해 방향을 찾을 수 없어 구매행위 없이 웹사이트를 떠난다는 연구성과를 소개한 바 있다. 이 연구는 웹상에서 정보 탐색이 쉽고 정보가 시각화되어야 경영성과와 연계됨을 나타내는 것이라고 할 수 있다. 편리한 웹사이트는 반응시간이 짧고 거래를 빠르게 완결시켜주고 고객노력을 최소화 시켜준다(Schaffer, 2000). 따라서, 본 연구에서는 미니 홈페이지의 적극적인 이용자의 면담과 문헌연구를 통해서 다음과 같은 연구가설을 설정하기로 한다.

가설 1 미니홈피 서비스품질요인은 e-로열티에 긍정적인 영향을 미칠 것이다.

가설 1.1 고객 서비스는 e-로열티에 긍정적인 영향을 미칠 것이다.

가설 1.2 요구사항의 이행정도는 e-로열티에 긍정적인 영향을 미칠 것이다.

가설 1.3 사용의 편리성은 e-로열티에 긍정적인 영향을 미칠 것이다.

가설 1.4 서비스 구색은 e-로열티에 긍정적인 영향을 미칠 것이다.

3.2 e-로열티와 E-가치창출요소와의 관계

고객만족과 고객 로열티는 고객이 기대한 서비스 품질에 대한 사후적인 인식의 결과이다(Anderson, Fornell, 1994). PZB(1996)에 의하면, 충성고객은 비충성 고객과 다른 행동을 하고 회사와 지속적인 결속관계를 맺는 것으로 나타났다. 고객충성도는 고객의 행위에 영향을 미치고 결국에는 기업성과에 영향을 미치는 것으로 나타났다(Srinivasan et al., 2002). Fornell et al.(1996)의 연구에 의하면 고객만족 정도가 높은 고객은 서비스를 받기 위해서 재방문을 할 것이고 관계회사의 새로운 서비스를 이용하기 위해서 노력할 것이다. 이러한 연구결과는 서비스-이익사슬상에서 고객만족이 고객충성도를 높인다는 주장과 일치한다고 할 수 있다(Heskett et al., 1997). Reichheld et al.(1990)에 의하면, 서비스로 얻은 고객충성도가 5% 신장하면 25~85%의 이익 신장에 기여한다고 주장하였다. Reichheld와 Sasser(1990)에 의하면 충성고객은 비충성고객에 비해서 가격에 덜 민감하며 기존 거래를 지속하려는 경향을 보이는 것으로 나타났다. 높은 고객충성도를 보이는 고객은 경쟁사이트에 대해 서치를 덜하고 구전행동 의도가 높으며, 지불의사도 높은 것으로 나타났다(Srinivasan et al., 2002). 이러한 고객의 행동의도는 웹상에서 경쟁우위를 제공할 것이다. Armstrong과 Hagel(1996)은 웹상에서 커뮤니티에서 만족한 고객은 구진에 유의한 영향을 미친다고 주장하였다. 따라서 다음과 같은 연구가설을 제시할 수 있을 것이다.

가설 2 e-로열티 정도가 높으면 높을수록 e-가치창출요인에는 긍정적인 영향을 미칠 것이다.

가설 2.1 e-로열티 정도가 높으면 높을수록 경쟁 사이트에 대한 서치의 횟수는 적을 것이다.

가설 2.2 e-로열티 정도가 높으면 높을수록 구전에 긍정적인 영향을 미칠 것이다.

가설 2.3 e-로열티 정도가 높으면 높을수록 지불의사에 긍정적인 영향을 미칠 것이다.

Ⅳ. 연구방법

4.1 설문지 개발 및 설문조사

본 연구를 수행하기 위해서 우선, 미니홈피와 블로그에 관한 현황을 파악하고 관련회사의 자료를 수집하기로 하였다. 설문지 작성과정에서 문헌 검토, 관련회사 담당자들의 의견청취, 그리고 미니 홈페이지 사용자의 의견을 적극 반영하였다. 미니홈피에 관련된 서비스품질요인, e-로열티, e-가치창출 등의 요인을 파악하였다. 문헌검토를 통해서 사전에 정한 고객서비스, 요구사항 이행, 사용의 편리성, 서비스 구색, e-로열티, 서치, 구전, 지불의사 등에 관련된 항목을 개발하였다. 개발된 항목은 미니홈피를 적극적으로 사용하고 있는 대학원생들과 학부학생 30명을 대상으로 두 차례의 사전 설문을 실시하였다. 연구모형에 포함된 개념들의 신뢰성은 모두 0.8 이상이었다(Nunnally, 1978). 이를 통해서 연구모형에 적절한 항목 여부와 응답하기 어려운

〈표 4〉 성별에 따른 미니홈피 또는 블로그 이용실태

구분		성별		계
		남	여	
미니홈피, 블로그 사용 여부	미니홈피	35(23.6%)	90(60.8%)	125(84.5%)
	블로그	0(0.0%)	1(0.7%)	1(0.7%)
	둘 다(블로그+미니홈피)	5(3.4%)	6(4.1%)	11(7.4%)
	향후 이용예정	3(2.0%)	8(5.4%)	11(7.4%)
	소계	43(29.1%)	105(70.9%)	148(100.0%)
이용시간대	2:00~6:00	0(0.0%)	3(2.1%)	2(2.1%)
	6:00~9:00	0(0.0%)	3(2.1%)	3(2.1%)
	9:00~12:00	6(4.1%)	16(11.0%)	22(15.1%)
	12:00~13:00	0(0.0%)	9(6.2%)	9(6.2%)
	17:00~21:00	2(1.4%)	12(8.2%)	14(9.6%)
	21:00~23:00	19(13.0%)	32(21.9%)	51(34.0%)
	23:00~02:00	15(10.3%)	18(12.3%)	33(22.6%)
	소계	43(29 .5%)	103(70.5%)	146(100.0%)

문항을 파악하고 최종항목을 결정하였다. 연구모형에 포함된 각 개념의 설문문항 척도는 5점으로 하고 전혀 동의하지 않는 경우는 1점, 매우 동의하는 경우에는 5점 등으로 응답하도록 하였다. 따라서 점수가 높을수록 설문에 동의하는 정도가 높은 것을 나타낸다.

사전에 조정된 설문지는 대학교와 교회 청장년부를 대상으로 직접 설문이 이루어졌다. 전체 350부를 배포하여 이 중에서 158부가 회수되었다(응답률: 45.1%). 이 중에서 불성실하게 응답된 10부는 제외되었고 나머지 148부가 분석대상으로 채택되었다.

성별에 따른 미니홈피와 블로그의 이용실태를 살펴보기 위해서 교차분석을 실시한 결과, 남녀 간에 미니홈피의 이용이 독립적임을 알 수 있다(χ^2 = 1.929, df = 3, sig = 0.587 > α = 0.05). 여성들이 남성에 비해서 미니홈피를 많이 이용하는 것으로 나타났다.

남녀 간의 미니홈피 이용시간의 차이를 살펴보기 위해서 교차분석을 실시한 결과, 성별에 따른 미니홈피 이용시간은 립적이지 않은 것으로 나타났다(χ^2 = 15.619, df = 27, sig = 0.029 < α = 0.05). 대부분의 응답자(84명, 56.5%)가 저녁 9시 이후에 미니 홈피를 이용하는 것으로 나타나 주로 저녁시간에 미니홈피를 주로 이용하는 것으로 나타났다.

설문 응답자를 연령분포와 직업별로 살펴보면 다음과 같다. 연령대별로는 20대가 가장 많이 분포하고(131명, 88.5%), 나머지는 30대(8.8%), 10대(2.7%) 순으로 나타났다. 직업은 대학(원)생이 72명(48.6%), 직장인이 57명(38.5%), 주부 16명(10.%), 그리고 자영업 3명(2.0%) 순으로 나타났다. 특히, 20대이면서 대

〈표 5〉 연령대와 직업별 응답자수(비율)

구분		직업별				계
		대학(원)	직장인	자영업	주부	
연령대	10대	4(2.7%)	-	-	-	4(2.7%)
	20대	68(45.9%)	47(31.8%)	-	16(10.8%)	131(88.5%)
	30대	-	10(6.8%)	3(2.0%)	0	13(8.8%)
계		72(48.6%)	57(38.5%)	3(2.0%)	16(10.8%)	148(100.0%)

학(원)생인 경우가 68명(45.9%), 대학(원)생이면서 직장인인 경우가 47명(31.8%)으로 나타났다. 20대이면서 미니홈피 서비스를 사용한다고 응답한 사람은 111명에 달하는 것으로 나타났다.

4.2 변수의 조작적 정의

본 연구의 모형에서, 고객서비스에 대한 개념을 측정하기 위해서 Cronin, Taylor(1992), PZB(1988), Churchill (1979), Gerbing, Anderson(1988) 등을 참조하여, 홈피나 블로그에 전반적인 만족 여부, 적극석인 응대, 발생문제 저리, 고객의 요구이해, 친절하게 답변함 등의 다섯 가지 항목이 고려되었다. 고객요구사항에 대한 이행에 개념을 측정하기 위해서 PZB(1988)와 Keeney(1999), Srinivasan et al.(2002)의 문헌을 참고하여 서비스를 정확하게 이행하는 정도, 온라인 거래(정보, 사진 업로드)의 정확함, 기록보관의 정확성, 서비스 약속 준수 등 네 가지 항목을 고려하였다. 사용의 편리성에 관한 개념을 측정하기 위해서 Srinivasan et al.(2002), Schaffer(2000), Cameron(1999), Sinioukov(1999) 등을 바탕으로 웹사이트 이용의 편리성, 메뉴 단추의 편리성, 이동의 편리성, 필요기능의 구비 등 네 가지 항목을 이용하였다. 서비스 구색에 관한 개념을 측정하기 위해서 Brady, Cornin, Jr.(2001), Reichheld, Schefter(2000), Srinivasan et al.(2002) 등을 바탕으로 서비스 패키지 다양성, 원하는 서비스 구비, 심미적인 장식의 우수함, 다양한 음악 구비 등의 네 가지 항목을 이용하였다. e-로열티 개념을 측정하기 위해서 Grelmer(1995), PZB(1996), Srinivasan et al.(2002) 등을 참고하여 서비스 전환의향, 현재 서비스의 이용의 지속성, 현재 웹사이트의 만족, 이용 중인 사이트의 호감 정도 등 네 가지 문항을 측정하였다. 서치에 관한 개념을 측정하기 위해서, Urbany et al.(1996), Srinivasan et al.(2002)의 문헌을 토대로 정기적으로 경쟁사이트와 비교, 친구나 동료와 경쟁사이트에 대한 의견교환, 경쟁사이트의 지속적인 탐색, 평소 서치의 정도 등 네 항목을 측정하였다. 구전에 관한 개념을 측정하기 위해서 PZB (1996), Srinivasan et al.(2002), Armstrong과 Hagel(1996)의 문헌을 토대로 타인에게 긍정적으로 이야기하기 위해서, 타인에게 현재의 사이트 추천, 친구들에게 이용 권유, 지인들에게 추천 등 네 가지 항목을 측정하였다. 지불의사 및 지불태도 개념을 측정하기 위해서 PZB(1996),

Srinivasan et al.(2002), Urbany et al.(1996), Reichheld, Schefter (2000) 등의 문헌을 참고하여 아이템 구입여부, 재미있는 아이템 구입 여부, 유지비용 계속 지불 여부, 좋은 아이템을 친구(동료)에게 선물예정 등 네 가지 항목 등을 측정하였다. 지금까지 나열된 내용을 표로 작성하면 〈표 6〉과 같다.

4.3 측정모형 요인분석

본 연구에서는 각 요인을 구성하는 다항목에 대하여 단일차원성을 검증하기 위해서 탐색적인 요인분석과 신뢰성분석을 실시하였다. 요인분석방법 중에서 사각회전 방법을 실시하였고 요인적재값 0.3 이상, 요인설명력 0.5 이상을 설정하였다.

신뢰성분석 결과, 구성개념에 대한 신

〈표 6〉 연구요인 조작적 정의 및 출처

요인	조작적 정의	항목수	출처
고객서비스	홈피나 블로그에 전반적인 만족 여부, 적극적인 응대, 발생문제 처리, 고객의 요구이해, 친절하게 답변함	5	Cronin, Taylor(1992), PZB(1988), Churchill(1979), Gerbing, Anderson(1988)
요구사항 이행	서비스를 정확하게 이행하는 정도, 온라인 거래(정보, 사진 업로드)의 정확함, 기록보관의 정확성, 서비스 약속 준수	4	PZB(1988)와 Keeney(1999), Srinivasan et al.(2002)
사용의 편리성	웹사이트 이용의 편리성, 메뉴 단추의 편리성, 이동의 편리성, 필요기능의 구비	4	Srinivasan et al.(2002), Schaffer(2000), Cameron(1999), Sinioukov(1999)
서비스 구색	서비스 패키지의 다양성, 원하는 서비스 구비, 심미적인 장식이 우수함, 다양한 음악 구비	4	Brady, Cornin, Jr.(2001), Reichheld, Schefter(2000), Srinivasan et al.(2002)
e-로열티	서비스 전환의향, 현재 서비스의 이용의 지속성, 현재 웹사이트의 만족, 이용 중인 사이트의 호감 정도	4	Grelmer(1995), PZB(1996), Srinivasan et al.(2002)
서치	정기적으로 경쟁사이트와 비교, 친구나 동료와 경쟁사이트에 대한 의견교환, 경쟁사이트의 지속적인 탐색, 평소 서치의 정도	4	Urbany et al.(1996), Srinivasan et al. (2002)
구전	타인에게 현재의 사이트 추천, 친구들에게 이용 권유, 지인들에게 추천	4	PZB(1996), Srinivasan et al.(2002), Armstrong, Hagel(1996)
지불의사	아이템 구입 여부, 재미있는 아이템 구입 여부, 유지비용 계속 지불 여부, 좋은 아이템을 친구(동료)에게 선물 예정	4	PZB(1996), Srinivasan et al.(2002), Urbany et al.(1996), Reichheld, Schefter(2000)

뢰도는 0.7을 기준으로 해서 볼 때 (Nunnally, 1978), '사용의 편리성'을 제외하고는 모두 0.7 이상을 보여 신뢰성에는 문제가 없는 것으로 나타났다. '사용의 편리성'을 설명하는 한 개의 변수 (v10, 웹사이트 이용의 편리성)를 제거한 다음 신뢰도 0.735를 확보할 수 있었다.

4.4 확인요인분석

탐색적인 요인분석을 실시한 다음, 요인별 확인분석을 실시하였다. 참고로 확인요인분석은 이론적인 지식이나 결과를 가지고 가설형식으로 모형화하고 행렬의 일부원소를 제약할 수 있어 탐색적인 요인분석과 차이를 보이고 있다. 확인요인분석(CFA : Confirmatory Factor Analysis)은 측정항목 간의 수렴 타당성과 판별타당성을 검증하는 데 주된 목적이 있다(Pedhazur, Schmelkin, 1991). 모형의 적합성 여부의 판정은 절대부합지수(AFM : Absolute Fit Measure), 증분적합지수(IFM : Increment Fit Measure), 간명부합지수(PFM : Parsimonious Fit Measure)를 이용한다. 본 연구에서는 확인요인분석에서는 세 가지 지수 중에서 모형 적합성 판단 여부 기준으로 가장 많이 사용되고 있는 지수를 사용하기로 한다. 예를 들어, GFI(Goodness-of-Fit Index; ≥0.90이 바람직함), AGFI(Adjusted Goodness-of-Fit Index; ≥0.85~0.90이 바람직함), NFI(Normed Fit Index ≥0.90이 바람직함), RMSR(Root Mean Square Residual; 0.90), χ^2(특정한 기준은 없고 작을수록 바람직함), χ^2에 대한 p값(≥0.05 이상) 등을 사용하기로 한다. 각 요인에 대한 확인요인분석의 결과는 〈표 8〉과 같다.

확인요인분석 결과, 고객서비스, 서비스구색, e-로열티, 서치, 구전 등의 요인은 카이자승의 확률치인 p값이 임계치에 미치지 못하나 다른 지수들에서는 문제가 없는 것으로 나타났다. 특히, 모든 요인에서 개념신뢰도(0.7 이상), 분산추출지수(AVE 0.5 이상)가 임계치 이상을

〈표 7〉 사각회전 및 신뢰성분석 결과

구성개념		항목수	사각회전결과 항목수	신뢰성분석 항목수	Cronbach's alpha	비고
미니홈피 서비스 품질	고객서비스	5	5	5	0.779	
	요구사항 이행	4	4	4	0.808	
	사용의 편리성	4	4	3	0.735	v10(웹사이트 이용의 편리성)제거
	서비스 구색	4	4	4	0.746	
e-로열티	e-로열티	4	4	4	0.817	
e-가치창출	서치	4	4	4	0.876	
	구전	4	4	4	0.888	
	지불의사	4	4	4	0.869	

〈표 8〉 각 요인별 확인분석 결과

구성개념	초기 항목수	최종 항목수	GFI	AGFI	NFI	RMSR	χ^2	d.f	p	개념 신뢰도*	AVE**	비고
고객서비스	5	5	0.962	0.887	0.941	0.04	13.109	5	0.022	0.983	0.921	
요구사항 이행	4	4	0.983	0.915	0.967	0.018	4.885	2	0.087	0.959	0.853	
사용의 편리성	3	3	1	-	1	-	-	-	-	0.950	0.868	포화모형임
서비스 구색	4	4	0.937	0.921	0.914	0.041	17.759	2	0.000	0.952	0.843	
e-로열티	4	4	0.976	0.880	0.957	0.029	7.057	2	0.029	0.976	0.914	
서치	4	4	0.943	0.913	0.955	0.032	14.7	2	0.001	0.847	0.590	
구전	4	4	0.917	0.902	0.933	0.032	22.659	2	0.000	0.986	0.947	
지불의사	4	4	0.999	0.994	0.999	0.005	0.309	2	0.857	0.886	0.d662	

$$* \text{ 개념신뢰도} = \frac{(\sum \text{표준적재치})^2}{[(\sum \text{표준적재치})^2 + (\text{측정변수의 오차합})]} = 0.7 \text{ 이상}$$

$$** \ AVE = \frac{(\sum \text{표준적재치})^2}{[(\sum \text{표준적재치}^2) + (\text{측정변수의 오차합})]} = 0.5 \text{ 이상}$$

보여 신뢰성과 수렴타당성은 확보되었다고 할 수 있다(Fornell, Larcker, 1981). 본 연구의 주된 목적인 구조방정식 모형을 구축하는 데 문제가 없다고 할 수 있다.

V. 결과분석

기존의 연구 문헌에 나와 있는 설문항목을 사용하여 설문지를 작성하였기 때문에 내용타당성은 충분히 갖추었다고 할 수 있다. 확인요인분석을 통해서 타당성 여부를 평가하였기 때문에 개념타당성 여부도 문제가 없다고 할 수 있다. 각 구성개념에 대한 상관성 및 방향성을 파악하기 위해서 상관분석을 실시하였다. 이것을 표로 나타내면 〈표 9〉와 같다.

〈표 9〉의 상관계수의 결과를 보면, 고객서비스, 요구사항 이행, 사용의 편리성, 서비스 구색은 α = 0.01 수준에서 e-로열티와 정의 상관관계가 있는 것으로 나타났다. e-로열티와 서치와의 상관계수는 −0.164로 $\alpha = 0.05$ 수준에서 음의 상관성 방향성을 보이고 있고 e-로열티와 구전, 지불의사 사이에는 $\alpha = 0.01$ 수준에서 양의 상관관계를 갖는 것으로 나타났다.

다음으로 타당성과 신뢰성 분석의 결과를 토대로 본 연구모형에서 요인별 인과관계 파악을 위해서 인과분석을 실시하기로 한다. 인과분석은 이론적인 배경하에서 원인과 결과로 판단되는 개념 사이의 관계를 분석하는 방법이라고 할 수 있다. 연구모형에 대한 구조방정식모형 분석결과 카이제곱은 60.711, 자유도=15, 카이자승의 확률치는 0.00, GFI = 0.904, AGFI = 0.769, NFI = 0.813, 그리고 RMR = 0.051 값을 보였다. 이러한 결과는 GFI를 제외하고 모형의 적합도를 판단하는 기준치에 미달하여 수정지수(MI : Modification Indicies)를 통해서 새로운 수정모형을 탐색하기로 하였다. 본 분석에서는 수정지수 $\alpha = 0.05$ 수준의 카이자승

〈표 9〉 각 연구 요인들 간의 상관관계 행렬

	1	2	3	4	5	6	7	8
1. 고객서비스								
2. 요구사항 이행	0.514**							
3. 사용의 편리성	0.335**	0.376*						
4. 서비스 구색	0.310**	0.312	0.561**					
5. e-로열티	0.435**	0.317**	0.264**	0.414**				
6. 서치	0.011	−0.105	−0.055	−0.164*	−0.164*			
7. 구전	0.362**	0.138	0.241**	0.370**	0.568**	0.109		
8. 지불의사	0.180**	−0.008	0.001	0.302**	0.454**	0.186*	0.429**	
평균	3.104	3.38	3.31	3.36	3.16	2.58	3.20	2.69
표준편차	0.556	0.606	0.682	0.661	0.696	0.853	0.717	0.871

(주) **는 $\alpha = 0.01$ 수준에서 유의함, *는 $\alpha = 0.05$ 수준에서 유의함을 나타냄.

분포에서 자유도 1의 감소에 따른 카이자승의 변화량 3.84를 기준으로 서비스 구색과 구전 간의 경로, 구전과 지불의사 사이에 유의한 경로임을 착안하여 각각의 경로를 연결하기로 한다.

Bentler, Bonett(1980)의 카이자승 차이검정에 의거 간명성이 약화되면서 높은 적합도를 가져오는지 여부를 판단하기로 한다. $\Delta\chi^2 = 12.514(60.711 - 48.197)$, $df = 2(15-13)$로 카이자승의 확률값은 0.002로 $\alpha = 0.05$보다 작기 때문에 수정모형을 채택할 수 있다. 수정모형의 구조방정식모형 분석결과, 카이제곱은 48.197, 자유도=13, 카이자승의 확률치는 0.00, GFI=0.928, AGFI= 0.814, NFI=0.854, 그리고 RMR=0.046을 보였다. 본 연구에서 고려하는 각 요인별 구조방정식모형 결과를 나타나면 다음과 같다.

분석결과를 살펴보면, 개인홈피의 서비스품질 요인인 고객서비스와 서비스 구색은 e-로열티에 긍정적인 영향을 미치나 요구사항 이행이나 사용의 편리성 여부는 통계적으로 유의하지 않음을 알 수 있다. 서비스 구색은 구전에도 유의한 영향을 미치는 것으로 확인되었다. 설문문항에 제시된 것처럼, 미니홈피 서비스 제공회사는 고객 로열티를 증가시키기 위해서 고객의 질문에 응대를 잘 해주고 고객에게 발생한 문제점을 이해하고 신속하면서 친절하게 해결해 주어야 할 것이다. 또한, 서비스 구색을 갖추기 위해서 서비스 패키지를 다양화하여야 하며, 심미적인 장식이나 다양한 음악파일을 준비하여야 할 것이다.

미니홈피 서비스를 제공하는 회사에 대한 e-로열티 증가는 다른 경쟁사이트에 대한 서치에는 음의 회귀계수(−0.202)를 보였다. 또한 e-로열티의 증가는 구전과 지불의사에는 각각 양의 효과를 보이는 것으로 분석되었다. 이러한 연구결과는 Srinivasan et al.(2002)의 연구결과와 유사한 결과를 보이는 것임을 알 수 있다. 본 연구에서 알 수 있는 것은 연구모형이 비교적 적합하고 경로 간에

〈표 10〉 구조방정식모형 수정모형 분석결과

가설	가설경로	경로계수	표준오차	t값	채택 여부
H1	고객서비스 → e-로열티	0.393	0.107	3.688	채택
H2	요구사항이행 → e-로열티	0.085	0.099	0.391	기각
H3	사용의 편리성 → e-로열티	−0.050	0.091	−0.545	기각
H4	서비스 구색 → e-로열티	0.338	0.092	3.668	채택
H5	e-로열티 → 서치	−0.202	0.102	−1.980	채택
H6	e-로열티 → 구전	0.586	0.071	8.201	채택
H7	e-로열티 → 지불의사	0.389	0.111	3.507	채택
H8	서비스구색 → 구전	0.177	0.081	2.174	신규가설
H9	구전 → 지불의사	0.306	0.108	2.844	신규가설

(주) t>1.96 경우에 유의함을 나타냄.

〈그림 2〉 수정모형

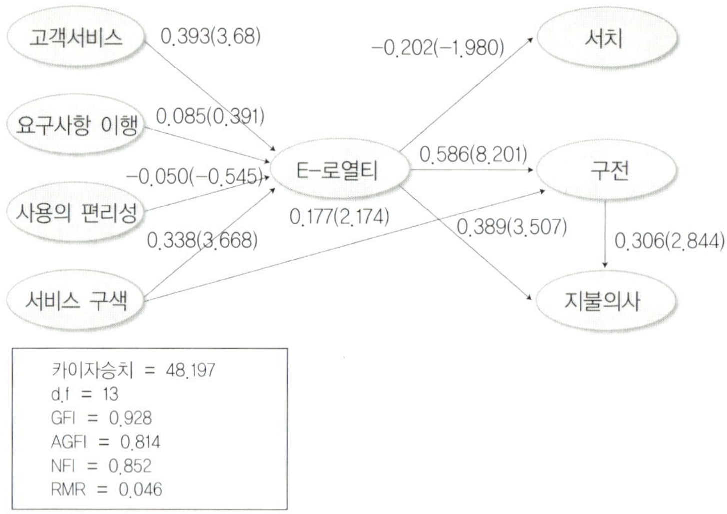

유의성이 존재하기 때문에 로열티와 구전은 부분적으로 매개요인 역할을 하는 것으로 나타났다. 특히, 서비스구색은 구전에 유의한 영향을 미치고 다시 구전은 지불의사에도 유의한 영향을 주는 것을 확인할 수 있었다.

본 연구에서 살펴본 결과, 고객들은 홈페이지를 장식하거나 친구들에게 아이템을 선물하는데 한달 평균 1,447원을 지출하는 것으로 나타났다(본 연구의 설문결과). 또한 새롭게 발견한 서비스 구색과 구전 간의 경로, 구전과 지불의사 경로 사이에는 양의 효과가 있음을 통계적으로 확인하였다.

Ⅵ. 결론 및 연구의 한계점

인터넷 커뮤니티는 공동의 관심집단의 사람들이 공동의 관심사를 공유하고 관계를 형성하는 망을 의미한다. 인터넷 커뮤니티에 대한 고객의 관심과 정교한 미니홈피의 비즈니스모형의 맞물림은 커뮤니티 서비스시장의 활성화를 가져오고 있다. 인터넷 커뮤니티 서비스를 제공해 주는 업체들은 낮은 비용으로 고객 관련 데이터베이스를 확보할 수 있을 뿐만 아니라 고객 데이터베이스를 효과적으로 이용하여 고객과의 상호관계를 원활하게 유지할 수 있게 된다. 이를 통해서 고객과의 관계를 지속적으로 유지시킬 수 있다.

본 연구에서는 서비스품질 강화를 통한 e-커뮤니티 관리가 e-가치창출에 미치는 효과에 대하여 알아보았다. 분석결과, 개인홈피의 서비스품질 요인인 고객서비스와 서비스 구색이 e-로열티에 긍정적인 영향을 미치는 것을 알 수 있었다. e-로열티 정도가 높을수록 다른 경쟁 사이트를 서치할 의사는 낮은 것으로 나타났다. 또한, e-로열티 정도가 높으면 구전과 지불의사에는 긍정적인 영향을 미치는 것을 확인하였다. 앞에서 밝힌 것처럼, 로열티와 구전은 부분적으로 매개요인 역할을 하는 것으로 나타났다. 특히, e-로열티를 통해서 강화된 구전은 지불의사를 더욱 공고히 하는 수단임을 알 수 있다.

다음은 인터넷 커뮤니티 서비스를 제공하는 회사가 e-가치창출을 위한 몇 가지 전략에 관한 것이다. 첫째, 관련업계에서는 고객지향적인 서비스제공을 위해서 노력하여야 한다. 본 연구결과에서 나타난 바와 같이 고객서비스는 미니홈피의 로열티를 증대시키고 성과요인인 구전과 지불의사에 유의한 영향을 미친다는 사실을 인지할 필요가 있다. 디지털 기술의 진보로 인해 변화하고 있는 고객욕구를 충족시키기 위해서 기업은 고객의 질문에 대한 신속한 응대, 고객관련 발생문제에 대한 적절한 대응, 적극적인 서비스 자세가 요구된다.

둘째, 각종 미니홈피의 서비스 구색을 갖춰 놓고 고객의 참여도를 높여 미니홈피의 로열티를 높일 수 있도록 해야 한다. 인터넷과 IT기술의 발달은 자신의 홈페이지에 사진, 동영상, 음악 등과 같은 콘텐츠를 자신이 직접 생산과 저장을 하여 공유하고 싶은 욕구를 더욱 자극하고 있다. 미니홈피 서비스를 제공하는 회사는 일반 고객들이 쉽게 미니홈피를 제작할 수 있도록 하여야 한다. 또한 미니홈피와 관련된 서비스 패키지인 음악, 사진 업로드, 동영상 제작 등의 구색을 다양화하고 심미적인 장식요소를 갖추도록 노력하여야 한다.

셋째, 지속적인 고객가치 혁신으로 새로운 사업 아이디어를 확보하여야 한다. 이를 통해서 기업은 수익기반의 커뮤니티 사이트를 유지할 수 있다. 온라인과 오프라인의 욕구를 지속적으로 파악하고 고객의 상이한 요구를 맞춤형으로 서비스를 제공하려고 노력하여야 한다. 적극적인 커뮤니티 활동을 활발하게 전개하고 있는 개인, 동호회, 단체를 선별하여 인센티브제를 실시하여야 할 것이다. 예를 들어, 마일리지 보너스를 높여준다거나 아이템을 구매할 수 있는 경품권 지급 등 각종 인센티브 제도를 실시해야 할 것이다. 또한 온라인상에서 한정된 서비스가 아닌 오프라인상에서도 서로의 관심사를 공유할 수 있는 장을 자연스럽게 만들어 주고 커뮤니티 회원의 욕구를 끊임없이 탐색하여야 한다. 지속적인 커뮤니티의 관리는 계속적으로 변하는 커뮤니티 서비스 모형개발에 도움을 줄 것이다.

넷째, 커뮤니티 서비스는 지식이나 정보를 더욱 개방화시키고 있는 장점이 있는 반면에 사생활 침해 논란이 지속되고 있는 것도 사실이다. 본 연구의 개방형 설문결과를 보면, 미니홈피를 적극적으로 사용하지 않는 일부 이유가 사생활의 노출에 대한 우려, 즉 미니홈피에 올린 글이나 사진이 타인의 미니홈피에 쉽게 옮겨지기 때문인 것으로 나타났다. 이러한 문제점을 해결하기 위해 커뮤니티 서비스 사업자의 노력도 요구되고 커뮤니티 서비스상에서 글이나 각종 정보를 악의적으로 이용하지 않으려는 개인 사용자의 자율적인 규제윤리도 절실히 요구된다고 하겠다.

본 연구는 미니홈피나 블로그를 사용하는 국한된 표본조사를 통해서 통계분석이 이루어져 미니홈피 전반에 대하여 일반화하기에는 다소 무리가 있다고 할 수 있다. 또한, 표본추출방법을 편의추출에 의존하다보니 20대에 편중되어 대표성에 문제가 있을 수 있다. 또한 동일한 응답자가 연구모형의 모든 변수에 대해 인지한 값을 응답하기 때문에 나타나는 CMB(common method bias)가 발생할 수 있다는 점이다. 본 연구모형에 포함된 성과요인이 정량적인 요인을 고려하지 않고 정성적인 요인들만(서치, 구전, 지불의사) 사용하였다는 한계점이 있다. 향후에 이러한 문제에 대한 보완이 이루어진다면 커뮤니티 사이트 운영에 보다 실질적인 도움을 줄 수 있을 것이다.

참고문헌

윤석철(2001), **경영학의 진리체계**, 경문사.

Anderson, E. W., Fornell, C.(1994), A customer satisfaction research prospectus, Sage Publications, pp.241-268.

Armstrong, A., Hagel, J., III(1996), "The real value of online communities," Harvard Business Review, May-June.

Barabasi, A. L.(2002), Linked: The new science of networks, Perseus Publishing.

Bentler, P. M., Bonett, D. G.(1980), Significance tests and goodness of fit in the analysis of covariance structure, Psychological Bulltein, 88, pp.588-606.

Brady, M. K., Cronin Jr., J. J.(2001), "Some new thoughts on conceptualizing perceived service quality: A hierarchical approach," Journal of Marketing, Vol. 65, July, pp. 34-49.

Business Week-Harris Poll(1997), Whocs doing what on-line? April, 24.

Cameron, M.(1999), "Content that works on the web," Target Marketing, 1(November), pp. 22-58.

Churchill, G. A. Jr.(1979), "A paradigm for developing better measures of marketing constructs," Journal of Marketing, 60 (January), pp.64-73.

Cornin, J. J., Taylor, S. A.(1992), "Measuring service quality: A reexamination and extension," Journal of Marketing, 56(July), pp.55-68.

Crosby, P. B(1979), Quality is free: The art of

making quality certain, New York: New American Library.

Davis, F. D., Bagozzi, R. P., Warshaw, P. R. (1989), User acceptance of computer technology: a comparison of two theoretical models, Management Science, Vol. 35, No. 8, pp.982-1003.

Dyke, T.P.V., Kappelman, L. A., Prybutok, V.R. (1997), "Measuring information system service quality: Concerns on the use of the SERVQUAL questionnaire," MIS Quaterly, June, pp.195-208.

Figallo, C.(1998), Hosting web communities: building relationships, increasing customer loyalty, and maintaining a competitive edge, Chicester, UK: Wiley.

Fitzsimmons, J. A., Fitzsimmons, M. J.(2001), Service management, McGRAW-Hill Edition.

Fornell, C., Larcker, D. F.(1981), Evaluating structural equation models with unobservable variables and measurement error, Journal of Marketing Research, 18(1), pp. 39-50.

Frank, M.(1997), "The realities of web-based electronic commerce," Strategy and Leadership, pp.30-32.

Garvin, D. A.(1988), Managing Quality: The strategic and competitive and competitive Edge, New York: Free Press.

Gerbing, D. W., Anderson, J. C.(1988), "An updated paradigm for scale development incorporating unidimensionality and its assessment, Journal of Marketing Research, 25(May), pp.186-192.

Grant, W. H. Alan, Schlesinger, L. A.(1995), "Realize your customers full profit potential," Harvard Business Review, September-October, pp.59-72.

Grőnroos, C.(1984), "A service quality model and Its marketing implications," European Journal of Marketing, Vol. 18, No. 4, pp. 36-44.

Heskett J. L., Sasser, Jr., W. E., Schlesinger, L. A(1997), The service profit chain, The Free Press, New York, p.101.

Kalakota, R., Robinson, M.(2001), E-Business 2.0: Roadmap for Success, Reading, MA: Addision-Wesely.

Keeney, R. L.(1999), "The value of internet commerce to the customer," Management Science, Vol. 45, No. 4, April, pp.533-542.

Kettinger, W. J., Lee, C. C.(1997), "Pragmatic perspectives on the measurement of Information Systems Service Quality," MIS Quarterly, June, pp.223-240.

Laudon, K. C., Traver, C. G.(2002), E-Commerce, Addison Wesley.

McWilliam, G.(2000), "Building stronger brands through online communities," Sloan Managemenet Review.

Nunnally, J. C.(1978), Psychometric Theory, McGraw- Hill, New York, NY.

Oliva, R.(1998), "Playing the web wild card," Marketing Management, 7(Spring), pp.51-52.

Oliver, R. L.(1980), "A cognitive model of the antecedents and consequences of satisfaction decision," Journal of Marketing, Vol. 17, pp.460-469.

Parasuraman, A, Zeithaml, V. A. and Berry, L. L.(1988), "SERVQUAL: A multiple item scale for measuring consumer perceptions of service quality," Journal of Retailing, Vol. 64, No. 1, pp.12-44.

Parasuraman, A, Zeithaml, V. A. and Berry, L. L.(1991), "Understanding customer expectations of service," Sloan Management Review, Spring, p.44.

Parasuraman, A, Zeithaml, V. A. and Berry, L. L.(1996), "The behavioral consequences of service quality," Journal of Marketing, 60 (April), pp.31-46.

Pedhazur, E. J., Schmelkin, L. P.(1991), Measurement, design, and analysis: An integrated approach, Earlbaum, Hillsdale, NJ.

Peter, J. P, Churchill, Jr. G. A., Brown, T. J.(1993), "Caution in the use of difference store in consumer research," Journal of Consumer Research, Vol. 19, March, pp. 655-662.

Prahalad, C. K., Ramaswamy, V.(2000), Co-opting customer competence, Harvard Business Review, 78(1), pp.79-87.

Rayport, J. F., Sviokla, J. J.(1994), Managing in the marketspace, Harvard Business Review, 72, November-December, pp.141-150.

Reichheld, F. F., Schefter, P.(2000), "E-Loyalty: Your secret weapon on the web," Harvard Business Review, July-August, pp.105-113.

Reichheld, F., Sasser, Jr. W. E.(1990), "Zero defections: quality comes to services," Harvard Business Review, 68(September-October), pp.105-111.

Schaffer, E.(2000), A better way for web design, Information Week, 784(May 1), p.194.

Sinioukov, T.(1999), Mastering the web by the book, BookTech the Magzine, 2 March, pp.50-54.

Smith, Houston, R. A., Houston, M. J.(1982), Script- Based Evaluations of Satisfaction Swith Services, in Emerging Perspectives on Service Marketing, pp.59-62.

Srinivasan, S. S., Anderson, R., Ponnavolu, K. (2002), "Customer loyalty in e-commerce: an exploration of its antecedents and consequences," Journal of Retailing 78, pp. 41-50.

Urbany, J. E., Kalapurakal, R., Dickson, P. (1996), "Price search in the retail grocery market," Journal of Marketing, 60(April), pp.91-105.

Watson, R. T., Pitt, L. F., Kavan, C. B.(1998), "Measuring information systems Service Quality: Lessons From Tow Longitudinal Case Studies," MIS Quarterly, June, pp. 61-79.

Zemke, R., Connellan, T.(2001), e-Service, AMACOM.

Virtural Internet Community Service and e-Value Creation: Using Structural Equation Modeling

Gyesoo Kim*

Abstract

The Internet is an extremely important new technology. The Internet has the potential to influential all aspects of buying and selling. It not only provides business with a new environment for commercial activity, but also facilitates exchange activities in traditional marketplaces.

A company's value proposition is at the very heart of its business model. A value proposition defines how a company's product or service fulfills the needs of customers. To make the potential a reality, business must focus on the values of their customers.

This thesis develop a model of the source of value creation in mini homepage. A business model depicts the design of transaction content, structure, and governance so as to create value through the exploitation of business opportunities. The values of prospective customers are a key element in essentially all the major decisions facing any organization involved in or considering being involved in Internet commerce.

There are many e-commerce business models, and more are being invented every day. In Korea, Now Mini homepage including blog site is a fad for business companies to create their own blog sites on Mini homepage to boost corporate image and promote products.

In this research, I provide conceptual frameworks for advancing research and practice in virtual internet community. Developing conceptual frameworks is an important first step in the gradual process of theory building and theory testing. This research model extends concept of Service Profit Chains, BAI(Belief-Attitude-Intention) model, and SERVQUAL model.

* Dept. of Business Administration, Semyung University.

Questionnaire was developed, and data was collected and analyzed for this study. The analysis was conducted using SEM(structural equation modeling) technique by examining research model. Results show that customer service and service assortment are important drivers in mini homepage's service qualities. e-loyalty is significantly negative related to search intention. e-loyalty is significantly influence on click of mouth and intention of payment. In addition, e-loyalty and click of mouth were partial mediators between the e-loyalty and e-value creation. Overall, the results of this study may help explain the mixed effectiveness of e-loyalty program.

Manager must recognize that e-loyalty management can have a positive impact on e-value creation and create differential CRM program that develop and enhance affective commitment may achieve value creation. The task facing practitioners is to understand the mini homepage perspective and consumer behaviors. E-service provider must use the customer's loyalty program a number of means of creating a customer profile of consumer preference so she/he is in a position to better tailor a service experience which meets consumer needs and wants.

There are several limitations of this study. The first is the cross-sectional design employed. To provide stronger inference, the model developed and tested could benefit from being tested in a longitudinal research design. Second, the sample was so small that it is difficult to generalize the research result.

Key words : Value Creation, E-loyalty, SEM(structural equation modeling), Click of mouth

부록 Appendix

통계도표

1. 표준정규분포표
2. t 분포표
3. χ^2 분포표
4. F 분포표

1. 표준정규분포표

이 표는 Z=0에서 Z값까지의 면적을 나타낸다. 예를 들어 Z=1.25일 때 0 ~1.25 사이의 면적은 0.395이다.

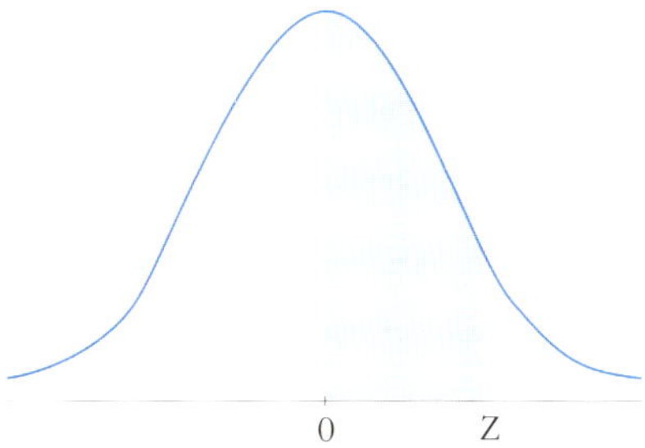

Z	.00	.01	.02	.03	.04	.05	.06	.07	08	.09
0.0	.0000	.0040	.0080	.012	.0160	.0199	.0239	.0279	.0319	.0359
0.1	.0398	.0438	0.478	0.517	0.557	0.596	0.636	.0675	.0714	.0753
0.2	.0793	.0832	.0871	.0910	.0948	.0987	.1026	.1064	.1103	.1141
0.3	.1179	.1217	.1255	.1293	.1331	.1368	.1406	.1443	.1480	.1517
0.4	.1554	.1591	.1628	.1664	.1700	.1736	.1772	.1808	.1844	.1879
0.5	.1915	.1950	.1985	2019	2054	.2088	.2123	.2157	.2190	.2224
0.6	.2257	.2291	.2324	.2357	.2389	.2422	.2454	.2486	.2517	.2549
0.7	.2580	.2611	.2642	.2673	.2704	.2734	.2764	.2794	.2823	.2852
0.8	.2881	.2910	.2939	.2967	.2995	.3023	.3051	.3078	.3106	.3133
0.9	.3159	.3186	.3212	.3238	.3264	.3289	.3315	.3340	.3365	.3389
1.0	.3413	.3438	.3461	.3485	.3508	.3531	.3554	.3577	.3599	.3621
1.1	.3643	.3665	.3686	.3708	.3279	.3749	.3770	.3790	.3810	.3830
1.2	.3849	.3869	.3888	.3907	.3925	.3944	.3962	.3980	.3997	.4015
1.3	.4032	.4049	.4066	.4082	.4099	.4115	.4131	.4147	.4162	.4177
1.4	.4192	.4207	.4222	.4236	.4251	.4265	.4279	.4292	.4306	.4319
1.5	.4332	.4345	.4357	.4370	.7382	.4394	.4406	.4418	.4429	.4441
1.6	.4452	.4463	.4474	.4484	.4495	.4505	.4515	.4525	.4535	.4545
1.7	.4554	.4564	.4573	.4582	.4591	.4599	.4608	.4616	.4625	.4633
1.8	.4641	.4649	.4656	.4664	.4671	.4678	.4686	.4693	.4699	.4706
1.9	.4713	.4719	.4726	.4732	.4738	.4744	.4750	.4756	.4761	.4767
2.0	.4772	.4778	.4783	.4788	.4793	.4798	.4803	.4808	.4812	.4817
2.1	.4821	.4826	.4830	.4834	.4838	.4842	.4846	.4850	.4856	.4857
2.2	.4861	.4864	.4868	.4871	.4875	.4878	.4881	.4884	.4887	.4890
2.3	.4893	.4896	.4898	.4901	.4904	.4906	.4909	.4911	.4913	.4916
2.4	.4918	.4920	.4922	.4925	.4927	.4929	.4931	.4932	.4934	.4936
2.5	.4938	.4940	.4941	.4943	.4945	.4946	.4948	.4949	.4951	.4952
2.6	.4953	.4955	.4956	.4957	.4959	.4960	.4961	.4962	.4963	.4964
2.7	.4965	.4966	.4967	.4968	.4969	.4970	.4971	.4972	.4973	.4974
2.8	.4974	.4975	.4976	.4977	.4977	.4978	.4979	.4979	.4980	.4981
2.9	.4981	.4982	.4982	.4983	.4984	.4984	.4985	.4985	.4986	.4986
3.0	.4987	.4987	.4987	.4988	.4988	.4989	.4989	.4989	.4990	.4990

2. t 분포표

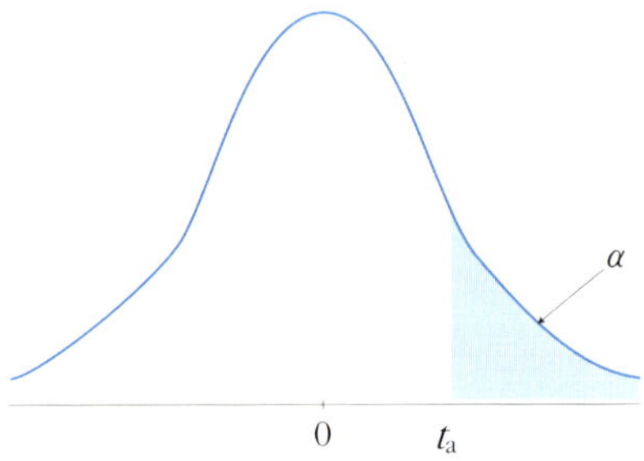

df	$t_{.025}$	$t_{.100}$	$t_{.050}$	$t_{.025}$	$t_{.010}$	$t_{.005}$
1	1.000	3.078	6.314	12.706	31.821	63.657
2	0.816	1.886	2.920	4.303	6.965	9.925
3	0.745	1.638	2.353	3.182	4.541	5.841
4	0.741	1.533	2.132	2.776	3.747	4.604
5	0.727	1.476	2.015	2.571	3.365	4.032
6	0.718	1.440	1.943	2.447	3.143	3.707
7	0.711	1.415	1.895	2.365	2.998	3.499
8	0.706	1.397	1.860	2.306	2.896	3.355
9	0.703	1.383	1.833	2.262	2.821	3.250
10	0.700	1.372	1.812	2.228	2.876	3.169
11	0.697	1.363	1.796	2.201	2.718	3.106
12	0.695	1.356	1.782	2.179	2.681	3.055
13	0.694	1.350	1.771	2.160	2.650	3.012
14	0.692	1.345	1.761	2.145	2.624	2.977
15	0.691	1.341	1.753	2.131	2.602	2.947
16	0.690	1.337	1.746	2.120	2.583	2.921
17	0.689	1.333	1.740	2.110	2.567	2.898
18	0.688	1.330	1.734	2.101	2.552	2.878
19	0.688	1.328	1.729	2.093	2.539	2.861
20	0.687	1.325	1.725	2.086	2.528	2.845
21	0.686	1.323	1.721	2.080	2.518	2.831
22	0.686	1.321	1.717	2.074	2.508	2.819
23	0.685	1.319	1.714	2.069	2.500	2.807
24	0.685	1.318	1.711	2.064	2.492	2.797
25	0.684	1.316	1.708	2.060	2.485	2.787
26	0.684	1.315	1.706	2.056	2.479	2.779
27	0684	1.314	1.703	2.052	2.473	2.771
28	0.683	1.313	1.701	2.048	2.467	2.763
29	0.683	1.311	1.699	2.045	2.464	2.756
30	0.683	1.310	1.697	2.042	2.457	2.750
40	0.681	1.303	1.684	2.021	2.423	2.704
60	0.697	1.296	1.671	2.000	2.390	2.660
120	0.677	1.289	1.658	1.980	2.358	2.617
∞	0.674	1.282	1.645	1.960	2.326	2.576

(계속)

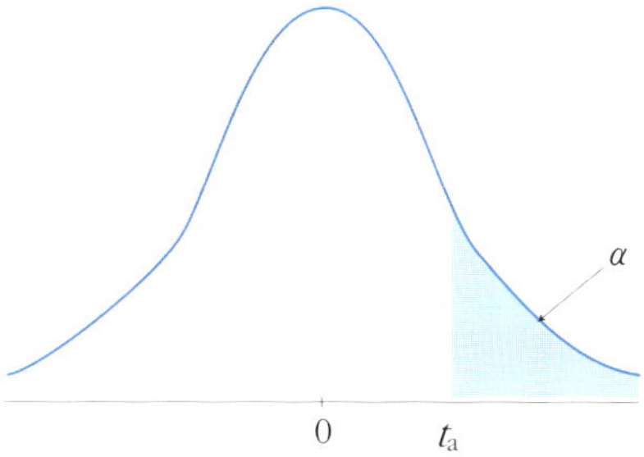

df	$t_{0.0025}$	$t_{0.001}$	$t_{0.0005}$	$t_{0.00025}$	$t_{0.0001}$	$t_{0.00005}$	$t_{0.00005}$	$t_{0.00001}$
1	127.321	318.309	636.919	1,273.239	3,183.099	6,366.198	12,732.395	31,380.989
2	14.089	22.327	31.598	44.705	70.700	99.950	141.416	223.603
3	7.453	10.214	12.924	16.326	22.204	28.000	35.298	47.928
4	5.598	7.173	8.610	10.306	13.034	15.544	18.522	23.332
5	4.773	5.893	6.869	7.976	9.678	11.178	12.893	15.547
6	4.317	5.208	5.959	6.788	8.025	9.082	10.261	12.032
7	4.029	4.785	5.408	6.082	7.063	7.885	8.782	10.103
8	3.833	4.501	5.041	5.618	6.442	7.120	7.851	8.907
9	3.690	4.297	4.781	5.291	6.010	6.594	7.215	8.102
10	3.581	4.144	4.587	5.049	5.694	6.211	6.757	7.527
11	3.497	4.025	4.437	4.863	5.453	5.921	6.412	7.098
12	3.428	3.930	4.318	4.716	5.263	5.694	6.143	6.756
13	3.372	3.852	4.221	4.597	5.111	5.513	5.928	6.501
14	3.326	3.787	4.140	4.499	4.985	5.363	5.753	6.287
15	3.286	3.733	4.073	4.417	4.880	5.239	5.607	6.109
16	3.252	3.686	4.015	4.346	4.791	5.134	5.484	5.960
17	3.223	3.646	3.965	4.286	4.714	5.044	5.379	5.832
18	3.197	3.610	3.922	4.233	4.648	4.966	5.288	5.722
19	3.174	3.579	3.883	4.187	4.590	4.897	5.209	5.627
20	3.153	3.552	3.850	4.146	4.539	4.837	5.139	5.543
21	3.135	3.527	3.819	4.110	4.493	4.784	5.077	5.469
22	3.119	3.505	3.792	4.077	4.452	4.736	5.022	5.402
23	3.104	3.485	3.768	4.048	4.415	4.693	4.992	5.343
24	3.090	3.467	3.745	4.021	4.382	4.654	4.927	5.290
25	3.078	3.450	3.725	3.997	4.352	4.619	4.887	5.241
26	3.067	3.435	3.707	3.974	4.324	4.587	4.850	5.197
27	3.057	3.421	3.690	3.954	4.299	4.558	4.816	5.157
28	3.047	3.408	3.674	3.935	4.275	4.530	4.784	5.120
29	3.038	3.396	3.659	3.918	4.254	4.506	4.756	5.086
30	3.030	3.385	3.646	3.902	4.234	4.482	4.729	5.054
40	2.971	3.307	3.551	3.788	4.094	4.321	4.544	4.835
60	2.915	3.232	3.460	3.681	3.962	4.169	4.370	4.631
100	2.871	3.174	3.390	3.598	3.862	4.053	4.240	4.478
∞	2.807	3.090	3.291	3.481	3.719	3.891	4.056	4.265

3. χ^2분포표

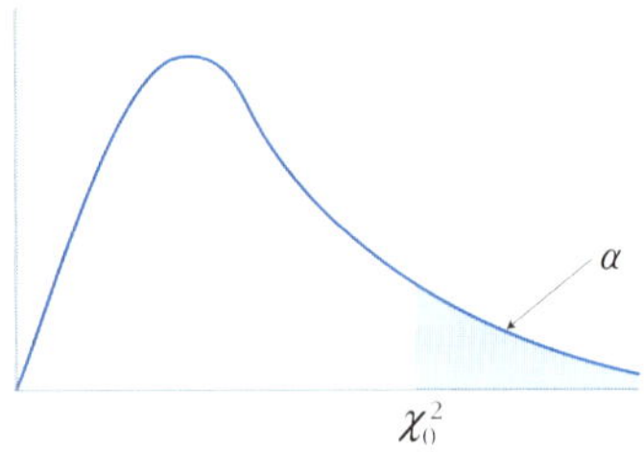

df	$\chi_{0.990}$	$\chi_{0.975}$	$\chi_{0.950}$	$\chi_{0.900}$	$\chi_{0.500}$	$\chi_{0.100}$	$\chi_{0.050}$	$\chi_{0.025}$	$\chi_{0.010}$	$\chi_{0.005}$
1	0.0002	0.0001	0.004	0.02	0.45	2.71	3.84	5.02	6.63	7.88
2	0.02	0.05	0.10	0.21	1.39	4.61	5.99	7.38	9.21	10.60
3	0.11	0.22	0.35	0.58	2.37	6.25	7.81	9.35	11.34	12.84
4	0.30	0.48	0.71	1.06	3.36	7.78	9.49	11.14	13.28	14.86
5	0.55	0.83	1.15	1.61	4.35	9.24	11.07	12.83	15.09	16.75
6	0.87	1.24	1.64	2.20	5.35	10.64	12.59	14.45	16.81	18.55
7	1.24	1.69	2.17	2.83	6.35	12.02	14.07	16.01	18.48	20.28
8	1.65	2.18	2.73	3.49	7.34	13.36	15.51	17.53	20.09	21.95
9	2.09	2.70	3.33	4.17	8.34	14.68	16.92	19.02	21.67	23.59
10	2.56	3.25	3.94	4.87	9.34	15.99	18.31	20.48	23.21	25.19
11	3.05	3.82	4.57	5.58	10.34	17.28	19.68	21.92	24.72	26.76
12	3.57	4.40	5.23	6.30	11.34	18.55	21.03	23.34	26.22	28.30
13	4.11	5.01	5.89	7.04	12.34	19.81	22.36	24.74	27.69	29.82
14	4.66	5.63	6.57	7.79	13.34	21.06	23.68	26.12	29.14	31.32
15	5.23	6.26	7.26	8.55	14.34	22.31	25.00	27.49	30.58	32.80
16	5.81	6.91	7.96	9.31	15.34	23.54	26.30	28.85	32.00	34.27
17	6.41	7.56	8.67	10.09	16.34	24.77	27.59	30.19	33.41	35.72
18	7.01	8.23	9.39	10.86	17.34	25.99	28.87	31.53	34.81	37.16
19	7.63	8.91	10.12	11.65	18.34	27.20	30.14	32.85	36.19	38.58
20	8.26	9.59	10.85	12.44	19.34	28.41	31.14	34.17	37.57	40.00
21	8.90	10.28	11.59	13.24	20.34	29.62	32.67	35.48	38.93	41.40
22	9.54	10.98	12.34	14.04	21.34	30.81	33.92	36.78	40.29	42.80
23	10.20	11.69	13.09	14.85	22.34	32.01	35.17	38.08	41.64	44.18
24	10.86	12.40	13.85	15.66	23.34	33.20	36.74	39.36	42.98	45.56
25	11.52	13.12	14.61	16.47	24.34	34.38	37.92	40.65	44.31	46.93
26	12.20	13.84	15.38	17.29	25.34	35.56	38.89	41.92	45.64	48.29
27	12.83	14.57	16.15	18.11	26.34	36.74	40.11	43.19	46.96	49.64
28	13.56	15.31	16.93	18.94	27.34	37.92	41.34	44.46	48.28	50.99
29	14.26	16.05	17.71	19.77	28.34	39.09	42.56	45.72	49.59	52.34
30	14.95	16.79	18.49	20.60	29.34	40.26	43.77	46.98	50.89	53.67
40	22.16	24.43	26.51	29.05	39.34	51.81	55.76	59.34	63.69	66.77
50	29.71	32.36	34.76	37.69	49.33	63.17	67.50	71.42	76.15	79.49
60	37.48	40.48	43.19	46.46	59.33	74.40	79.08	83.30	88.38	91.95
70	45.44	48.76	51.74	55.33	69.33	85.53	90.53	95.02	100.43	104.21
80	53.54	57.15	60.39	64.28	79.33	96.58	101.88	106.63	112.33	116.32
90	61.75	65.65	69.13	73.29	89.33	107.57	113.15	118.14	124.12	128.30
100	70.06	74.22	77.93	82.36	99.33	118.50	124.34	129.56	135.81	140.17

4. F 분포표

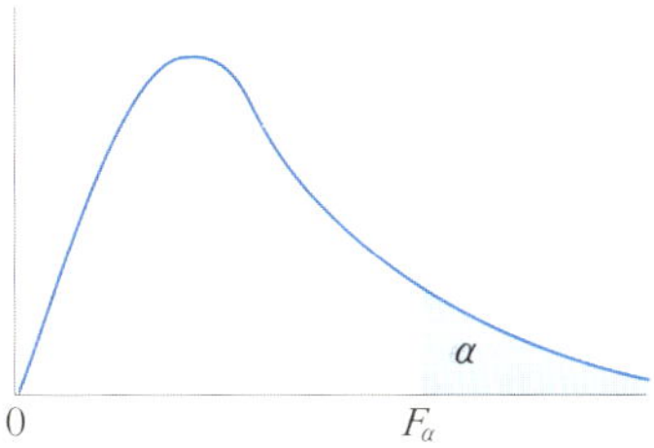

$\alpha = 0.01$

df	1	2	3	4	5	6	7	8	9
1	4052.0	4999.0	5403.0	5625.0	5764.0	5859.0	5928.0	5982.0	5022.0
2	98.50	99.00	99.17	99.25	99.30	99.33	99.36	99.37	99.39
3	34.12	30.82	29.46	28.71	28.24	27.91	27.67	27.49	27.34
4	21.20	18.00	16.69	15.98	15.52	15.21	14.98	14.80	14.66
5	16.26	13.27	12.06	11.39	10.97	10.67	10.46	10.29	10.16
6	13.74	10.92	9.78	9.15	8.75	8.47	8.26	8.10	7.98
7	12.25	9.55	8.45	7.85	7.46	7.19	6.99	6.84	6.72
8	11.26	8.65	7.59	7.01	6.63	6.37	6.18	6.03	5.91
9	10.56	8.02	6.99	6.42	6.06	5.80	5.61	5.47	5.35
10	10.04	7.56	6.55	5.99	5.64	5.39	5.20	5.06	4.94
11	9.65	7.21	6.22	5.67	5.32	5.07	4.89	4.74	4.63
12	9.33	6.93	5.95	5.41	5.06	4.82	4.64	4.50	4.39
13	9.07	6.70	5.74	5.21	4.86	4.62	4.44	4.30	4.19
14	8.86	6.51	5.56	5.04	4.69	4.46	4.28	4.14	4.03
15	8.68	6.36	5.42	4.89	4.56	4.32	4.14	4.00	3.89
16	8.53	6.23	5.29	4.77	4.44	4.20	4.03	3.89	3.78
17	8.40	6.11	5.18	4.67	4.34	4.10	3.93	3.79	3.68
18	8.29	6.01	5.09	4.58	4.25	4.01	3.84	3.71	3.60
19	8.18	5.93	5.01	4.50	4.17	3.94	3.77	3.63	3.52
20	8.10	5.85	4.94	4.43	4.10	3.87	3.70	3.56	3.46
21	8.02	5.78	4.87	4.37	4.04	3.81	3.64	3.51	3.40
22	7.95	5.72	4.82	4.31	3.99	3.76	3.59	3.45	3.35
23	7.88	5.66	4.76	4.26	3.94	3.71	3.54	3.41	3.30
24	7.82	5.61	4.72	4.22	3.90	3.67	3.50	3.36	3.26
25	7.77	5.57	4.68	4.18	3.85	3.63	3.46	3.32	3.22
26	7.72	5.53	4.64	4.14	3.82	3.59	3.42	3.29	3.18
27	7.68	5.49	4.60	4.11	3.78	3.56	3.39	3.26	3.15
28	7.64	5.45	4.57	4.07	3.75	3.53	3.36	3.23	3.12
29	7.60	5.42	4.54	4.04	3.73	3.50	3.33	3.20	3.09
30	7.56	5.39	4.51	4.02	3.70	3.47	3.30	3.17	3.07
40	7.31	5.18	4.31	3.83	3.51	3.29	3.12	2.99	2.89
60	7.08	4.98	4.13	3.65	3.34	3.12	2.95	2.82	2.72
120	6.85	4.79	3.95	3.48	3.17	2.96	2.79	2.66	2.56
∞	6.63	4.61	3.78	3.32	3.02	2.80	2.64	2.51	2.41

$\alpha = 0.01$

df	10	15	20	24	30	40	60	120	∞
1	6056.0	6157.0	6209.0	6235.0	6261.0	6387.0	6313.0	6339.0	6366.0
2	99.40	99.43	99.45	99.46	99.47	99.47	99.48	99.49	99.50
3	27.23	26.87	26.69	26.60	26.50	26.41	26.32	26.22	26.12
4	14.55	14.20	14.02	13.93	13.84	13.74	13.65	13.56	13.46
5	10.05	9.72	9.55	9.47	9.38	9.29	9.20	9.11	9.02
6	7.87	7.56	7.40	7.31	7.23	7.14	7.06	6.97	6.88
7	6.62	6.31	6.16	6.07	5.99	5.91	5.82	5.74	5.65
8	5.81	5.52	5.36	5.28	5.20	5.12	5.03	4.95	4.86
9	5.26	4.96	4.81	4.73	4.65	4.57	4.48	4.40	4.31
10	4.85	4.56	4.41	4.33	4.25	4.17	4.08	4.00	3.91
11	4.54	4.25	4.10	4.02	3.94	3.86	3.78	3.69	3.60
12	4.30	4.01	3.86	3.78	3.70	3.62	3.54	3.45	3.36
13	4.10	3.82	3.66	3.59	3.51	3.43	3.34	3.25	3.17
14	3.94	3.66	3.51	3.43	3.35	3.27	3.18	3.09	3.00
15	3.80	3.52	3.37	3.29	3.21	3.13	3.05	2.96	2.87
16	3.69	3.41	3.26	3.18	3.10	3.02	2.93	2.84	2.75
17	3.59	3.23	3.16	3.08	3.00	2.92	2.83	2.75	2.65
18	3.51	3.23	3.08	3.00	2.92	2.84	2.75	2.66	2.57
19	3.43	3.15	3.00	2.92	2.84	2.76	2.67	2.58	2.49
20	3.37	3.09	2.94	2.86	2.78	2.69	2.61	2.52	2.42
21	3.31	3.03	2.88	2.80	2.72	2.64	2.55	2.46	2.36
22	3.26	2.98	2.83	2.75	2.67	2.58	2.50	2.40	2.31
23	3.21	2.93	2.78	2.70	2.62	2.54	2.45	2.35	2.26
24	3.17	2.89	2.74	2.66	2.58	2.49	2.40	2.31	2.21
25	3.13	2.85	2.70	2.62	2.54	2.45	2.36	2.27	2.17
26	3.09	2.81	2.66	2.58	2.50	2.42	2.33	2.23	2.13
27	3.06	2.78	2.63	2.55	2.47	2.38	2.29	2.20	2.10
28	3.03	2.75	2.60	2.52	2.44	2.35	2.26	2.17	2.06
29	3.00	2.73	2.57	2.49	2.41	2.33	2.23	2.14	2.03
30	2.98	2.70	2.55	2.47	2.39	2.30	2.21	2.11	2.01
40	2.80	2.52	2.37	2.29	2.20	2.11	2.02	1.92	1.80
60	2.63	2.35	2.20	2.12	2.03	1.94	1.84	1.73	1.60
120	2.47	2.19	2.03	1.95	1.86	1.76	1.66	1.53	1.38
∞	2.32	2.04	1.88	1.79	1.70	1.59	1.47	1.32	1.00

$\alpha = 0.05$

df	1	2	3	4	5	6	7	8	9
1	161.45	199.50	215.71	224.58	230.16	233.99	236.77	238.88	240.54
2	18.51	19.00	19.16	19.25	19.30	19.33	19.35	19.37	19.38
3	10.13	9.55	9.28	9.12	9.01	8.94	8.89	8.85	8.81
4	7.71	6.94	6.59	6.39	6.26	6.16	6.09	6.04	6.00
5	6.61	5.79	5.41	5.19	5.05	4.95	4.88	4.82	4.77
6	5.99	5.14	4.76	4.53	4.39	4.28	4.21	4.15	4.10
7	5.59	4.74	4.35	4.12	3.97	3.87	3.79	3.73	3.68
8	5.32	4.46	4.07	3.84	3.69	3.58	3.50	3.44	3.39
9	5.12	4.26	3.86	3.63	3.48	3.37	3.29	3.23	3.18
10	4.96	4.10	3.71	3.48	3.33	3.22	3.14	3.07	3.02
11	4.84	3.98	3.59	3.36	3.20	3.09	3.01	2.95	2.90
12	4.75	3.89	3.49	3.26	3.11	3.00	2.91	2.85	2.80
13	4.67	3.81	3.41	3.18	3.03	2.92	2.83	2.77	2.71
14	4.60	3.74	3.34	3.11	2.96	2.85	2.76	2.70	2.65
15	4.54	3.68	3.29	3.06	2.90	2.79	2.71	2.64	2.59
16	4.49	3.63	3.24	3.01	2.85	2.74	2.66	2.59	2.54
17	4.45	3.59	3.20	2.96	2.81	2.70	2.61	2.55	2.49
18	4.41	3.52	3.16	2.93	2.77	2.66	2.58	2.51	2.46
19	4.38	3.52	3.13	2.90	2.74	2.63	2.54	2.48	2.42
20	4.35	3.49	3.10	2.87	2.71	2.60	2.51	2.45	2.39
21	4.32	3.47	3.07	2.84	2.68	2.57	2.49	2.42	2.37
22	4.30	3.44	3.05	2.82	2.66	2.55	2.46	2.40	2.34
23	4.28	3.42	3.03	2.80	2.64	2.53	2.44	2.37	2.32
24	4.26	3.40	3.01	2.78	2.62	2.51	2.42	2.36	2.30
25	4.24	3.39	2.99	2.76	2.60	2.49	2.40	2.34	2.28
26	4.23	3.37	2.98	2.74	2.59	2.47	2.39	2.32	2.27
27	4.21	3.35	2.96	2.73	2.57	2.46	2.37	2.31	2.25
28	4.20	3.34	2.95	2.71	2.56	2.45	2.36	2.29	2.24
29	4.18	3.33	2.93	2.70	2.55	2.43	2.35	2.28	2.22
30	4.17	3.32	2.92	2.69	2.53	2.42	2.33	2.27	2.21
40	4.08	3.23	2.84	2.61	2.45	2.34	2.25	2.18	2.12
60	4.00	3.15	2.76	2.53	2.37	2.25	2.17	2.10	2.04
120	3.92	3.07	2.68	2.45	2.29	2.17	2.09	2.02	1.96
∞	3.84	3.00	2.60	2.37	2.21	2.10	2.01	1.94	1.88

$\alpha = 0.05$

df	10	15	20	24	30	40	60	120	∞
1	241.88	245.95	248.01	249.05	250.09	251.14	252.20	253.25	254.32
2	19.40	19.43	19.45	19.45	19.46	19.47	19.48	19.49	19.50
3	8.76	8.70	8.66	8.64	8.62	8.59	8.57	8.55	8.53
4	5.96	5.86	5.80	5.77	5.75	5.72	5.69	5.66	5.63
5	4.74	4.62	4.56	4.53	4.50	4.46	4.43	4.40	4.36
6	4.06	3.94	3.87	3.84	3.81	3.77	3.74	3.70	3.67
7	3.64	3.51	3.44	3.41	3.38	3.34	3.30	3.27	3.23
8	3.35	3.22	3.15	3.12	3.08	3.04	3.01	2.97	2.93
9	3.14	3.01	2.94	2.90	2.86	2.83	2.79	2.75	2.71
10	2.98	2.84	2.77	2.74	2.70	2.66	2.62	2.58	2.54
11	2.85	2.72	2.65	2.61	2.57	2.53	2.49	2.45	2.40
12	2.75	2.62	2.54	2.51	2.47	2.43	2.38	2.34	2.30
13	2.67	2.53	2.46	2.42	2.38	2.34	2.30	2.25	2.21
14	2.60	2.46	2.39	2.35	2.31	2.27	2.22	2.18	2.13
15	2.54	2.40	2.33	2.29	2.25	2.20	2.16	2.11	2.07
16	2.49	2.35	2.28	2.24	2.19	2.15	2.11	2.06	2.01
17	2.45	2.31	2.23	2.19	2.15	2.10	2.06	2.01	1.96
18	2.41	2.27	2.19	2.15	2.11	2.06	2.02	1.97	1.92
19	2.38	2.23	2.16	2.11	2.07	2.03	1.98	1.93	1.88
20	2.35	2.20	2.12	2.08	2.04	1.99	1.95	1.90	1.84
21	2.32	2.18	2.10	2.05	2.01	1.96	1.92	1.87	1.81
22	2.30	2.15	2.07	2.03	1.98	1.94	1.89	1.84	1.78
23	2.27	2.13	2.05	2.00	1.96	1.91	1.86	1.81	1.76
24	2.25	2.11	2.03	1.98	1.94	1.89	1.84	1.79	1.73
25	2.24	2.09	2.01	1.96	1.92	1.87	1.82	1.77	1.71
26	2.22	2.07	1.99	1.95	1.90	1.85	1.80	1.75	1.69
27	2.20	2.06	1.97	1.93	1.88	1.84	1.79	1.73	1.67
28	2.19	2.04	1.96	1.91	1.87	1.82	1.77	1.71	1.65
29	2.18	2.03	1.94	1.90	1.85	1.81	1.75	1.70	1.64
30	2.16	2.01	1.93	1.89	1.84	1.79	1.74	1.68	1.62
40	2.08	1.92	1.84	1.79	1.74	1.69	1.64	1.58	1.51
60	1.99	1.84	1.75	1.70	1.65	1.59	1.53	1.47	1.39
120	1.91	1.75	1.66	1.61	1.55	1.50	1.43	1.35	1.25
∞	1.83	1.67	1.57	1.52	1.46	1.39	1.31	1.22	1.00

$\alpha = 0.10$

df	1	2	3	4	5	6	7	8	9
1	39.86	49.50	53.59	55.83	57.24	58.20	58.91	59.44	59.86
2	8.53	9.00	9.16	9.24	9.26	9.33	9.35	9.37	9.38
3	5.54	5.46	5.39	5.34	5.31	5.28	5.27	5.25	5.24
4	4.54	5.32	4.19	4.11	4.05	4.01	3.98	3.95	3.94
5	4.06	3.78	3.62	3.52	3.45	3.40	3.37	3.34	3.32
6	3.78	3.46	3.29	3.18	3.11	3.05	3.01	2.98	2.96
7	3.59	3.26	3.07	2.96	2.88	2.83	2.78	2.75	2.72
8	3.46	3.11	2.92	2.81	2.73	2.67	2.62	2.59	2.56
9	3.36	3.01	2.81	2.69	2.61	2.55	2.51	2.47	2.44
10	3.28	2.92	2.73	2.61	2.52	2.46	2.41	2.38	2.35
11	3.23	2.86	2.66	2.54	2.45	2.39	2.34	2.30	2.27
12	3.13	2.81	2.61	2.48	2.39	2.33	2.28	2.24	2.21
13	3.14	2.76	2.56	2.43	2.35	2.28	2.23	2.20	2.16
14	3.10	2.73	2.52	2.39	2.31	2.24	2.19	2.15	2.12
15	3.07	2.70	2.49	2.36	2.27	2.21	2.16	2.12	2.09
16	3.05	2.67	2.46	2.33	2.24	2.18	2.13	2.09	2.06
17	3.03	2.64	2.44	2.31	2.22	2.15	2.10	2.06	2.03
18	3.01	2.62	2.42	2.29	2.20	2.13	2.08	2.04	2.00
19	2.99	2.61	2.40	2.27	2.18	2.11	2.06	2.02	1.98
20	2.97	2.59	2.38	2.25	2.16	2.09	2.04	2.00	1.96
21	2.96	2.57	2.36	2.23	2.14	2.08	2.02	1.98	1.95
22	2.95	2.56	2.35	2.22	2.13	2.06	2.01	1.97	1.93
23	2.94	2.55	2.34	2.21	2.11	2.05	1.99	1.95	1.92
24	2.93	2.54	2.33	2.19	2.10	2.04	1.98	1.94	1.91
25	2.92	2.53	2.32	2.18	2.09	2.02	1.97	1.93	1.89
26	2.91	2.52	2.31	2.17	2.08	2.01	1.96	1.92	1.88
27	2.90	2.51	2.30	2.17	2.07	2.00	1.95	1.91	1.87
28	2.89	2.50	2.29	2.16	2.06	2.00	1.94	1.90	1.87
29	2.89	2.50	2.28	2.15	2.06	1.99	1.93	1.89	1.86
30	2.88	2.49	2.28	2.14	2.05	1.98	1.93	1.88	1.85
40	2.84	2.44	2.23	2.09	2.00	1.93	1.87	1.83	1.79
60	2.79	2.39	2.18	2.04	1.95	1.87	1.82	1.77	1.74
120	2.75	2.35	2.13	1.99	1.90	1.82	1.77	1.72	1.68
∞	2.71	2.30	2.08	1.94	1.85	1.77	1.72	1.67	1.63

$\alpha = 0.10$

df	10	12	15	20	24	30	40	60	120	∞
1	60.20	60.71	61.22	61.74	62.00	62.26	62.53	62.79	63.06	63.83
2	9.39	9.41	9.42	9.44	9.45	9.46	9.47	9.47	9.48	9.49
3	5.23	5.22	5.20	5.18	5.18	5.17	5.16	5.15	5.14	5.13
4	3.92	3.90	3.87	3.84	3.83	3.82	3.80	3.79	3.78	3.76
5	3.30	3.27	3.24	3.21	3.19	3.17	3.16	3.14	3.12	3.10
6	2.94	2.90	2.87	2.84	2.82	2.80	2.78	2.70	2.74	2.72
7	2.70	2.67	2.63	2.59	2.58	2.56	2.54	2.51	2.49	2.47
8	2.54	2.50	2.46	2.42	2.40	2.38	2.36	2.34	2.32	2.29
9	2.42	2.38	2.34	2.30	2.28	2.25	2.23	2.21	2.18	2.16
10	2.32	2.28	2.24	2.20	2.18	2.16	2.13	2.11	2.08	2.06
11	2.25	2.21	2.17	2.12	2.10	2.08	2.05	2.03	2.00	1.97
12	2.19	2.15	2.10	2.06	2.04	2.01	1.99	1.96	1.93	1.90
13	2.14	2.10	2.05	2.01	1.98	1.96	1.93	1.90	1.88	1.85
14	2.10	2.05	2.01	1.96	1.94	1.91	1.89	1.86	1.83	1.80
15	2.06	2.02	1.97	1.92	1.90	1.87	1.85	1.82	1.79	1.76
16	2.03	1.99	1.94	1.89	1.87	1.84	1.81	1.78	1.75	1.72
17	2.00	1.96	1.91	1.86	1.84	1.81	1.78	1.75	1.72	1.69
18	1.98	1.93	1.89	1.84	1.81	1.78	1.75	1.72	1.69	1.66
19	1.96	1.91	1.86	1.81	1.79	1.76	1.73	1.70	1.67	1.63
20	1.94	1.89	1.84	1.79	1.77	1.74	1.71	1.68	1.64	1.61
21	1.92	1.88	1.83	1.78	1.75	1.72	1.69	1.66	1.62	1.59
22	1.90	1.86	1.81	1.76	1.73	1.70	1.67	1.64	1.60	1.57
23	1.89	1.84	1.80	1.74	1.72	1.69	1.66	1.62	1.59	1.55
24	1.88	1.83	1.78	1.73	1.70	1.67	1.64	1.61	1.57	1.53
25	1.87	1.82	1.77	1.72	1.69	1.66	1.63	1.59	1.56	1.52
26	1.86	1.81	1.76	1.71	1.68	1.65	1.61	1.58	1.54	1.50
27	1.85	1.80	1.75	1.70	1.67	1.64	1.60	1.57	1.53	1.49
28	1.84	1.79	1.74	1.69	1.66	1.63	1.59	1.56	1.52	1.48
29	1.83	1.78	1.73	1.68	1.65	1.62	1.58	1.55	1.51	1.47
30	1.82	1.77	1.72	1.67	1.64	1.61	1.57	1.54	1.50	1.49
40	1.76	1.71	1.66	1.61	1.57	1.54	1.51	1.47	1.42	1.38
60	1.71	1.66	1.60	1.54	1.51	1.48	1.44	1.40	1.35	1.29
120	1.65	1.60	1.54	1.48	1.45	1.41	1.37	1.32	1.26	1.19
∞	1.60	1.55	1.49	1.42	1.38	1.34	1.30	1.24	1.17	1.00

참고문헌

김계수(2004), Amos 구조방정식 모형분석, SPSS아카데미.

Baron, D., Kenney, D.(1986), The moderator-mediator variable distinction in social psychological research: conceptual, strategic and statistical considerations, Journal of Social Psychology 51(7), pp.1173~1182.

Bentler, P. D., Bonett, D. G.(1980), Significance tests and goodness of fit in the analysis of covariance structures, Psychological Bulltein 88, pp.588~606.

Kerlinger, F. N.(1986), Foundation of behavioral research(3rd ed.), New York CBS College Publishing.

Sharma, S.(1996), Applied multivariate techniques, New York: Wiely.

찾아보기

국문

[ㄱ]

[ㄴ]

영문

저자약력

金桂洙

경희대학교 경영학과 졸업
고려대학교 대학원 경영학석사
경희대학교 경영학박사
연세대학교, 경희대학교, 한국외국어대학교 일반 대학원, 인덕대학, 천안외국어대학 강사
現, 세명대학교 경영학과 교수

[주요 저서]
HWP(한글)을 이용한 SPSS/PC+(공저, 무역경영사, 1997)
통계분석을 이용한 SPSSWIN Easy(공저, 법문사, 1997)
사회과학 통계분석(공저, SPSSKOREA 고려정보산업(주), 1998)
EXCEL2000을 이용한 경영과학(편저, 법문사, 2000)
SPSS와 인터넷을 이용한 현대통계분석(공저, 무역경영사, 2000)
AMOS 구조방정식 모형분석(SPSS아카데미, 2001, 2004)
21세기 기업과 경영(공저, 도서출판 범한, 2003)
한국경영혁신대상 베스트프랙티스(공저, 한국품질경영학회/중앙일보포브스, 2003)
21세기 Web기반의 ERP구축-이론과 실무(공저, 우용출판사, 2004)

[연락처]
연구실 전화 : 043-649-1242
e-mail id : gskim@semyung.ac.kr
홈페이지 : http://venus.semyung.ac.kr/~gskim

성공적인 논문작성을 위한 Amos/Lisrel 이용
인과분석 연구방법론

2006년 1월 30일 1판 1쇄 발행
2008년 1월 30일 1판 2쇄 발행

저 자 • 김 계 수
발 행 인 • 이 수 영
발 행 처 • 도서출판 청람
서울시 마포구 대흥동 802(세양상가 109호)
전 화 • 02) 3272-2601~2(대)
팩 스 • 02) 3272-2603
홈페이지 • www.crbooks.co.kr
이 메 일 • crbooks@paran.com
등 록 • 2000년 8월 26일 제6-0509호

ISBN 978-89-5972-009-5 93320 [정가 20,000원]